費曼物理學講義 II
電磁與物質
5 磁性、彈性與流體

The Feynman Lectures on Physics
The New Millennium Edition
Volume 2

By Richard P. Feynman,
Robert B. Leighton, Matthew Sands

吳玉書、師明睿　譯
高涌泉　審訂

The Feynman

費曼物理學講義 II
電磁與物質
5 磁性、彈性與流體

目錄

第34章 物質的磁性 13

34-1 反磁性與順磁性 14
34-2 磁矩與角動量 17
34-3 原子磁體的進動 20
34-4 反磁性 23
34-5 拉莫定理 26
34-6 古典物理中不存在反磁性及順磁性 28
34-7 量子力學的角動量 30
34-8 原子的磁能 35

第35章 順磁性與磁共振 39

35-1 量子化的磁性能態 40
35-2 斯特恩－革拉赫實驗 44
35-3 拉比分子束法 46

35-4 塊材之順磁性 52
35-5 絕熱去磁冷卻 58
35-6 核磁共振 60

第36章 鐵磁性 65

36-1 磁化電流 66
36-2 ***H*** 場 77
36-3 磁化曲線 80
36-4 鐵心電感 84
36-5 電磁鐵 88
36-6 自發磁化 93

第37章 磁性材料 105

37-1 瞭解鐵磁性 106
37-2 熱力學性質 113
37-3 遲滯曲線 116
37-4 鐵磁材料 128
37-5 非常磁性材料 132

第38章 彈性學 139

38-1 虎克定律 140
38-2 均勻應變 143
38-3 扭棒；切變波 153
38-4 曲樑 159
38-5 皺屈 165

第39章 彈性材料 171

39-1 應變張量 172
39-2 彈性張量 178
39-3 彈性體內的運動 182
39-4 非彈性行為 189
39-5 計算彈性常數 193

第40章 乾水之流動 201

40-1 流體靜力學 202
40-2 運動方程式 206
40-3 穩定流動—白努利定理 213
40-4 環流 222
40-5 渦旋線 226

第41章 濕水之流動 231

41-1 黏滯性 232
41-2 黏滯流動 238
41-3 雷諾數 241
41-4 流經圓柱體的流動 245
41-5 趨近零黏度 250
41-6 庫埃特流 251

第42章 彎曲時空 257

42-1 二維的彎曲空間 258

42-2 三維空間的曲率 272

42-3 我們的空間是彎曲的 275

42-4 時空幾何 278

42-5 重力與等效原理 280

42-6 重力場中的時鐘走速 281

42-7 時空的曲率 289

42-8 彎曲時空中的運動 291

42-9 愛因斯坦的重力論 295

中英、英中對照索引 300

The Feynman

費曼物理學講義 II
電磁與物質

目錄

1 靜電與高斯定律

關於理查・費曼

修訂版序 費曼最寶貴的遺產

紀念版專序 最偉大的教師

費曼序

前言

第 1 章 電磁學

第 2 章 向量場的微分

第 3 章 向量積分學

第 4 章 靜電學

第 5 章 高斯定律的應用

第 6 章 各種情況下的電場

第 7 章 各種情況下的電場（續）

第 8 章 靜電能量

第 9 章 大氣中的靜電

2 介電質、磁與感應定律

中文版前言

第10章　介電質

第11章　介電質內部

第12章　靜電類比

第13章　靜磁學

第14章　各種情況下的磁場

第15章　向量位勢

第16章　感應電流

第17章　感應定律

3 馬克士威方程

第18章 馬克士威方程組

第19章 最小作用量原理

第20章 馬克士威方程組在自由空間中的解

第21章 馬克士威方程組在有電流與電荷時的解

第22章 交流電路

第23章 空腔共振器

第24章 波導

第25章 按相對論性記法的電動力學

第26章 場的勞侖茲變換

4 電磁場能量動量、折射與反射

第27章 場能量與場動量

第28章 電磁質量

第29章 電荷在電場與磁場中的運動

第30章 晶體內部的幾何結構

第31章 張量

第32章 緻密材料的折射率

第33章 表面反射

5 磁性、彈性與流體

第34章　物質的磁性

第35章　順磁性與磁共振

第36章　鐵磁性

第37章　磁性材料

第38章　彈性學

第39章　彈性材料

第40章　乾水之流動

第41章　濕水之流動

第42章　彎曲時空

中英、英中對照索引

The Feynman

第34章 物質的磁性

■
34-1 反磁性與順磁性
34-2 磁矩與角動量
34-3 原子磁體的進動
34-4 反磁性
34-5 拉莫定理
34-6 古典物理中不存在反磁性及順磁性
34-7 量子力學的角動量
34-8 原子的磁能

34-1 反磁性與順磁性

本章將討論材料的磁學性質。擁有最明顯磁性的材質是鐵，其他元素，如鎳、鈷，及低溫（16°C 之下）的釓，以及某些合金，也都有類似磁性。這種磁性，稱爲**鐵磁性**，因爲有顯著且複雜的特性，我們將另闢專章討論。然而，所有非鐵磁材料，都具有些許磁性，只是比起鐵磁材料，它們的磁性要小上千倍至百萬倍。這便是本章將要討論的普通磁性，也就是非鐵磁材料的磁學性質。

這種微弱的磁學效應可分爲兩類。有一類材料會受磁場**吸引**；另一類則被**排斥**開來。與材料的電學效應相比較，不同之處在於介電質永遠會被電場所吸引。磁學效應有正負兩種符號，這兩種符號可藉由強力電磁鐵的實驗觀測到。如圖 34-1 所示，磁鐵的一極具有尖銳的端點，另一極則呈平坦結構，尖端處的磁場遠大於平坦的一端。如果將一小塊材料用長線繫住，懸掛於兩極之間，這個材料將感受到微弱的磁力。當磁鐵通電時，這個懸掛的材料會因爲微弱磁力而產生些微位移。只有少數鐵磁材料會受尖端磁極強烈吸引；其餘材料則只會感受微弱之力，且其中有些受尖端磁極微弱吸引；有些則被微弱排斥開來。

使用鉍材料做成的小圓柱體，可以輕鬆觀察到上述效應，小圓柱體將因**排斥**而移離高場區域。這類受斥物質稱爲**反磁材料**。即使像鉍這種反磁性頂強的物質，其反磁效應仍屬微弱。所以一般而言，反磁性屬於微弱效應。反之，如果將小圓柱體替換爲小塊的

請複習：15-1 節〈作用在電流迴路上的力；偶極的能量〉。

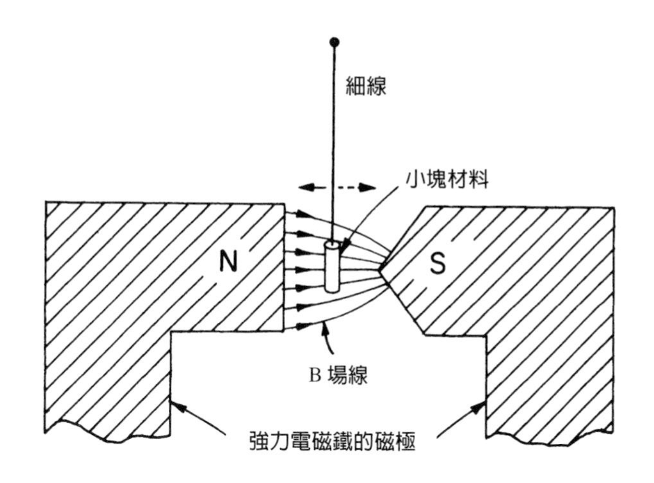

圖 34-1 鉍的小圓柱體會受尖端磁極微弱排斥；鋁則被吸引。

鋁，懸掛於兩極之間，則物體將受到微弱引力而**移往**尖端磁極。因此，像鋁這一類的物質稱爲**順磁材料**（在這類實驗裡，通電及斷電時，因爲磁場強度變化，物體上將產生渦電流；而在磁場－渦電流作用下，物體將感受到強烈衝力。我們應該要耐心等待物體靜止後，才去測量它的淨位移）。

接下來，我們將簡短描述造成這兩種效應的機制。首先，在許多材料裡，其組成原子並不帶有永久磁矩，或者說，原子內的所有磁體會相互抵消，使得該原子的**淨**磁矩爲零。由於原子中電子自旋及軌道運動所貢獻的磁矩恰好完全抵消，所以原子不帶有平均磁矩。對於這樣的材料，當外加磁場出現時，原子內會引發感應電流。根據冷次定律，此感應電流產生的磁場與原磁場反向。也就是說，原子會因感應而產生與原磁場方向**相反**的磁矩。這就是「反磁性」的物理機制。

另外，有些材料裡，其組成原子帶有永久磁矩，也就是說，原子中的電子自旋及軌道運動，會形成出不爲零的淨迴路電流。因此，除了原有的反磁效應（此效應必定存在）之外，各個原子的磁矩也可能形成整齊排列。在這些材料裡，磁矩的方向會傾向與外加磁場的方向相同（就如同介電質內的永久電偶極，也傾向**與**外加電場同向）。這樣一來，所誘發的磁場就會與外加磁場同向，而使磁場增強。因此，這類材料即稱作「順磁性」。順磁效應一般而言相當微弱，因爲使磁矩整齊畫一的排列的力量，遠小於使磁矩做無序排列的熱運動。也就是說，溫度高低對於順磁效應影響很大（在金屬材料裡，導電電子的自旋所產生的順磁效應與溫度關係不大，但在本章中我們不討論這個例外）。對一般順磁效應而言，溫度愈低，表現愈強。低溫下，碰撞所產生的擾動影響變弱，磁矩便能有較整齊的排列。相對的，反磁效應和溫度關係並不大。任何材料，當具有內在的永久磁矩時，即使反磁效應與順磁效應共存，一般而言順磁效應爲主導。

在第 11 章中，我們曾描述過**鐵電**材料，其內部的電偶極矩會受彼此的電場影響而形成整齊排列。乍看之下，與這種鐵電現象類似的磁現象或許也能存在，也就是說，所有的原子磁矩也能夠彼此鎖定而形成整齊排列。但是，若你進一步對這個可能的現象做些計算，你將會發現，由於磁力遠小於電力，即使在低於 1K 的低溫時，微弱的熱擾動還是足以破壞磁矩的排列。因此，在室溫時是絕不可能有永久磁矩排列的產生。

但是，磁矩排列的現象在鐵材質裡卻是清楚可見的。在這種材料裡，不同鐵原子磁矩之間，存在著有效力，它會遠大於磁矩之間**直接的磁性**交互作用。這種力是由間接效應所造成，非用量子力學解釋不可；其強度約爲直接磁力的萬倍，所以能將磁矩排列整齊。我們將留待以後的章節裡討論。

在我們嘗試了以定性的方式解釋反磁性與順磁性之後，我們得做些修正，並坦白指出：光是從古典物理，是**無法**完整解釋磁性現象的。磁性現象**全然是量子現象**，只是我們可以用些虛假的古典物理來概略瞭解這個現象的本性。換句話說，我們可以用古典論證來分析，並估計材質的磁性；但是歸根究柢，這樣的論證是不「合法」的，因爲畢竟所有磁性現象在本質上都涉及量子力學。當然，在某些場合（例如電漿），或者是存在很多自由電子的區域，電子確實是遵守古典力學的。對於這些情況，古典磁學所給出的某些定理也還相當有用。此外，使用古典論證的另一理由是源自於磁學發展的歷史。當人們最早猜出磁性材料的意義與行爲之時，他們所用的是古典論證。最後，就如我們之前所提過的，古典力學可以幫助我們做些猜測（雖然先學懂量子力學，再用以瞭解磁性，才是眞正研讀磁學的誠實方式）。

不過，從另一方面來說，我們又不想等到徹頭徹尾瞭解了量子力學之後，才學習反磁性如此簡單的課題。所以，我們將倚賴古典力學，來對磁性有些粗略的瞭解，但還是要提醒自己：這樣的論證並不完美。接下來所要談的一系列關於古典磁性的定理或許會混淆你的視聽，因爲正確的定理是不太一樣的。除了最後一個定理之外，其餘都是錯的。嚴格說來，對實際物理世界的描述而言，它們甚至全是錯的，因爲它們並沒有將量子力學考慮在內。

34-2 磁矩與角動量

我們想要以古典力學來證明的第一個定理如下：若電子做圓周軌道運動（例如，在連心力的影響之下，繞著原子核旋轉），則在其磁矩與角動量之間，存在有一固定比值。令 $\boldsymbol{J}$ 爲角動量，$\boldsymbol{\mu}$ 爲該軌道電子的磁矩。角動量大小等於電子質量乘以速度再乘以半徑（見圖34-2），其方向則垂直於軌道平面。

$$J = mvr \tag{34.1}$$

（上式未計入相對論效應。對原子而言，不失爲良好的近似。因爲，在這種情形的 v/c 其數量級約是 $e^2/\hbar c = 1/137$ ，約爲1%。）

另外，原軌道的磁矩等於電流乘以面積（見第II卷的14-5節）。電流等於軌道上任一點在單位時間內所通過的電量，也就是電荷 q 乘以轉動頻率，而轉動頻率等於電子速度除以軌道周長；綜合前面所述

$$I = q\frac{v}{2\pi r}$$

軌道面積爲 πr^2 ，所以磁矩等於

$$\mu = \frac{qvr}{2} \tag{34.2}$$

磁矩方向也垂直於軌道平面。因此 $\boldsymbol{J}$ 及 $\boldsymbol{\mu}$ 同向，且

$$\boldsymbol{\mu} = \frac{q}{2m}\boldsymbol{J}\ (\text{軌道}) \tag{34.3}$$

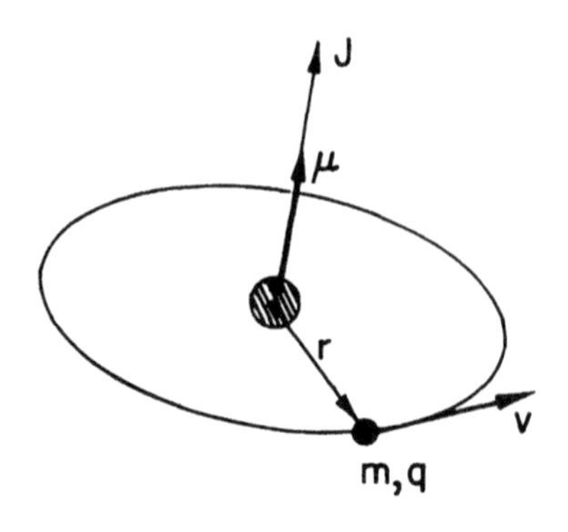

圖34-2　對於圓周運動而言，其磁矩 $\boldsymbol{\mu}$ 是 $q/2m$ 乘以角動量 $\boldsymbol{J}$ 。

兩物理量之間的比值及速度都與半徑無關。也就是說，對於做圓周運動的粒子而言，其磁矩等於 $q/2m$ 乘以該粒子的角動量。如果粒子爲電子，所帶電荷爲負，就稱之爲 $-q_e$；因此對電子而言

$$\boldsymbol{\mu} = -\frac{q_e}{2m}\boldsymbol{J}\ (\text{電子軌道}) \tag{34.4}$$

以上就是古典結果，而且奇蹟似的，這也是正確的量子力學結果；這類的巧合並不是首次發生。然而，如果你持續使用古典物理，那麼你遲早總會在別處發現古典答案是錯誤的。因此，要緊的是，記住哪些是對的，哪些是錯的。讓我們現在就告訴你，我們在這裡所談論的，究竟正確的量子力學答案是什麼。首先，(34.4)式對**軌道運動**而言是正確的，但軌道運動並不是唯一給出磁性的機制。因爲電子還有自轉（正如地球可以自轉），而伴隨著自轉運動，也會有對應的角動量及磁矩。不過基於純粹量子力學的理由（我們無法從古典力學給予解釋），在自旋運動下，$\boldsymbol{\mu}$對 $\boldsymbol{J}$ 的比值是軌道運動對應值的兩倍，也就是

$$\boldsymbol{\mu} = -\frac{q_e}{m}\boldsymbol{J}\ (\text{電子自旋}) \tag{34.5}$$

一般而言，一個原子含有數個電子，且角動量及磁矩是由自旋及軌道轉動所構成。而基於量子力學（而不是古典力學）的理由，對於一孤立原子而言，磁矩**永遠**與角動量反向。又因爲來自軌道與自旋的貢獻混合在一塊兒，使得兩者的比值不一定要是 $-q_e/m$ 或 $-q_e/2m$，而可介於兩者之間。我們可以寫成

$$\boldsymbol{\mu} = -g\left(\frac{q_e}{2m}\right)\boldsymbol{J} \tag{34.6}$$

在這裡，因子 g 是由原子的狀態所決定。g 的值是這樣的：對於純

粹軌道磁矩，g 值為 1 ；對於純粹自旋磁矩，g 值為 2 ；對於複雜的系統如原子，則 g 會是介於 1 與 2 之間的數值。當然，上式並沒有透露出許多訊息，只描述了磁矩與角動量**平行**，而大小則可為任意值。而(34.6)式的方便處就在於，g 是無單位的常數（稱之為「蘭德 g 因子」），並具有 1 的數量級。量子力學的任務之一，便是計算任一特定原子狀態的 g 因子。

或許你也會對原子核內的磁矩感興趣。在原子核內，存在著質子及中子，它們也會以某種軌道運動四處移動，同時它們也像電子一樣含有內在的自旋。在這兒，對應的磁矩也會與對應的角動量平行。唯一不同之處，是(34.3)式中的質量 m，必須更換為**質子**質量，如此所給出的比值，才適用於做圓周運動的質子。因此，對於原子核，我們通常寫為

$$\boldsymbol{\mu} = g\left(\frac{q_e}{2m_p}\right)\boldsymbol{J} \tag{34.7}$$

上式中，m_p 為質子質量，而 g 稱為**原子核**的 g 因子（其數值約等於 1），由對應的原子核所決定。

將原子核的情況與電子相比，兩者有一個重要的差異，也就是質子的**自旋**磁矩，其 g 因子並**不是** 2 。對質子而言，$g = 2(2.79)$。此外，令人訝異的是，**中子**也具有自旋磁矩，且該磁矩與對應角動量的比值為 $2(-1.93)$。換句話說，由磁性來看，中子並不是真正的電中性。中子其實也是一個小磁鐵，就像是旋轉**負**電荷所攜帶的磁矩一般。

34-3 原子磁體的進動

磁矩與角動量成正比的現象，造成了這樣的結果：將一個原子

磁矩置入磁場內時，這個磁矩會產生**進動**（precession）。我們先以古典力學的方式來說明：想像將磁矩$\boldsymbol{\mu}$自由懸掛在一個均勻磁場內，則它將會感受到等於$\boldsymbol{\mu} \times \boldsymbol{B}$的力矩$\boldsymbol{\tau}$，該力矩會想將磁矩轉至磁場方向。但因爲該原子的磁矩類似於陀螺儀（擁有角動量$\boldsymbol{J}$），所以由磁場施予的力矩並不會使得磁矩和磁場平行，而是使該磁體產生進動，如同我們在第I卷第20章所分析的陀螺儀一樣。而其角動量（及伴隨的磁矩），將圍繞一平行於磁場的軸產生**進動**。使用第I卷第20章的方法，便可以計算出進動的速率。

設想在小時段Δt之內，角動量由$\boldsymbol{J}$變化爲$\boldsymbol{J}'$，如圖34-3所示，而與磁場$\boldsymbol{B}$方向的夾角θ則維持不變。令ω_p爲進動的角速度，則在Δt時段內，**進動**的角度爲$\omega_p \Delta t$。由圖中的幾何關係，可

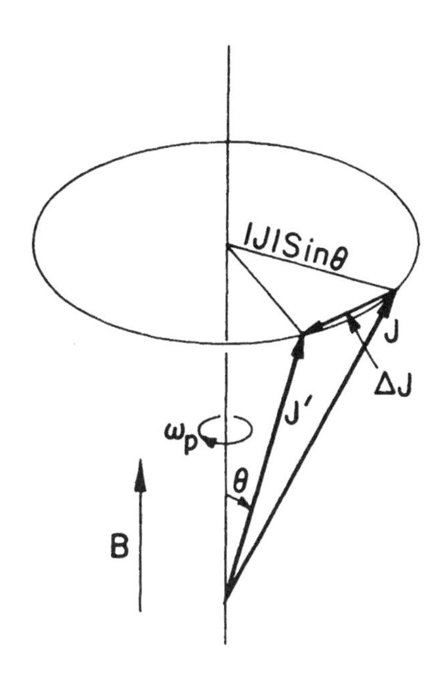

圖34-3　一物體具有角動量$\boldsymbol{J}$及平行的磁矩$\boldsymbol{\mu}$，將物體置於磁場$\boldsymbol{B}$時，會產生角速度為ω_p的進動。

以看出在時段 Δt 之內，角動量的改變量為

$$\Delta J = (J \sin\theta)(\omega_p \Delta t)$$

因此，角動量變化率為

$$\frac{dJ}{dt} = \omega_p J \sin\theta \tag{34.8}$$

而該量又等於力矩

$$\tau = \mu B \sin\theta \tag{34.9}$$

所以進動的角速度是

$$\omega_p = \frac{\mu}{J} B \tag{34.10}$$

在上式中的 μ/J，可以用(34.6)式代換，就可以看到對於一原子磁矩而言：

$$\omega_p = g\frac{q_e B}{2m} \tag{34.11}$$

我們可以看到進動頻率正比於 B。有一個較方便的公式，對原子（或電子）而言，

$$f_p = \frac{\omega_p}{2\pi} = (1.4\text{百萬赫茲/高斯})gB \tag{34.12}$$

而對原子核而言，

$$f_p = \frac{\omega_p}{2\pi} = (0.76\text{千赫茲/高斯})gB \tag{34.13}$$

（上述的公式在原子及原子核時有所不同，是因為二者的 g 因子定義不同的緣故。）

根據以上的**古典**理論，原子內的電子軌道（及自旋）在磁場內都會產生進動。而量子理論是否一樣如此呢？基本上的確是如此，但進動的意義不盡相同。在量子力學中，我們所謂的角動量**方向**是無法用相同的古典語言來描述的；但即使是這樣，兩者間還是存在著相近的類比，且相近程度足以讓我們仍繼續稱之爲「進動」。往後當我們談到量子力學觀點時，會再回到這一點來討論。

34-4 反磁性

接著，讓我們從古典觀點來探討**反**磁性。我們有幾種不同的做法可以選擇，但以下是一種很好的方式。想像我們有一個原子，然後在原子的附近逐漸施加一個磁場。隨著磁場變化，磁感應效應將會產生**電**場。根據法拉第定律，沿封閉路徑計算電場 $\boldsymbol{E}$ 的線積分，其值等於該路徑所包含的磁通量變化率。假設我們所選的路徑 Γ 是半徑爲 r 的圓，且與原子共圓心，如圖 34-4 所示。則沿此路徑切線方向的平均電場爲

$$E2\pi r = -\frac{d}{dt}(B\pi r^2)$$

所以，存在一環形電場，且強度爲

$$E = -\frac{r}{2}\frac{dB}{dt}$$

感應電場可以對原子內的電子產生力矩 $-q_eEr$，而該值等於角動量變化率 dJ/dt：

$$\frac{dJ}{dt} = \frac{q_e r^2}{2}\frac{dB}{dt} \tag{34.14}$$

將時間由零磁場時積起，可得到由於磁場出現而導致的角動量變化爲

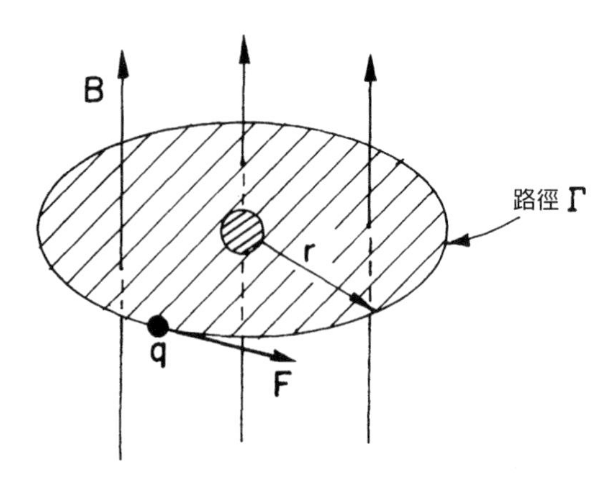

圖 34-4　原子內，電子受到感應電場作用。

$$\Delta J = \frac{q_e r^2}{2} B \tag{34.15}$$

這就是磁場變化所產生的力矩而引發的電子角動量改變，也就是額外的角動量。

由於增加的角動量屬於**軌道**運動所以也有磁矩伴隨，且其值等於 $-q_e/2m$ 乘以該角動量。因此，引發的反磁性磁矩為

$$\Delta\mu = -\frac{q_e}{2m}\Delta J = -\frac{q_e^2 r^2}{4m} B \tag{34.16}$$

這裡的負號（根據冷次定律即可看出此負號是正確的）意謂著：增加的磁矩與原磁場反向。

我們希望將(34.16)式略為改寫。原式中的 r 是平面軌道半徑，其中心軸平行於 B 且通過原子。若 B 指向 z 方向，則 r^2 即為 x^2+y^2。若考慮球對稱的原子（或假設中心軸可以指向各個方向，而對所有

的原子取平均值），則 $x^2 + y^2$ 的平均值即爲 2/3 乘以眞正由原子**中心**算起的半徑的平方。因此，(34.16)式可以更方便的寫爲

$$\Delta\mu = -\frac{q_e^2}{6m}\langle r^2\rangle_{\text{平均}} B \tag{34.17}$$

總之，我們得到一個感應磁矩，其大小正比於磁場的大小且與磁場反向。這就是材料的反磁性。就是這反磁性，造成前面所談到的，當一塊鉍金屬置於非均勻磁場時，會感受到微弱的磁力（其實，你也可以計算這個感應磁矩在外磁場的能量，並且算出當材質進入或移出高磁場區域時，能量如何隨之改變，以瞭解這個微弱磁力）。

我們還剩下一個問題尚未回答：半徑平方的平均值 $\langle r^2\rangle_{\text{平均}}$ 是多少？古典力學無法回答這個問題，所以我們得回到量子力學從頭算起。在一個原子內，我們並不能給出電子眞正的位置，而只能談電子在各處的機率。若我們將 $\langle r^2\rangle_{\text{平均}}$ 視爲在此機率分布下，電子到中心距離平方的期望值，則量子力學所給出的反磁性磁矩，恰好就是(34.17)式（該式當然只是單一電子的磁矩）；要對原子內的所有電子求和，才能給出總磁矩。讓人訝異的是，古典論證居然能給出與量子力學一致的結果。不過即使是這樣，我們以後會談到，給出(34.17)式的古典論證，在古典力學中其實是不成立的。

最後要說明的是，即使在原子原來就擁有永久磁矩的狀況下，這裡所談的反磁效應仍舊不變。此時，系統在磁場下會產生進動。當整個系統進動時，它就額外獲得一個微小的角速度，這個微小轉動會產生微小電流，而對磁矩做出修正。這還是先前所推導的反磁效應，只是用不同的表現方式罷了。不過如果有順磁效應，之前就已經指出，反磁效應根本是不需要考慮的。不過，如果先計算反磁效應，就如同我們這裡所做的那般，我們也不必擔憂進動所給出的額外電流，因爲該電流已經含在反磁效應裡了。

34-5 拉莫定理

由以上的結果，我們可以得到下列結論。首先，在古典理論裡，磁矩 $\boldsymbol{\mu}$ 必與 $\boldsymbol{J}$ 成正比，而正比常數由原子系統決定。當電子自旋不存在時，則比例常數等於 $-q_e/2m$；也就是說，在(34.6)式中的 g 應該設定爲 1，$\boldsymbol{\mu}$ 對 $\boldsymbol{J}$ 的比值與電子運動無關。因此，古典理論認爲，所有系統的電子都具有**相同**的進動角速度（但是量子力學則**不然**）。這樣的敘述與古典力學裡的一個定理有關，我們現在就來證明這個定理。

假設我們有一群電子，受到來自同一中心的吸引力所束縛，就好像這些電子受到同一個原子核所吸引。因爲電子之間也存在交互作用，所以形成極爲複雜的運動。假設你已經解出這個系統在**無**磁場時的電子運動，且進一步的想要瞭解當**有**一微弱磁場存在時，該系統的運動。則拉莫定理告訴我們，在微弱磁場下，其運動可視爲無磁場時的解，再加上圍繞一轉軸的旋轉；該轉軸平行於磁場，且旋轉角速爲 $\omega_L = q_eB/2m$（當 $g = 1$ 時，這就是之前所說的 ω_p）。雖然在無磁場時可以有許多個解，但拉莫定理（Larmor's theorem）指出，無論其解爲何，當微弱磁場出現時，系統的運動只不過是原解所代表的運動，再加上均勻旋轉罷了。這就是拉莫定理，而 ω_L 則稱爲**拉莫頻率**。

我們只會概略示範這個定理如何證明，而讓你自己塡補過程中的細節。我們先考慮在連心力場下，單一電子的狀況：作用於電子上的力爲 $\boldsymbol{F}(r)$，並指向中心。若開啓均勻磁場，將額外產生一磁力爲 $q\boldsymbol{v} \times \boldsymbol{B}$；故總力爲

$$\boldsymbol{F}(r) + q\boldsymbol{v} \times \boldsymbol{B} \tag{34.18}$$

另外，我們由轉動座標系來考慮原系統運動，該座標系的轉軸平行於 $\boldsymbol{B}$ 且通過力場中心。因爲新座標系並非慣性系統，我們需要考慮適當的假想力，也就是第I卷第19章所說的離心力及柯若利斯力（Coriolis force）。在第I卷中，我們已經推導過，在角速爲 ω 的轉動座標系裡，存在表觀**切向**力，正比於 v_r（即速度的徑向分量）：

$$F_t = -2m\omega v_r \tag{34.19}$$

此外，存在著表觀徑向力爲

$$F_r = m\omega^2 r + 2m\omega v_t \tag{34.20}$$

上式中，v_t 爲轉動座標系裡所測到的速度切向分量（無論在慣性系統或轉動系統，所測得的徑向分量 v_r 並不改變）。

當轉動角速度夠小時（也就是當 $\omega r << v_t$），(34.20)式中的首項（離心力）遠小於第二項（柯若利斯力）而可以忽略。則(34.19)式與(34.20)式可以合併寫爲

$$\boldsymbol{F} = -2m\boldsymbol{\omega} \times \boldsymbol{v} \tag{34.21}$$

現在，從轉動座標系來觀察電子系統在連心力場及磁場下的行爲，則應該要將(34.21)式中的假想力加入(34.18)式中。如此得到的總力爲

$$\boldsymbol{F}(r) + q\boldsymbol{v} \times \boldsymbol{B} + 2m\boldsymbol{v} \times \boldsymbol{\omega} \tag{34.22}$$

（在上式中的末項，因爲已經調整了(34.21)式向量外積的順序，所以負號被移除。）我們檢視最後的結果，可以看出，如果令

$$2m\omega = -qB$$

則磁力與假想力正好相互抵消，因此轉動座標系裡只剩下連心力場 $\boldsymbol{F}(r)$。電子的運動就像無磁場時，在慣性座標系裡所觀察到的情況一樣。到這裡，我們證明了單一電子時的拉莫定理。請注意，因為證明中假設 ω 很小，所以這裡的證明只適用於弱磁場的情形。我們將多個電子的案例留給各位自己證明，在這樣的案例中，電子彼此之間存在交互作用，並且同處於一個連心力場內。所以，我們可以歸納出這樣的結論：無論原子有多複雜，只要是連心力場，此定理就會成立。古典力學的應用到這裡也就結束，因為嚴格說來，進動的方式並不遵守拉莫定理。畢竟，只有當 $g = 1$ 時，(34.11)式中的進動頻率 ω_p 才等於拉莫頻率 ω_L。

34-6 古典物理中不存在反磁性及順磁性

現在，我們要證明在古典物理中，反磁性與順磁性根本是無法存在的。這聽起來有些瘋狂，因為先前我們已經證明了古典物理存在有順磁性、反磁性，及軌道進動等，但現在卻要證明這些所有都是錯的。的確如此！我們將要證明，**如果**能老實實的根據**古典**力學做計算，前述的磁性效應將不存在，**所有的**磁效應會**彼此抵消**。如果你從某個階段才開始進行古典論證，且進行的不夠徹底，或許你可以獲得任何你所預設的結論。然而，若根據適當並正確的論證，則可證明事實上古典的磁性效應是不存在的。

根據古典力學，任何的系統（包括電子氣體，質子，或是其他），當被封在盒子裡以致系統無法整體轉動時，將不會有磁效應。如果系統是孤立的，例如恆星，可以藉由自身的重力將所有系統內的物質聚集在一塊兒，則當你施加一磁場時，這類系統便會開始轉動。但若系統是一塊位置固定的材料，以致系統無法旋轉，則不會有任何磁效應發生。這裡所講的「固定住位置，而不使其旋轉」，所指的是：對於一給定的溫度，我們假設**只有一個**熱平衡**狀態**。古典物理的定理說，如果你施加一磁場並等候系統進入熱平衡狀態，則系統不會產生順磁或逆磁現象，或者說感應磁矩爲零。我們可以證明：根據統計力學，一個系統會處於某一運動狀態的機率正比於 $e^{-U/kT}$ ，這裡的 U 是該運動狀態的能量。現在要問的是，運動的能量是多少？對於在恆定磁場下運動的粒子而言，該能量爲普通的位能加上 $mv^2/2$ ，而沒有來自磁場的貢獻。

（你已經知道，電磁場所給出的電磁力爲 $q(\boldsymbol{E}+\boldsymbol{v}\times\boldsymbol{B})$，對應的功率 $\boldsymbol{F}\cdot\boldsymbol{v}$ 等於 $q\boldsymbol{E}\cdot\boldsymbol{v}$ ，不受到磁場影響。）所以系統的能量，無論是否處於磁場內，必定是動能加上位能。另外，因爲任一運動狀態的機率只由能量決定，也就是說，由速度及位置決定，所以該機率不受磁場的影響。因此，對於**熱**平衡系統而言，磁場不產生效應。若在一個盒子裡放置一力學系統，又在另一個盒子裡放置第二個系統，且後者置放於磁場中，則在一號盒子裡，在某處出現某速度的機率，會與在二號盒子裡的機率完全相同。如果一號盒子裡的平均環繞電流爲零（當該系統與靜止盒壁間形成熱平衡時，就沒有非零的平均環繞電流），則平均磁矩亦爲零。此時，因爲二號盒子內的運動情況與一號盒完全相同，所以盒內的平均磁矩也爲零。因此，我們可以歸納出以下結論：若溫度維持不變，且在磁場出現之後又再度建立新的熱平衡，則根據古典力學，該磁場無法感應出任何磁矩。所以，對磁性現象而言，想要獲得令人滿意的瞭解，就只有訴諸於量子力學了。

不幸的是，在這裡我們不能夠認定你們已經對量子力學有深刻的瞭解，因此還不適合這樣做。但另外，在學習某一領域時，並不一定要先學過嚴謹的法則之後，才能學習如何應用這些法則到各種狀況。因爲在這門課裡，每個題材的處理方式也不盡相同。以電學爲例，我們會開宗明義的先談論馬克士威方程式，之後才由該方程式導出許多結果，這是一種做法。但是在這裡，我們**不**打算先談論量子力學後，再導出所有結果。我們將直接介紹給你一些量子力學的結果，而或許以後你才會明瞭這些結果如何被導出。以下便是這些結果。

34-7 量子力學的角動量

之前我們已給出磁矩與角動量之間的關係式，這式子很清楚。但是在量子力學裡，磁矩及角動量的**意義**到底是什麼？在量子力學中，要定義這些物理量（如磁矩）的最好方式，就是由其他概念（例如能量）來著手，以避免混淆不清；而要以能量來定義磁矩並不困難。在古典理論裡，磁矩在磁場中的能量爲 $\boldsymbol{\mu}\cdot\boldsymbol{B}$。因此，在量子力學中，可以用這樣的方式來定義磁矩：我們計算一系統在磁場內的能量，若發現該能量正比於磁場強度（在低磁場時），其正比係數就稱爲該系統磁矩沿磁場方向的分量（我們不需要因此而特別看待這類的計算結果；計算出的磁矩，仍可視爲古典意義下的普通磁矩）。

接著，讓我們討論量子力學裡角動量的概念，簡單的說，就是在量子力學中，一個系統的哪種特性可以稱爲角動量。請注意，當系統遵守量子力學定律時，一個物理量名詞所具有的意義，與對應的古典狀況相比，並不相同。例如，你或許會說，「我知道角動量的意義。它就是在力矩作用下會被改變的量。」但是我們必須要問，力矩又是什麼？在量子力學裡，我們所有的古典物理量都必須重新給予定義。因此，從這個觀點來說，我們最好是稱呼角動量爲「量子力學角動量」，或其他像這樣的名稱，以表明我們正談論量子力學裡所定義的角動量。然而，當系統趨向大尺寸時，若我們所談的量子力學物理量，隨之趨近於某古典物理量，則沒有必要引進新的名詞來稱呼量子力學物理量。我們不妨就稱呼它爲角動量。根據這樣的默契，下面我們將討論的奇特量子力學物理量，就是角動量。也就是說，當系統尺寸放大時，該量趨近於古典力學所指的角動量。

首先，我們考慮角動量守恆的系統，例如在眞空中孤立的原子。這樣的系統，正如以自轉軸旋轉的地球，可以圍繞任意指向的轉軸旋轉。對於一個給定的轉速，可以有許多不同的狀態，而能量維持不變，每一個狀態則對應角動量的某一特定方向。在古典理論裡，當角動量大小給定時，可以有無窮多個狀態，都具有相同能量。

但是在量子力學裡，有幾點奇特的修正。首先，這些旋轉態的個數會受到限制，也就是**僅存在**有限數目的旋轉態。當系統很小時，這個有限個數隨之變小；當系統很大時，此個數也隨之變大。其次，我們**不可以**用角動量的**方向**來描述一個量子力學旋轉態，而是必須以該角動量沿某方向（例如 z 方向）的**分量**的方法來描述。在古典情況下，對於給定的角動量 J，一物體可以有任意從 $+J$ 到 $-J$ 之間的數值，來做爲其 z 分量。但在量子力學裡，則並非如此。這個 z 分量只可以是某些特定的值。對於任意系統（如某種原子、原子核，或其他）而言，當能量給定時，存在有一特徵值 j，使得角動量的 z 分量只能爲下列情況之一：

$$\begin{array}{c} j\hbar \\ (j-1)\hbar \\ (j-2)\hbar \\ \vdots \\ -(j-2)\hbar \\ -(j-1)\hbar \\ -j\hbar \end{array} \tag{34.23}$$

其最大值爲 j 乘以 $\hbar$；次大值爲前述的值減去一單位的 $\hbar$，其餘以此類推，一直到該序列的數遞減到 $-j\hbar$ 爲止。這個特徵值 j 便稱爲「系統的自旋」（有人稱之爲「總角動量量子數」；但我們稱作「自旋」）。

或許你會擔心以上所述只對某特定的 z 軸才成立，但實際上並非如此。對一自旋爲 j 的系統而言，沿著**任意**軸的角動量分量只能是(34.23)式其中之一的值。雖然這個結果聽起來有些怪異，但我們希望你暫且先接受它，我們以後會再回頭討論。這個結果至少有一點令人安心，就是 z 分量的極大值與極小值大小**相等**，正負號相反，使得我們不需要煩惱 z 軸的正向在哪一端（反過來，如果極大值與極小值並不是大小相等，則會產生不合理的物理結果：z 軸的正向與反向將不對稱，因而無法沿著原 z 軸的反向來定義一個新的 z 軸）。

乍看之下，既然角動量的 z 分量逐漸以整數之差，由 $+j$ 遞減爲 $-j$，則 j 必然爲整數。但其實不是這樣，而是 j 的兩倍才必須爲整數。這是因爲 $+j$ 與 $-j$ 的**差**才必須要求是整數。因此，自旋 j 可以是整數或半整數，視 $2j$ 的奇偶而定。以鋰原子核爲例，其自旋 $j=3/2$，所以沿 z 軸的角動量分量，在 $\hbar$ 單位下，只能是下列數值之一：

$$\begin{array}{c} +3/2 \\ +1/2 \\ -1/2 \\ -3/2 \end{array}$$

因此，如果這個原子核處於眞空且無外場時，總共有四個可能的狀態，且全都具有相同的能量。而如果另一系統的自旋爲2，則當使用 $\hbar$ 爲單位時，角動量的 z 分量可以是下列的值：

$$\begin{array}{r} 2 \\ 1 \\ 0 \\ -1 \\ -2 \end{array}$$

對於一個給定的 j，總共有（$2j+1$）個可能的狀態。換句話說，如果你給定能量及自旋 j，則共有（$2j+1$）個態具有給定的能量，且每一個狀態都對應角動量在 z 方向某一被容許的分量。

我們再來陳述另一個相關事實。如果任意挑出一個具有給定 j 值的原子，並且測量它的角動量的 z 分量，則你將會測得某一個前述容許的值，而所有被容許的值出現的機率都**相等**。所有前述被容許的態都是單一狀態，不分優劣，也就是說，在物理世界裡都擁有相等的權重（在這裡，假設我們沒有特別的去篩選出一組樣本）。以上的事實剛好有個簡單的古典類比。讓我們考慮古典情況：假設我們隨機取出一組系統，其中每一個系統都有相同的總角動量，那麼你發現此角動量具有某特定 z 分量的概率應該是多少？答案是，介於最大與最小值之間的所有分量，都有相同的概率可以被我們測得（這個事實非常容易推導出來）。以上的古典結果就是對應到量子力學中，所有（$2j+1$）個狀態，它們出現的機率均相等。

由以上討論，我們可以推導出另一個有趣、但令人有些訝異的結論。在某些古典計算裡，最後的結果會含有角動量 $\boldsymbol{J}$ 的**平方**，也

就是 $\boldsymbol{J}\cdot\boldsymbol{J}$。在對應的量子力學計算裡，我們常常可以發現下列通則：只需要將古典答案 $J^2=\boldsymbol{J}\cdot\boldsymbol{J}$ 代換成 $j(j+1)\hbar^2$，就可以得到量子力學結果。這個通則常被使用，而且可以得到正確答案，但嚴格來說，**並不是**沒有例外。我們將用以下的論證來說明爲何我們會認爲這項規則是正確的。

純量積 $\boldsymbol{J}\cdot\boldsymbol{J}$ 可寫爲

$$\boldsymbol{J}\cdot\boldsymbol{J}=J_x^2+J_y^2+J_z^2$$

因爲是純量，所以無論自旋的指向爲何，這個量都不變。假設對於任意給定的原子系統，我們隨機揀選其樣本並測量 J_x^2、J_y^2 或 J_z^2，則這三者的**平均值**必然相等（因爲沒有特定的方向可言）。因此，$\boldsymbol{J}\cdot\boldsymbol{J}$ 的平均值應該等於任一分量平方的期望值的三倍，以 J_z^2 爲例：

$$\langle\boldsymbol{J}\cdot\boldsymbol{J}\rangle_{\text{平均}}=3\langle J_z^2\rangle_{\text{平均}}$$

又因爲 $\boldsymbol{J}\cdot\boldsymbol{J}$ 並不隨角動量方向改變，是一個常數，所以其方向平均值等於這個常數值；這可以給出

$$\boldsymbol{J}\cdot\boldsymbol{J}=3\langle J_z^2\rangle_{\text{平均}}\tag{34.24}$$

之前我們已談過在量子力學裡，角動量 z 分量的方程式。使用這些方程式，便可以輕易算出 $\langle J_z^2\rangle_{\text{平均}}$。只需要將 $(2j+1)$ 個可能的 J_z^2 值相加，再除以總態數即可

$$\langle J_z^2\rangle_{\text{平均}}=\frac{j^2+(j-1)^2+\cdots+(-j+1)^2+(-j)^2}{2j+1}\hbar^2\tag{34.25}$$

如果系統具有 3/2 的自旋，則應該計算如下：

$$\langle J_z^2 \rangle_{\text{平均}} = \frac{(3/2)^2 + (1/2)^2 + (-1/2)^2 + (-3/2)^2}{4}\hbar^2 = \frac{5}{4}\hbar^2$$

可以得到

$$\boldsymbol{J} \cdot \boldsymbol{J} = 3\langle J_z^2 \rangle_{\text{平均}} = 3\tfrac{5}{4}\hbar^2 = \tfrac{3}{2}(\tfrac{3}{2} + 1)\hbar^2$$

我們讓你自己證明，將(34.25)式與(34.24)式合併，就可以得到下面一般性的結果：

$$\boldsymbol{J} \cdot \boldsymbol{J} = j(j + 1)\hbar^2 \tag{34.26}$$

在古典力學裡，我們會認爲$\boldsymbol{J}$的z分量的最大值等於$\boldsymbol{J}$的大小，也就是$\sqrt{\boldsymbol{J} \cdot \boldsymbol{J}}$；但是在量子力學裡，$J_z$的最大值永遠略小於$\boldsymbol{J}$的大小，因爲$j\hbar$永遠小於$\sqrt{j(j+1)}\,\hbar$。也就是說，角動量永遠不可能完全指向$z$方向。

34-8 原子的磁能

我們再回過頭來談磁矩。先前我們已經談過，一個原子系統的磁矩可以藉由(34.6)式以角動量來表示：

$$\boldsymbol{\mu} = -g\left(\frac{q_e}{2m}\right)\boldsymbol{J} \tag{34.27}$$

在這裡，$-q_e$及m分別是電子的電荷與質量。

當一個原子磁體置於外加磁場內時，它會獲得額外的能量，且磁能大小由其磁矩沿著磁場方向的分量決定。也就是

$$U_{\text{磁}} = -\boldsymbol{\mu} \cdot \boldsymbol{B} \tag{34.28}$$

我們選取$\boldsymbol{B}$的指向做爲z軸方向，則

$$U_{磁} = -\mu_z B \tag{34.29}$$

根據(34.27)式，我們可以得到

$$U_{磁} = g\left(\frac{q_e}{2m}\right) J_z B$$

由於在量子力學裡頭，J_z 只可以是下列特定的值之一：$j\hbar$、$(j-1)\hbar$、……、$-j\hbar$，所以一原子系統的磁能不可爲任意值（它只能爲某些特定值）。例如，其最大值爲

$$g\left(\frac{q_e}{2m}\right)\hbar jB$$

在上式中出現的 $q_e\hbar/2m$，通常稱爲「波耳磁元」，並寫爲 μ_B：

$$\mu_B = \frac{q_e\hbar}{2m}$$

所以被容許的磁能可以寫爲

$$U_{磁} = g\mu_B B\frac{J_z}{\hbar}$$

在這裡，$J_z/\hbar$ 只能是下列數值之一：j、$(j-1)$、$(j-2)$、……$(-j+1)$、$-j$。

換句話說，當一個原子系統置於磁場中，其能量會產生改變，這個改變正比於磁場及 J_z。或者我們可以說，這個原子系統的能量被磁場「分裂成（$2j+1$）個能階」。例如，我們假設某原子，在無磁場時的能量爲 U_0，自旋 j 爲 3/2，當置入磁場後，則會出現四種

可能的能量值。這些能量，可以用類似圖 34-5 的能階圖來表示。當給定磁場 B 時，任一原子的能量只能是圖中的四種能量之一。這就是量子力學對於原子系統在磁場內行爲的敘述。

最單純的「原子」系統就是單一電子。因爲電子的自旋是 1/2，所以只能存在兩種狀態：$J_z = \hbar/2$ 及 $J_z = -\hbar/2$。對於靜止（無軌道運動）的電子，自旋磁矩的 g 值等於 2，所以它的磁能只能是 $\pm\mu_B B$ 的其中之一。圖 34-6 顯示電子在磁場內可以擁有的能量。不嚴謹的講，我們稱電子的自旋只能是「向上」（與磁場同向）或「向下」（與磁場反向）。

如果系統擁有更高的自旋，則狀態的個數也將隨之增加。我們

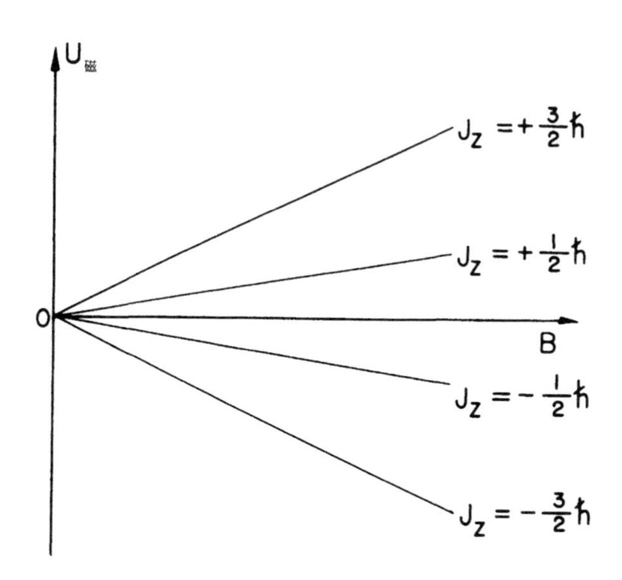

圖 34-5　旋轉量為 3/2 的原子系統，置於磁場 $\boldsymbol{B}$ 内，所可能擁有的能態。

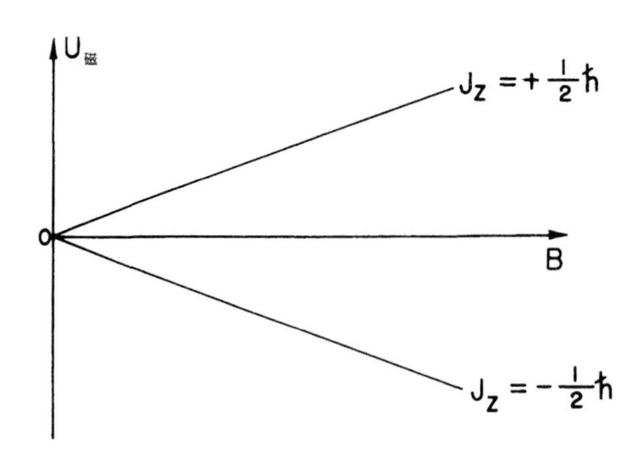

圖 34-6 電子置於磁場 **B** 內，所可能擁有的兩種能態。

可以視其自旋為「向上」或「向下」，或是介於其間的某一傾斜角度；一切依 J_z 的值而定。

以上所談的種種量子力學結果，將會在下一章討論材料磁性時使用。

第35章 順磁性與磁共振

■

35-1　量子化的磁性能態
35-2　斯特恩－革拉赫實驗
35-3　拉比分子束法
35-4　塊材之順磁性
35-5　絕熱去磁冷卻
35-6　核磁共振

35-1 量子化的磁性能態

在前一章，我們談到在量子力學裡，物體的角動量不可是任意方向的，而是該角動量沿某給定軸的分量，只能是某些等差距的不連續數。這結果令人驚訝。或許你會認爲我們應先擱置這類的相關討論，直到我們的心智更成熟，更習慣於如此的量子力學現象爲止。但實際上，就更易接受這類概念的層面而言，我們的心智永不可能變得更成熟。任何一個能夠將此類量子力學結果，成功的以可理解方式解釋的描述，本身所含的玄奧及複雜度，必然勝過於原量子力學結果。就如我們已提過多次的，物質在微小尺寸尺度上的行爲，不同於我們司空見慣的日常經驗，而經常表現出奇特的性質。隨我們陸續談論古典物理論證之際，最好也培養出自我對小尺寸尺度行爲的熟悉度，暫以增加這方面相關經驗爲主，而不追求深入透徹的瞭解。對這一類行爲的瞭解只能緩慢漸進爲之。久而久之，就有能力較準確預測在某量子力學狀況下會發生的現象，這或許就表示已有所「瞭解」了。

雖然如此，我們可能永遠無法眞正接受這些量子力學法則爲「自然現象」。當然嚴格而言，它們**是**自然現象，只是以我們普通的日常經驗來看不易接受罷了。我們也應提及，底下我們對角動量的量子力學法則所持的態度，與我們在他處對其他討論所持者相比，存有極大差異。我們將不嘗試去「解釋」量子力學法則，但是我們起碼要**告訴**你發生了什麼事；若不這樣，會令人誤解認爲，材料的磁性是可以用角動量與磁矩的古典描述去瞭解的，這不是誠實的做

請複習：第 11 章〈介電體內部〉。

法。

量子力學裡一個令人訝異與困擾的特性便是，當測量角動量沿任意給定軸的分量時，答案永遠是 $\hbar$ 的整數倍或半整數倍。無論如何選取該軸，皆是如此。這個奇異事實所涉及的奧妙，即是無論該軸指向爲何，沿其方向的分量永遠鎖定在固定數列所成的集合，這將留待未來章節再闡明。到時，你便可愉快的見識到這矛盾是如何解決的了。

我們先接受下列事實：對任一個原子系統，存在一數值 j ，稱爲該系統的**自旋**，j 值爲整數或半整數，角動量沿任何給定軸的分量只能是下列介於 $j\hbar$ 及 $-j\hbar$ 間之眾數值之一：

$$J_z = \begin{Bmatrix} j \\ j-1 \\ j-2 \\ \vdots \\ -j+2 \\ -j+1 \\ -j \end{Bmatrix} \cdot \hbar \text{ 之一} \tag{35.1}$$

我們之前曾提過，任何一個原子系統的磁矩與其角動量都會同向。這不僅對原子及原子核爲如此，對基本粒子也是如此。每一個基本粒子亦有其特徵的 j 值與磁矩。（對某些粒子而言，兩者皆爲零。）我們此處所謂的「磁矩」，當置於一個磁場內，若令該場指向 z 方向，該系統能量在低磁場的情況下，可寫爲 $-\mu_z B$ 。我們必須對於磁場的強度設下限制，否則磁場便會影響該系統的內部運動，前述磁能不再能用來量度磁場未出現時的磁矩。但若磁場微弱，則因磁場而產生的能量改變就等於

$$\Delta U = -\mu_z B \tag{35.2}$$

此處，式中的 μ_z 要用下式代換

$$\mu_z = g\left(\frac{q}{2m}\right)J_z \tag{35.3}$$

而 J_z 即爲(35.1)式中所列的值。

設想一個自旋 $j = 3/2$ 的系統。在無磁場時，系統可以有四種可能狀態，都具有相同能量，但分別對應不同的 J_z 值。一旦磁場出現，就會多一項額外的磁作用能量，把前述各態分裂成四個能量略有差異的能階。這些能階的能量正比於 B，並分別乘以 3/2、1/2、−1/2、−3/2，即 J_z 之值，再乘以 $\hbar$。在圖 35-1 中，我們分別顯示自旋爲 1/2、1 及 3/2，各原子系統的能階分裂情形。（但提醒一點，無論電子狀態爲何，磁矩永遠與角動量反向。）

由圖中也可以看出，無論磁場存在與否，各能階的「重心」皆不改變。也請你們注意，對於給定磁場中的給定粒子，相鄰兩能階的間距爲常值。我們可以把該能量間距寫爲 $\hbar\omega_p$，這即是 ω_p 的定義。根據(35.2)及(35.3)兩式，得到

$$\hbar\omega_p = g\,\frac{q}{2m}\,\hbar B$$

或

$$\omega_p = g\,\frac{q}{2m}\,B \tag{35.4}$$

上式的量 $g(q/2m)$ 正是磁矩對角動量的比值，可視爲粒子的性質。(35.4)式與在第 34 章所導得的公式相同，第 34 章的公式是當一個角動量爲 $\boldsymbol{J}$、磁矩爲 $\boldsymbol{\mu}$ 的陀螺儀，置於磁場內時所產生進動運動的角速度公式。

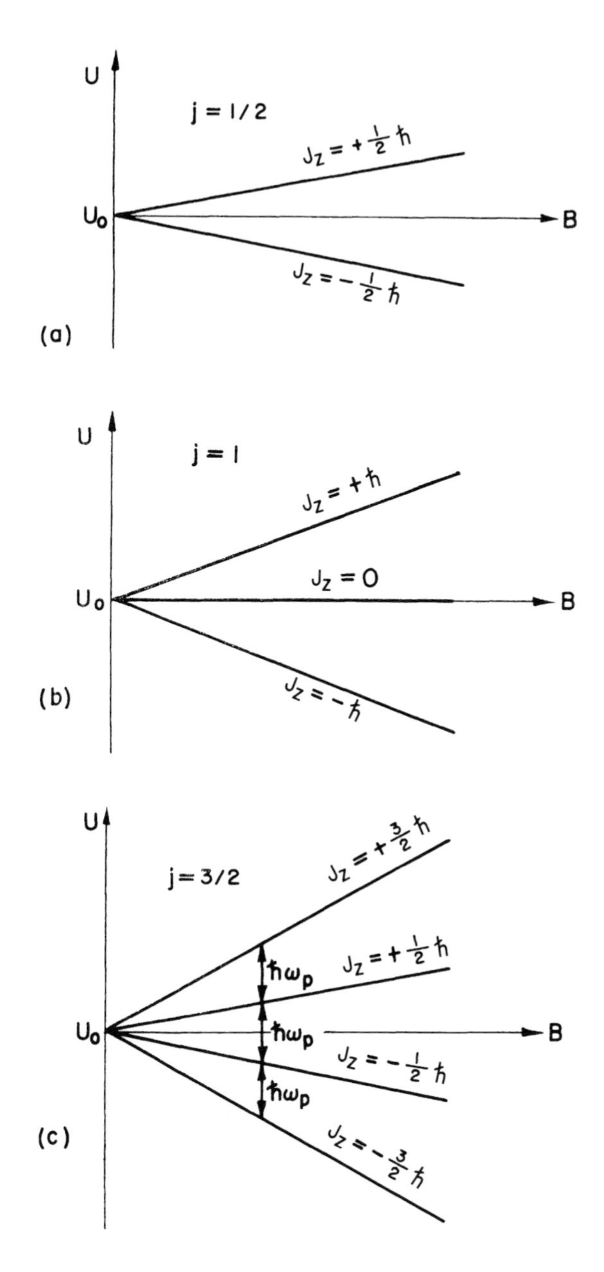

圖35-1 具有自旋 j 的原子系統，在磁場 $\boldsymbol{B}$ 內具有（$2j+1$）個可能的能量值。在低磁場時，能量間的差距正比於 B。

35-2 斯特恩—革拉赫實驗

角動量是量子化的這件事實很讓人驚訝，所以我們將略爲敘述相關的歷史發展。雖然這個結果已有理論預測，但當實驗發現這個現象時，仍讓人震驚不已。這個現象最初是在 1922 年，由斯特恩（O. Stern）及革拉赫（W. Gerlach）二人在實驗中觀察到的。若你願意，可以把這個實驗視爲角動量量子化觀念成立的證據。斯特恩與革拉赫設計這個實驗，是要觀察銀原子的磁矩。他們以高溫烤箱蒸發出銀原子，並讓其中一部分穿越過一系列的孔隙來產生一串銀原子束。他們再將這個原子束送入特殊磁鐵的兩磁極所包夾的空間內，如圖 35-2 所示。他們的想法如下：如果銀原子的磁矩爲 $\boldsymbol{\mu}$，在磁場 $\boldsymbol{B}$ 內的能量會是 $-\mu_z B$，此處 z 爲磁場方向。在古典理論裡，μ_z 等於磁矩乘以磁矩與磁場之間夾角 θ 的餘弦函數值，所以磁場給出的額外能量爲

$$\Delta U = -\mu B \cos\theta \tag{35.5}$$

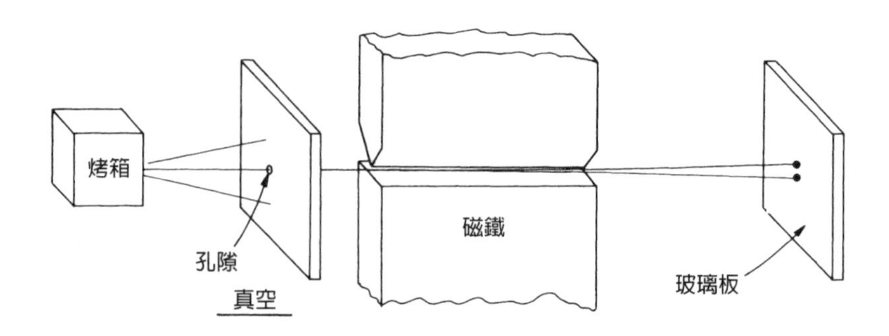

圖 35-2　斯特恩—革拉赫實驗

當然，在原子離開烤箱後，磁矩可分布於任意方向上，所以角度 θ 可爲任意值。現在，若所用的磁場在 z 方向上的變化很大，也就是說磁場的梯度很大，則磁能就會隨著原子的位置而變，因此這些磁矩就會感受到磁力，且磁力的方向依 $\cos\,\theta$ 的正負而定。這個把原子拉上或拉下的磁力正比於磁能函數的導數；由虛功原理可知

$$F_z = -\frac{\partial U}{\partial z} = \mu \cos\theta \frac{\partial B}{\partial z} \tag{35.6}$$

斯特恩與革拉赫把磁鐵的一極設計成極爲銳利的刀刃狀，以便產生快速變化的磁場。銀原子束是沿此刀刃邊緣平行前進，所以在這個不均勻磁場中，原子會感受到一個垂直的力。如果這個原子的磁矩指向水平方向，感受到的磁力爲零，原子將毫無轉折的直接通過磁場區域。若磁矩指向 $+z$ 的垂直方向，則感受的磁力會把原子牽引向上，往刀刃狀磁極那方靠近。若磁矩垂直向下，則原子會感受到向下的推力。綜合以上所述，當原子離開磁場區域時，視其磁矩的垂直分量，將以扇形狀分散開來。由於古典理論中，磁矩的所有角度均爲可能，所以當銀原子降落於玻璃板面上，收集在一起時，我們應該可以觀察到一條垂直銀線。這條銀線的長度應該與其磁矩的大小成正比。當斯特恩與革拉赫完成觀測後，他們的結果完全牴觸了古典理論的預期，顯示出古典物理完全失效。他們在玻璃板上發現兩個點，換句話說，銀原子受磁力分裂爲兩束。

想想這實在很神奇，銀原子束的自旋指向顯然是隨機分布的，但居然只分裂成兩束。這些磁矩如何**得知**它們在磁場下，沿磁場方向之分量只允許有某些特定值？好啦，這便是當初角動量量子化的發現實況。我們不打算給你更進一步的滿意理論解釋，而只想說你只能接受上述的實驗結果，正如當年的物理學家在這個實驗結果剛發現時，也只有接受一途。原子在磁場下的磁能，只能爲某幾個特

定值，這是**實驗證實的事實**。這些特定的能量值正比於磁場強度。當磁場強度隨位置變化時，虛功原理告訴我們，原子可感受到的磁力也只能為某特定序列中的數值；對每個磁矩狀態而言，感受的磁力均不同，所以一束原子便會分裂為數個不同的原子束。由這些原子束的偏折程度，可測出磁矩的強度。

35-3 拉比分子束法

現在，我們要介紹拉比（Isidor Isaac Rabi, 1898-1988）及其研究團隊發展出的一種改進裝置，可用於磁矩的測量。在斯特恩－革拉赫實驗裡，原子束的偏折量很小，因此不易精確的測量出磁矩。拉比的技術可以非常精準的量出磁矩。這個方法是基於下列事實：原子的能量在磁場下會分裂成數個能階。原子在磁場下只能有某些能階這件事，並不會令人過於驚訝，因為**一般而言**，原子的能量只能有某些離散的能階，這已在第I卷提過。既然如此，原子在磁場裡當然也可表現出類似現象。但是當我們把離散能階的概念，與**磁矩方向關聯**在一塊兒時，則更進一步的展現了量子力學的奇特本質。

當原子擁有兩個能階，且其能量間距為 ΔU，則它可由上能階躍遷至下能階，並輻射出一個頻率為 ω 的光子，且滿足

$$\hbar\omega = \Delta U \tag{35.7}$$

同樣的，把原子置於磁場時，相同的情況也可以發生。只不過由於能階間的差異極為微小，以致於頻率會對應於微波或無線電波，而非可見光波。由下能階至上能階的躍遷，也可以用吸收光的方式達成；如果原子位於磁場內，所吸收的則是微波。因此，當原子置放於磁場時，我們透過某適當頻率的電磁場，引發原子由一個能態躍

遷至另一個能態。換言之，若我們把一個原子置於強磁場中，並以一個微弱電磁波「騷擾」，則當電磁波頻率接近(35.7)式的 ω 時，將有可能把原子從一個能態敲出，而進入另一個能態中。對於磁場內的原子而言，這個頻率即是之前所謂的 ω_p，即(35.4)式以磁場所表出者。若用不當的頻率騷擾原子，則引發躍遷的機率極微小。當頻率接近 ω_p 時，則形成強烈**共振**，引發躍遷的機率為最大。在給定磁場 B 之下，藉由測量此共振頻率，可以得到 $g(q/2m)$，因此也可以得到 g 因子，且精確度極高。

有趣的是，前述結果也可以用古典觀點得出。根據古典圖像，當一個具有磁矩 μ 及角動量 J 的小陀螺儀，置於一個磁場內時，陀螺儀將圍繞著平行於磁場的軸進動（見圖 35-3）。設想下列問題：要如何改變這個古典陀螺儀與磁場的夾角，也就是與 z 軸的夾角？此處磁場所產生的力矩是沿某**水平**軸方向。你或許會誤以為，這個力矩將讓磁矩與磁場方向一致，然而實際上它的效應是造成進動。如果我們想改變陀螺儀相對於 z 軸的角度，則必須施一個**圍繞** z **軸**

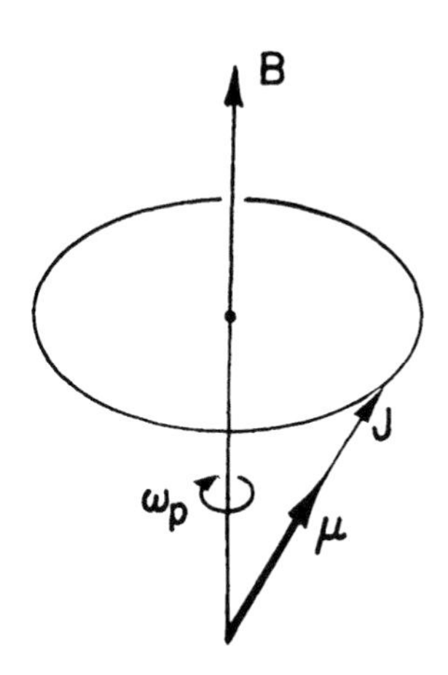

圖 35-3　具有磁矩 $\boldsymbol{\mu}$ 與角動量 J 的原子，做古典進動運動。

的力矩。如果所施以的力矩與進動同向，陀螺儀的角度會增加，使 ***J*** 沿 z 軸的分量減少。反之，如果該力矩阻礙進動運動，則 ***J*** 會移近鉛垂方向。

對於在均勻磁場下做進動運動的原子，前述的力矩該如何施加？答案便是：由側面施以一個微弱磁場。你可能會認為，該磁場必須隨磁矩的進動旋轉，使其方向能永遠垂直於磁矩，如圖 35-4(a) 中的磁場 B' 一般。這樣的磁場確實很能發揮所希望的功能，但一個**正負交替變化**的水平磁場也可以有類似的作用。若 B' 是一個微弱的

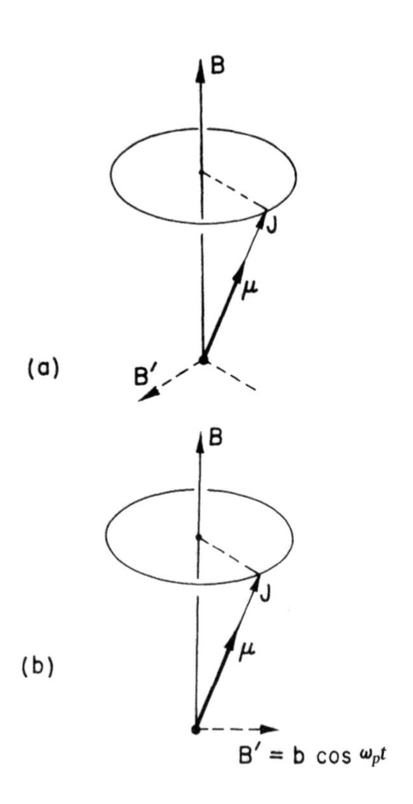

圖 35-4　原子磁體的進動角度，可用一個垂直於 $\boldsymbol{\mu}$ 的磁場加以改變，如 (a)，或用一個振盪磁場，如 (b)。

水平磁場，方向固定在 x 軸（正或負），並以 ω_p 頻率振盪，則每半個週期，磁矩所受的力矩便會變爲反向，所累積造成的效應幾乎等效於一個轉動的磁場。故由古典物理觀點來看，當我們有一個頻率恰爲 ω_p 的微弱振盪磁場時，磁矩沿 z 方向的分量便會改變。在古典物理裡，μ_z 的變化量可爲連續分布，但在量子力學裡，磁矩的 z 分量則無法連續調整。它必須由一個值突然變化爲另一個值。上面我們比較了古典力學與量子力學的結果，告訴你在古典力學下可能發生的狀況，並指出它與實際量子力學結果的相關性。你應已注意到，兩種力學所預期的共振頻率是一致的。

再補充一點：根據之前的量子力學討論，並無任何明顯的理由禁止頻率爲 $2\omega_p$ 的躍遷發生。但在古典力學裡則不然。其實即使在量子力學裡，這種躍遷也不會發生，至少無法以前述的方法引發該躍遷。也就是，在水平振盪磁場下，頻率爲 $2\omega_p$ 時，能導致一口氣跳躍兩個能階的機率爲零。僅能以 ω_p 的頻率進行向上或向下的躍遷。

現在，我們可以描述如何以拉比法測量磁矩了。這裡僅用自旋 1/2 的原子爲例，討論該測量的操作方式。儀器配置如圖 35-5 所示。起始處爲一個烤爐，可連續發射出中性原子，通過串連在一直線的三個磁鐵。1 號磁鐵的性質正如圖 35-2 所示，其磁場有很大的

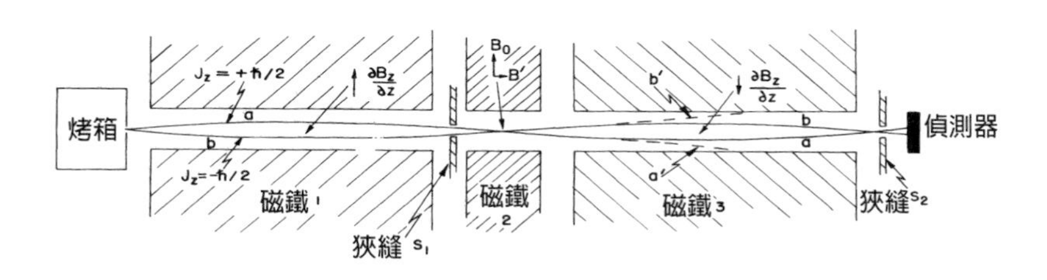

圖 35-5 拉比分子束法實驗的儀器配置

梯度，令該梯度$\partial B_z/\partial z$爲正值。所以如果原子具有磁矩，則當$J_z = +\hbar/2$時它們會向下偏折，而當$J_z = -\hbar/2$時則它們會向上偏折（因對電子而言，$\boldsymbol{\mu}$與$\boldsymbol{J}$互爲反向）。因此，具有$J_z = +\hbar/2$的原子會沿a曲線行進，穿越磁鐵右方的1號狹縫S_1；而具有$J_z = -\hbar/2$的原子則會沿b曲線行進。至於離開烤爐，出發時即沿其他曲線行進的原子，則無法穿越該狹縫。

2號磁鐵爲均勻磁場。因此，在此區域的原子並不受磁力作用，而沿直線方向穿過並進入3號磁鐵。3號磁鐵的性質正如1號磁鐵，但磁場**上下倒置**，所以梯度$\partial B_z/\partial z$的正負符號也會相反。具有$J_z = +\hbar/2$的原子（我們稱爲「自旋向上」），在1號磁鐵內感受到向下的推力，將在3號磁鐵內感受到**向上的**推力；它們會一直沿a曲線行進，最終穿過2號狹縫S_2而進入偵測器。反之，具有$J_z = -\hbar/2$的原子（稱爲「自旋向下」）在1號及3號磁鐵內，亦將感受兩方向相反的磁力，並依循b曲線行進，最終亦穿過2號狹縫S_2進入偵測器。

所用的偵測器則可以有數種不同的偵測機制供選擇，視原子種類而定。例如，對鈉等鹼金族金屬原子來說，所用的偵測器可以是一條纖細、赤熱的長條鎢絲，連接至靈敏的電流計。當鈉原子落於鎢絲上時，將會以Na^+離子狀態蒸發掉，留下電子於鎢絲上。於是，便產生電流，電流大小正比於每秒內落於鎢絲上的鈉原子。

在2號磁鐵的兩磁極間，置有一串線圈，用以產生微弱水平磁場$\boldsymbol{B}'$，線圈內的電流以可變頻率ω振盪。因而在2號磁鐵的兩個磁極間，存在著一個強烈、不隨時間而變的垂直磁場$\boldsymbol{B}_0$，以及一個微弱振盪的水平磁場$\boldsymbol{B}'$。

設想該振盪磁場的頻率ω設定在ω_p值，即原子在磁場$\boldsymbol{B}$內的「進動」頻率。則該振盪磁場會讓穿越其中的原子產生躍遷，由某

J_z 值忽然變化成另一個值。例如，原先自旋向上之原子 ($J_z = +\hbar/2$) 可以翻轉成自旋向下 ($J_z = -\hbar/2$)。此類的原子，由於磁矩方向翻轉，在 3 號磁鐵內，將因感受到**下推**磁力，而沿 a' 曲線前進，如圖 35-5 所示。所以它無法穿過 2 號狹縫 S_2 進入偵測器。同樣道理，某些起始狀態為自旋向下 ($J_z = -\hbar/2$) 的原子，在穿越 2 號磁鐵時會翻轉成自旋向上 ($J_z = +\hbar/2$)。所以它們會沿 b' 路徑前進，無法抵達偵測器。

若振盪磁場 $\boldsymbol{B}'$ 的頻率大幅偏離 ω_p ，該磁場無法造成磁矩翻轉，所以原子可以不受干擾的沿原路徑行進，抵達偵測器。因此，只要我們改變 $\boldsymbol{B}'$ 磁場的頻率 ω ，直至觀測到抵達偵測器的原子流量減少，這樣便可以找出原子在磁場 $\boldsymbol{B}_0$ 中的「進動」頻率 ω_p 。隨著 ω 變化，偵測到的電流將如圖 35-6 所示。由 ω_p 值，便可以得到原子 g 值。

這種原子束，或較常稱為「分子」束共振實驗，是很漂亮且靈

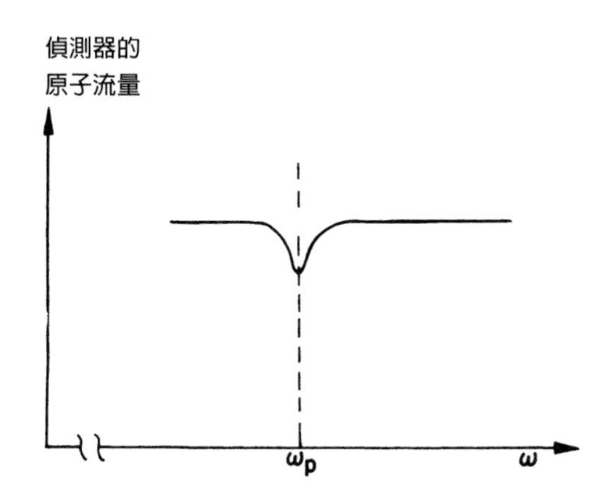

圖 35-6 原子束中的原子流量，當 $\omega = \omega_p$ 時會減少，如圖所示。

敏的方法，可以用來量測原子物體的磁學性質。其中的共振頻率 ω_p 可以很精確的測得，事實上其精確程度甚至高於我們對磁場 $\boldsymbol{B}_0$ 所做的測量，而後者也是在決定 g 因子時必須知道的物理量。

35-4 塊材之順磁性

現在，我們要進入塊材順磁現象的討論。設想我們有一個物質，例如硫化銅晶體，其原子帶有永久磁矩。在這個晶體中，銅離子的內層電子帶有淨角動量及淨磁矩。所以銅離子即是帶有永久磁矩的物體。讓我們用一點篇幅，說明哪類原子帶有磁矩，哪類原子則無。任何帶有**奇數**個電子的原子，例如鈉，都會帶有磁矩。鈉的未塡滿電子殼層只含有一個電子。這個電子賦予原子自旋與磁矩。通常，當原子形成化合物時，外殼層電子會與其他電子耦合，而這些配對電子因爲擁有相反自旋，所有價電子角動量總和與磁矩總和均會抵消掉。這便是爲何一般而言，分子並不具有磁矩的原因。當然，若系統爲鈉原子氣體，則不會抵消。* 此外，若系統爲化學上所謂的「自由基」時（即該系統的價電子總數爲奇數），則是含有未飽和的化學鍵，可帶有淨角動量。

在塊材情況，則通常是只當它含有未塡滿**內**殼層原子時，才會表現出淨磁矩，此時會有淨角動量與磁矩。這類原子通常是週期表上的「過渡金屬元素」，例如鉻、錳、鐵、鎳、鈷、鉑、鈀等。另外，所有稀土族元素亦均擁有未塡滿的內殼層與永久磁矩。尙有一

*原注：通常，鈉蒸氣的粒子是以單原子為主，雖然仍可含少量的 Na_2 分子。

些奇怪的系統也擁有磁矩，例如液態氧等，但我們把它們留給化學家去解釋。

現在，設想有一箱原子或分子是具有永久磁矩的，它可能是氣體、液體或晶體。我們試問在外加磁場下，系統會受何影響。**無**磁場時，因為熱擾的緣故，原子會四處碰撞，原子磁矩將指向各個方向。但如果有磁場，磁矩會整齊排列；此時與磁場同向排列的磁矩會多於反向的。我們即稱此材料給「磁化」了。

我們定義一個材料的**磁化強度** $\boldsymbol{M}$ 為每單位體積的淨磁矩，也就是該單位體積內，所有原子磁矩所形成的向量和。如果每單位體積內有 N 個原子，且其**平均**磁矩為 $\langle\boldsymbol{\mu}\rangle_{平均}$，則 $\boldsymbol{M}$ 可寫為 N 乘以該平均磁矩：

$$\boldsymbol{M} = N\langle\boldsymbol{\mu}\rangle_{平均} \tag{35.8}$$

此處，$\boldsymbol{M}$ 的定義對應到在第 10 章電極化強度 $\boldsymbol{P}$ 的定義。

順磁性的古典理論，和我們在第 11 章所談的介電常數理論一樣。我們假設每一個原子均擁有磁矩 $\boldsymbol{\mu}$，其大小恆定，但方向任意。在磁場 $\boldsymbol{B}$ 下，磁矩能量為 $-\boldsymbol{\mu}\cdot\boldsymbol{B} = -\mu B\cos\theta$，此處 θ 為磁矩與磁場的夾角。根據統計力學，擁有某一個角度的相對機率為 $e^{-能量/kT}$，所以角度近似於零的機率要高於近似 π 的。正如我們在第 11-3 節所做的計算一樣，我們發現在低磁場時，$\boldsymbol{M}$ 平行於 $\boldsymbol{B}$ 且同向，其大小為

$$M = \frac{N\mu^2B}{3kT} \tag{35.9}$$

（參見(11.20)式）上面的近似公式，只在 $\mu B/kT$ 遠小於 1 時才是正確的。

因此我們發現磁場所誘發之磁化強度（每單位體積的磁矩），

正比於磁場。這就是順磁現象。你將會發現這個效應在低溫時較爲顯著，高溫時較爲微弱。當我們將一個物質置於磁場內時，在低磁場條件下將會誘發出一個和磁場大小成正比的磁化強度。M 對 B（低磁場時）的比即稱爲**磁化率**。

現在，我們要從量子力學來討論順磁性。首先我們考慮一個自旋爲 1/2 的原子系統。無磁場時，原子的能量爲某個值，在磁場下這個值會分裂爲兩個，分別對應於 J_z 的二個值。如果 $J_z = +\hbar/2$，（由於磁場）原子能量的變化將是

$$\Delta U_1 = +g\left(\frac{q_e\hbar}{2m}\right)\cdot\frac{1}{2}\cdot B \tag{35.10}$$

（因爲電子電荷爲負，所以能量改變值爲正。）如果 $J_z = -\hbar/2$，原子的能量改變則是

$$\Delta U_2 = -g\left(\frac{q_e\hbar}{2m}\right)\cdot\frac{1}{2}\cdot B \tag{35.11}$$

爲節省麻煩，令

$$\mu_0 = g\left(\frac{q_e\hbar}{2m}\right)\cdot\frac{1}{2} \tag{35.12}$$

則

$$\Delta U = \pm\mu_0 B \tag{35.13}$$

此處，μ_0 之物理意義很明白：$-\mu_0$ 爲自旋向上時磁矩的 z 分量，而 $+\mu_0$ 爲自旋向下時磁矩的 z 分量。

統計力學告訴我們，原子處於某狀態或另一狀態的機率正比於

$$e^{-(\text{能態})/kT}$$

無磁場時，此二態之能量相等；因此當系統在磁場中達到熱平衡時，各態的機率正比於

$$e^{-\Delta U/kT} \tag{35.14}$$

所以每單位體積內自旋向上的原子個數就是

$$N_{\text{上}} = ae^{-\mu_0 B/kT} \tag{35.15}$$

自旋向下的原子個數則是

$$N_{\text{下}} = ae^{+\mu_0 B/kT} \tag{35.16}$$

式中的常數 a 可由下式決定

$$N_{\text{上}} + N_{\text{下}} = N \tag{35.17}$$

此處，N 爲每單位體積內的原子總數。所以我們得到

$$a = \frac{N}{e^{+\mu_0 B/kT} + e^{-\mu_0 B/kT}} \tag{35.18}$$

我們感興趣的是沿 z 軸方向的**平均**磁矩分量。每一個自旋向上原子貢獻 $-\mu_0$ 的磁矩，自旋向下的原子則貢獻 $+\mu_0$ 的磁矩；所以平均磁矩爲

$$\langle\mu\rangle_{\text{平均}} = \frac{N_{\text{上}}(-\mu_0) + N_{\text{下}}(+\mu_0)}{N} \tag{35.19}$$

每單位體積的總磁矩 M 則爲 $N\langle\mu\rangle_{\text{平均}}$。利用(35.15)、(35.16)及

(35.17)三式可得到

$$M = N\mu_0 \frac{e^{+\mu_0 B/kT} - e^{-\mu_0 B/kT}}{e^{+\mu_0 B/kT} + e^{-\mu_0 B/kT}} \tag{35.20}$$

這即是量子力學中 $j = 1/2$ 原子系統的 M 值公式。順便指出該公式可藉用雙曲線正切函數，表現成更簡潔的形式：

$$M = N\mu_0 \tanh \frac{\mu_0 B}{kT} \tag{35.21}$$

在圖 35-7 中，我們把 M 對 B 作圖。當 B 很大時，雙曲線正切函數值趨近於 1，所以 M 趨近於 $N\mu_0$。故在高磁場時，磁化強度達到**飽和**。我們很容易便可瞭解這個現象；在足夠強烈的磁場下，所有原子磁矩都會呈同向排列。換言之，就是都處於自旋向下狀態，

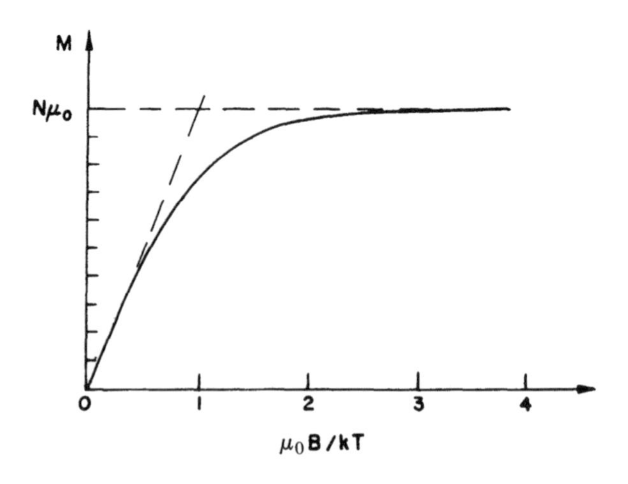

圖 35-7　順磁性磁化強度隨著磁場 B 變動的情形

且每一個原子均貢獻 μ_0 的磁矩。

在通常的狀況下（例如典型的磁矩大小、室溫及一般可達到的磁場強度，如 10,000 高斯）， $\mu_0 B/kT$ 這個比值約為 0.002 。由此可知，要在極低溫下，才能見磁化強度的飽和現象。在一般溫度下我們可以用 x 取代 $\tanh x$ ，而有

$$M = \frac{N\mu_0^2 B}{kT} \tag{35.22}$$

上述結果與先前的古典結論相同，都得到 M 正比於 B 的答案。事實上，二者除了一個 1/3 因子的差異外，其餘的都相同。底下我們要把量子公式中的 μ_0 與古典公式(35.9)中的 μ 連起來。

出現古典公式中的是 $\mu^2 = \boldsymbol{\mu} \cdot \boldsymbol{\mu}$，即磁矩向量的平方，或

$$\boldsymbol{\mu} \cdot \boldsymbol{\mu} = \left(g\,\frac{q_e}{2m}\right)^2 \boldsymbol{J} \cdot \boldsymbol{J} \tag{35.23}$$

我們在前一章中曾指出，若把古典計算中的 $\boldsymbol{J} \cdot \boldsymbol{J}$ 代換為 $j(j+1)\hbar^2$，則通常可給出正確的量子力學結果。在目前之討論裡，$j = 1/2$，故

$$j(j+1)\hbar^2 = \tfrac{3}{4}\hbar^2$$

將上式代入(35.23)中的 $\boldsymbol{J} \cdot \boldsymbol{J}$，則得到

$$\boldsymbol{\mu} \cdot \boldsymbol{\mu} = \left(g\,\frac{q_e}{2m}\right)^2 \frac{3\hbar^2}{4}$$

若上式用(35.12)定義的 μ_0 表出，則得到

$$\boldsymbol{\mu}\cdot\boldsymbol{\mu} = 3\mu_0^2$$

將此式代入(35.9)式的古典公式，恰好給出正確的量子力學結果，即(35.22)式。

以上順磁性的量子力學理論可以很容易的推廣至任意自旋 j 的原子系統。低磁場時，磁化強度為

$$M = Ng^2\,\frac{j(j+1)}{3}\,\frac{\mu_B^2 B}{kT} \tag{35.24}$$

此處，

$$\mu_B = \frac{q_e\hbar}{2m} \tag{35.25}$$

為幾個物理常數的組合，具有磁矩單位。許多原子都約略具有這個大小的磁矩。這個量稱為**波耳磁量子**。電子之自旋磁矩幾幾乎等於一波耳磁量子。

35-5 絕熱去磁冷卻

底下討論一個順磁性現象的有趣應用。在極低溫時，可以用一個強烈磁場把眾原子磁體排列起來。接著便可藉所謂的**絕熱去磁**程序，把系統降至**超低**的溫度。以某種順磁性的鹽為例（例如，含有數種稀土族原子的鹽，如 $Pr(NO_8)_3\cdot NH_4NO_3$），把它置於一個強烈磁場內，用液態氦冷卻至絕對溫度一或二度。則 $\mu B/kT$ 因子將大於1，例如會是2或3。大部分的磁矩均成同向排列，使磁化強度大致飽和。為了簡化討論，令磁場強度極高，溫度極低，以致幾乎所

有原子均成同向排列。之後，把這個鹽與環境的熱能交換阻斷（例如，移除液態氦，使鹽處於絕熱的真空環境下），並移去磁場。此時，鹽的溫度將降至超低之值。

如果你**忽然間**去掉磁場，則原子在晶體裡的晃動振顫，將逐漸擾亂原先磁矩的整齊排列。有一部分磁矩呈向上排列，另外的部分則呈向下排列。但是如果沒有磁場（同時，亦忽略原子磁矩間的交互作用，因該作用僅造成微小的修正），原子磁矩的翻轉並不需要任何能量。因此，原先整齊排列的磁矩逐漸零亂化，且因能量不產生改變，溫度也不會有變化。

然而，設想如下情形，即當原子磁矩因熱擾運動而翻轉時，仍存殘餘磁場。則把磁矩翻轉至逆著磁場的方向，**必須透過做功才能達成**。因此熱運動的能量就被拿走了，造成溫度下降。所以如果前述強磁場並非迅速移離，鹽的溫度將會下降，也就是去磁造成了降溫。由量子力學觀點來看，當磁場極強時，所有原子均處於最低能量狀態，任一個原子處於高能態的機率幾乎爲零。當磁場減弱時，熱擾動將一個原子由低能態撞入高能態的機率逐漸增加。當此躍遷發生時，原子即吸收了 $\Delta U = \mu_0 B$ 的能量。因此，當磁場逐漸關閉時，磁性能階躍遷會吸走晶體的熱振動能量，使其冷卻。以這樣的方式，可以把一個系統由原來的溫度降至絕對溫度數千分之一度。

你還想要把系統的溫度再進一步降低嗎？事實上，大自然確實提供了這樣的路徑。我們之前曾提過，原子核也擁有磁矩。我們原先所導得的順磁性磁化強度公式，也同樣適用於原子核磁矩，相異點僅是，原子核磁矩約是電子磁矩的**千分之一**。（原子核磁矩數量級爲 $q\hbar/2m_p$，其中 m_p 爲**質子**質量，所以兩種磁矩的比值等於電子與質子對應質量之比。）對原子核磁矩而言，即使在低溫如 2K 下，$\mu B/kT$ 因子仍只爲數千分之一的大小而已。但如果使用前述的順磁去磁程序，便可以把溫度降至數千分之一度，則 $\mu B/kT$ 將接近 1，在這個溫度下，原子核磁矩的排列將逐漸飽和。這眞是幸運，因爲我們可以接著使用**原子核**磁矩絕熱去磁原理，使系統溫度更進一步下降。因此，兩階段的磁冷卻便成爲可行途徑。首先，我們藉由順磁性離子的絕熱去磁效應把溫度降至數千分之一度。之後，用此低溫順磁性鹽類化合物，去冷卻某種具有強原子核磁性的物質。最後，把磁場由這個物質移除，則最終的溫度將可達低於**百萬分**之一的極低溫——只要所有步驟都能小心翼翼施行的話。

35-6 核磁共振

前面敘述過，原子順磁性極爲微弱，而原子核磁性甚至更微小，只有原子順磁性的數千分之一。然而實際上，原子核的磁性卻較容易藉由所謂「核磁共振」（nuclear magnetic resonance）的原理來觀測。設想我們的系統爲液態水，因爲系統的所有電子自旋都已配對相消，所以其淨磁矩爲零。但水分子則仍有非常、非常小的磁矩，是由氫原子核的核磁矩所貢獻的。設想把少量的水置於磁場 $\boldsymbol{B}$ 中，因（氫原子）質子具有 1/2 自旋，磁場下它們將會有兩個能態。當水處於熱平衡時，會有較多質子處於低能態，其磁矩和磁場平行。所以每單位體積內，會存在著一個微量淨磁矩。因質子的磁矩約僅爲原子磁矩的千分之一，又因磁化強度正比於 μ^2（根據 (35.22) 式），所以水的磁化強度約僅爲一般原子順磁強度的百萬分之一。（這便是爲何我們需要選取不具原子磁性材料的原因。）如果你可以把這個問題解出，則會發現自旋向上與自旋向下的兩類質子，數量差距約僅爲 10^8 之 1，所以這個效應的確極爲微小！然而，這個效應仍然可以下列方式觀測到。

設想我們把水置於一個小型線圈內，線圈能產生微弱水平振盪磁場。若此場的振盪頻率為 ω_p ，則可誘發在高低兩能態間的躍遷，正如我們在第35-3節所描述的拉比實驗一般。當質子由高能態翻轉至低能態時，它將釋放能量 $\mu_z B$ ，而該量如前所述，等於 $\hbar\omega_p$。若質子由低能態翻轉至高能態，則它將從線圈**吸收**能量 $\hbar\omega_p$ 。由於處於低能態的質子數要略多於處於高能態的質子數，所以整體而言，水將自線圈**吸收**能量。雖然該效應非常微弱，但這少量之能量吸收，仍可藉由靈敏的放大器電子元件觀測到。

正如在拉比分子束實驗中一樣，前述能量的吸收，唯有在振盪磁場與水共振時，亦即當

$$\omega = \omega_p = g\left(\frac{q_e}{2m_p}\right)B$$

時，才能觀測到。通常較方便的實驗設計，是維持 ω 不變，而改變 B ，使上述的共振條件成立。亦即，當

$$B = \frac{2m_p}{g\,q_e}\,\omega$$

時，能量吸收之現象將較為顯著。

圖35-8顯示一個典型核磁共振的儀器配置，一個小型線圈置於大型電磁鐵的兩磁極之間，並用高頻的振盪器驅動線圈。另外，兩磁極末端分別包以小型副線圈，而此類小型線圈則受一個60赫茲的電流驅動，使電磁鐵的磁場值在平均值上下，進行小幅「搖晃」。例如，電磁鐵的主電流設定為可產生5000高斯的磁場，而副線圈設定為可在該值上下產生 ±1 高斯的振動。如果振盪器的頻率設定在21.2百萬赫茲，則每當磁場值掃描過5000高斯時，即與質

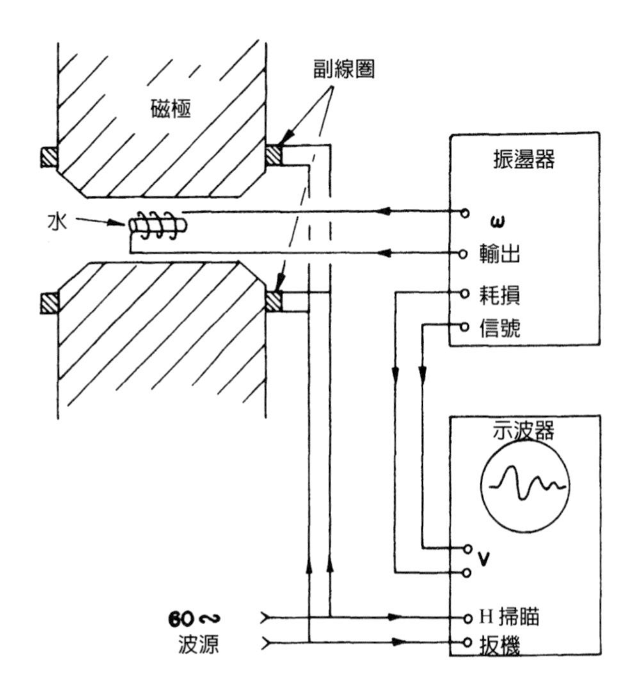

圖 35-8　信號顯示質子翻轉所額外消耗掉的功率

子產生共振（使用(34.13)式與質子的 g 值為 5.58，即可驗證）。

振盪器電路的設計如下。當質子由振盪器所吸收到的能量發生**變化**時，即會輸出一個正比於該變化的信號。這個信號被輸入示波器的垂直偏折放大器。而示波器的水平掃描則同步於磁場的掃描，即水平掃描頻率等於磁場「搖晃」頻率。（通常，水平偏折量設計為正比於磁場搖晃量。）

在水置入高頻線圈內之前，振盪器的輸出功率為某個定值（該值不跟隨磁場變化）。然而，當一小瓶水置入線圈內之後，示波器螢幕就會有信號出現，如圖 35-8 所示。我們看到了質子翻轉時能量被吸收。

事實上，要確定主磁鐵的磁場值恰好設定在5000高斯，並非容易之事。通常是藉由調整主磁鐵電流值，直到示波器上顯示出共振信號爲止。這就是今日欲精確量測磁場值時所使用的方法。當然之前總得**有人**要先能以某種方法精確測量出磁場值及頻率，以定出質子的 g 值。一旦這個困難的工作完成了，後人便可以使用圖中所示的質子共振裝置做爲「質子共振磁強計」。

讓我們對前述信號的外形做一些注解。如果磁場的振盪極爲緩慢，則將如預期的出現典型的共振曲線。當 ω_p 等於振盪器頻率時，能量的吸收將達到最大值。而在該頻率鄰近值亦會有部分的能量吸收發生，這是因爲並非所有的質子都感受到同一個磁場值，而不同的磁場值會對應略爲不同的共振頻率。

附帶說明一點，或許有人會認爲無論是否達到共振頻率，都無法得到輸出信號。在高頻磁場下，難道我們不應該預期高低兩個能態的質子數會達到平衡，使得只有在水剛置入線圈時，才有信號產生？然而不全然如此，因爲縱使該高頻磁場試圖讓兩個能態的質子數相等，熱擾動仍克盡其責**試圖**把兩質子數的比，維持在溫度 T 時應有的值。在共振發生時，注入於原子核的功率，很快的轉移喪失於熱運動上。不過事實上，原子核磁矩與原子運動之間，僅有微量的「熱接觸」。易言之，質子雖處於電子分布的中心，卻幾乎是與世隔絕的，相當孤立。所以在純水系統裡，的確會如前面所臆測的，共振信號過小以致於幾乎無法顯示。若要增加能量的吸收，便要增加熱接觸。通常的做法便是在水裡摻入一些氧化鐵。因爲鐵原子正如小型磁鐵，它們隨熱能起舞搖曳時，便同時產生晃盪的微小磁場，作用在質子上。這些晃盪磁場把質子磁矩「耦合」至原子振動，藉以達到質子的熱平衡。經由這個「耦合」，已處於高能態的質子便可拋出多餘的能量，轉成低能態，因此能再度自振盪器吸收能量。

實際上，一個核磁共振裝置的輸出信號，並不全然相似於典型的共振曲線。通常，該信號的外型因含有振盪變化，會較共振曲線複雜，如圖中所示。這種信號的成因與場變化有關。嚴格來說，需透過量子力學才能給出圓滿的解釋，然而在此類實驗裡，也可以用古典進動磁矩的概念來說明。在古典物理中，我們可以說當共振發生時，我們是以同步的方式在驅動許多進動中的核磁體。在這個情況下，我們讓眾磁矩**共同**進動。這些核磁體在共同旋轉的狀況下，會反過來以 ω_p 的頻率，對振盪器線圈產生感應電動勢。當磁場隨時間增強時，進動頻率隨之增加，引致感應電壓的頻率在不久後便略高於振盪器頻率。隨感應電動勢與振盪器兩者的相位關係，在同相與反相間做交替變換，所「吸收」的功率也在正與負兩値間交替變換。又因爲眾質子的頻率並非都相同（因爲不同的質子所處磁場強度也略相異），且水中的氧化鐵也可能會產生干擾，自由進動中的眾磁矩不久便無法保有同相位，「節拍」信號就不見了。

磁共振現象在許多方面已成爲很有用的工具了，它可用來探索物質的新穎性質，尤其是在化學與核物理方面。無庸置言，核磁矩的數值透露了核結構的資訊。在化學裡，由共振曲線的結構或外形，得到了大量的訊息。由於鄰近原子核產生的磁場影響，一個核磁共振的確切位置會略爲偏移原位，偏移量視對應原子核所處的環境而定。藉由測量這些偏移，可以判斷出哪些原子互爲鄰近原子，這有助於分子結構細節的確定。同樣重要的是自由基電子自旋共振現象。雖然在平衡時，自由基並不能大量存在，但通常在化學反應的中間態會含有該類自由基。藉由測量電子自旋共振，可以靈敏測試出自由基的存在與否，進而瞭解某些化學反應的機制。

第36章 鐵磁性

36-1　磁化電流
36-2　$\boldsymbol{H}$ 場
36-3　磁化曲線
36-4　鐵心電感
36-5　電磁鐵
36-6　自發磁化

36-1 磁化電流

這一章將討論某類材料，它們具有的磁矩效應遠大於順磁或反磁材料。這種現象稱爲**鐵磁性**。順磁材料或反磁材料，所引發的磁矩通常極爲微弱，所以不需擔心由這些磁矩所產生的額外磁場。然而，對**鐵磁**材料而言，外加磁場所引發的磁矩是如此巨大，磁矩對磁場本身的影響也很重大。事實上，因感應磁矩太大了，以致它們所產生的磁場要遠大於外加磁場，而形成所觀測到總磁場的主要成分。

所以，本章的主題之一，便是巨大感應磁矩的數學描述。當然，這項描述只不過是處理技術層面上的問題。眞正的問題本質在於，爲何這些磁矩是如此巨大，究竟這些現象爲何成立？很快的，我們便會回到這一點來討論。

解出鐵磁材料的磁場，這過程正如靜電學裡，存在介電質的情況下，如何找出靜電場的問題一般。你應記得，當初我們在介紹介電質的特性時，是藉由向量場 $\boldsymbol{P}$，即每單位體積的電偶極矩來描述。後來，我們知道這極化的效應等價於一電荷密度 $\rho_{極化}$，這個密度由 $\boldsymbol{P}$ 的散度來決定：

$$\rho_{極化} = -\nabla \cdot \boldsymbol{P} \tag{36.1}$$

任何時候的電荷總密度，可以表示爲以上的極化電荷再加上所有其他電荷，其他電荷的密度表示爲* $\rho_{其他}$。則馬克士威方程組中，將

請複習：第 10 章〈介電質〉、第 17 章〈感應定律〉。

電場 $\boldsymbol{E}$ 的散度表爲電荷密度的方程，可寫爲

$$\nabla \cdot \boldsymbol{E} = \frac{\rho}{\epsilon_0} = \frac{\rho_{極化} + \rho_{其他}}{\epsilon_0}$$

或

$$\nabla \cdot \boldsymbol{E} = -\frac{\nabla \cdot \boldsymbol{P}}{\epsilon_0} + \frac{\rho_{其他}}{\epsilon_0}$$

我們再將電荷的極化部分拿至方程式的另一邊，成爲如下的新方程式

$$\nabla \cdot (\epsilon_0 \boldsymbol{E} + \boldsymbol{P}) = \rho_{其他} \tag{36.2}$$

這個新定律敘述，$(\epsilon_0 \boldsymbol{E} + \boldsymbol{P})$ 一量的散度等於所有其他電荷的密度。

在 (36.2) 式中，將 $\boldsymbol{E}$ 及 $\boldsymbol{P}$ 放在方程式同一邊，這個做法，只當我們已知 $\boldsymbol{E}$ 及 $\boldsymbol{P}$ 的關係時，方爲有用。之前我們已經看到，將感應電偶極矩與電場關聯在一塊兒的理論有些複雜。這理論只適用於某些簡單的情況，而即使在這些情況，它也只是個近似。

在這裡，讓我們提醒你其中所用到的一個近似想法。要找出在介電質內，某原子的感應電偶極矩，則必須先找出作用在這原子上的電場。我們做了以下近似（這個近似在許多情況下並不太差）：作用在原子上的電場即等於，原子移除（但仍維持所有其他相鄰原子的偶極矩不變）後所剩下的小洞，其中心所感受到的電場。

同時，你也記得，在一極化介電質的小空洞內的電場，其大小與該空洞的形狀有關。圖 36-1 中，我們總結了早期相關的結論。對於一垂直於極化的薄圓盤形空洞，空洞內的電場如下式：

*原注：若所有「其他」電荷均在導體上，則 $\rho_{其他}$ 即等於第 10 章所談之 $\rho_{自由}$。

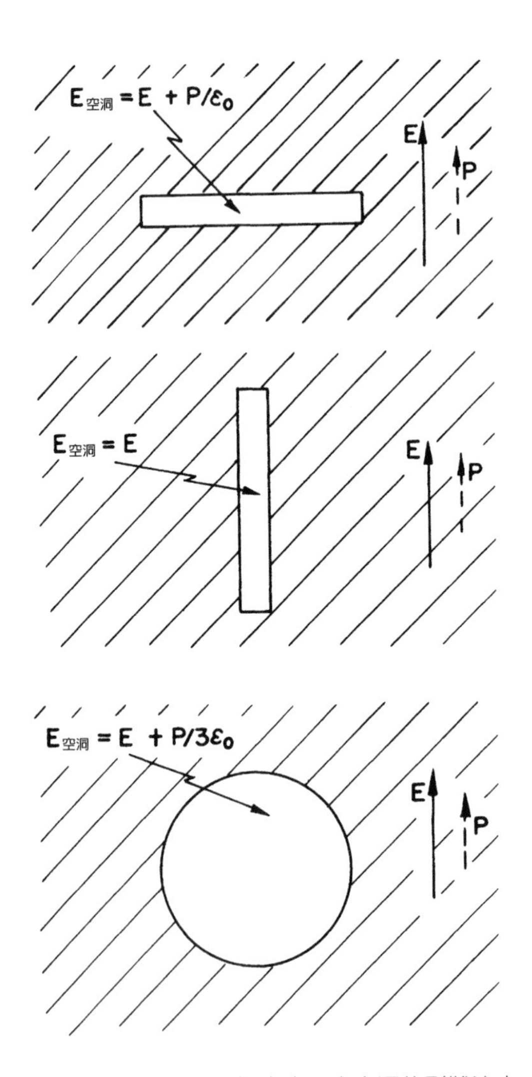

圖 36-1 介電質內的空洞中的電場大小，由空洞的形狀決定。

$$\boldsymbol{E}_{空洞} = \boldsymbol{E}_{介電質} + \frac{\boldsymbol{P}}{\epsilon_0}$$

上式曾以高斯定律推導出來。另外，若空洞爲一針形槽、且平行於極化方向，利用 $\boldsymbol{E}$ 的旋度爲零的事實，導出空洞內外的電場相等。最後，我們亦曾得出，對於一球狀空洞來說，其電場大小等於針形槽中電場大小加上圓盤形空洞中電場與針形槽中電場之差的三分之一：

$$\boldsymbol{E}_{\text{空洞}} = \boldsymbol{E}_{\text{介電質}} + \frac{1}{3}\frac{\boldsymbol{P}}{\epsilon_0} \text{（球狀空洞）} \tag{36.3}$$

我們曾用上式來思考，極化介電質裡單一原子所受的電場。

現在，我們將以上的討論，類比來處理磁性系統。這樣做的一個簡單捷徑，便是令 $\boldsymbol{M}$，即每單位體積的磁矩，取代 $\boldsymbol{P}$ 的角色，$\boldsymbol{P}$ 對應於每單位體積的電偶極矩。根據以上類此，則 $\boldsymbol{M}$ 的散度將對應於「磁荷密度」ρ_m，雖然此磁荷密度的意義尚未有清楚的定義。麻煩的是，在物理世界裡，並不存在有所謂「磁荷」這樣的東西。如我們所知，$\boldsymbol{B}$ 的散度恆爲零。但這個事實並不妨礙我們透過**類比**建立一虛構的磁荷密度：

$$\nabla \cdot \boldsymbol{M} = -\rho_m \tag{36.4}$$

此處，我們的共識是，ρ_m 純屬一數學量，而無法賦予物理上的意義。如此，我們便可與靜電學的例子建立起一對一的對應，而使用那裡已導出之結果。過去以來，人們便已這般做了。

歷史甚至顯示，人們曾經相信，這樣的類比是正確的。他們認爲，ρ_m 眞正代表「磁極」的密度。但在今日，我們已知，物質的磁化現象來自原子內的環流，環流不外是來自電子的自旋，或原子內電子的運動。由物理觀點而言，以原子電流來描述磁性會更爲眞實、貼切，勝過以某種神祕「磁極」密度來進行討論。附帶說明，這些原子電流有時稱之爲「安培」電流，因爲安培（André-Marie Ampère）首先提出，物質的磁性是來自於原子內的環流。

在磁化材料內，微觀尺度下的電流實際上是很複雜的。電流的數值視你在原子內的觀測地點而定——在某處可以很大，在他處則極小；在原子內的某個角落，電流是沿某方向流動，在另一個角落則反向流動（正如微觀電場在介電質內劇烈變化一般）。

在許多實用的問題上，我們卻只對物質外的磁場，或是物質內的**平均**磁場感到興趣——也就是對許多、許多原子所做的平均。只有當我們是在處理這類**巨觀**的問題時，以 $\boldsymbol{M}$（每單位體積的平均磁偶極矩）來描述物質的磁性狀態，才是方便的做法。底下，我們將會推導，磁化材料裡的原子電流可給出某種大尺度的電流，其大小與 $\boldsymbol{M}$ 相關。

我們將進行的是，將電流密度 $\boldsymbol{j}$ 分割成數個項（電流密度爲眞正產生磁場的源頭）：其中一項描述原子磁體的環狀電流，其餘的項則描述其他可能存在的電流。通常，最方便的做法，乃是將電流分割成三部分。在第 32 章，我們將電流分爲導體上自由流動的電流，以及介電質中由於束縛電荷來回振動運動所造成的電流。在第 32-2 節，我們曾寫下

$$\boldsymbol{j} = \boldsymbol{j}_{極化} + \boldsymbol{j}_{其他}$$

此處，$\boldsymbol{j}_{極化}$ 代表在介電質裡，束縛電荷運動所給出的電流，而 $\boldsymbol{j}_{其他}$ 則爲所有其他的電流。現在，我們將更進一步細分。我們將 $\boldsymbol{j}_{其他}$ 分爲兩部分：一爲 $\boldsymbol{j}_{磁化}$，這個部分描述磁化物質內部的平均電流；另一爲 $\boldsymbol{j}_{傳導}$，而這一項則含有所有未被前述各電流包含在內者。最後一項電流，通常指導體中的電流，但亦包含其他種類的電流，例如，在眞空中自由移動的電荷所造成的電流。故總電流密度可寫成：

$$\boldsymbol{j} = \boldsymbol{j}_{極化} + \boldsymbol{j}_{磁化} + \boldsymbol{j}_{傳導} \tag{36.5}$$

當然，這個總電流即馬克士威方程組中決定 $\boldsymbol{B}$ 的散度的電流：

$$c^2\nabla \times \boldsymbol{B} = \frac{\boldsymbol{j}}{\epsilon_0} + \frac{\partial \boldsymbol{E}}{\partial t} \tag{36.6}$$

現在，我們要找出 $\boldsymbol{j}_{磁化}$ 電流與磁化向量 $\boldsymbol{M}$ 的關係。爲了讓你能夠掌握底下推導的方向，我們先預告最後導出的結果爲

$$\boldsymbol{j}_{磁化} = \nabla \times \boldsymbol{M} \tag{36.7}$$

若我們已經知道磁化向量 $\boldsymbol{M}$ 在磁性材料內各處的值，則環流密度是由 $\boldsymbol{M}$ 的旋度決定。我們在底下便討論這個結果的由來。

首先，考慮一圓柱體，該系統具有均勻的磁化強度，方向平行於圓柱的中心軸。由物理觀點而言，這種均勻磁化其實意謂著，圓柱體內含有一均勻分布的原子環流密度。讓我們試想這圓柱的截面上實際電流會是如何分布。我們將預期見到的電流會如圖 36-2 所

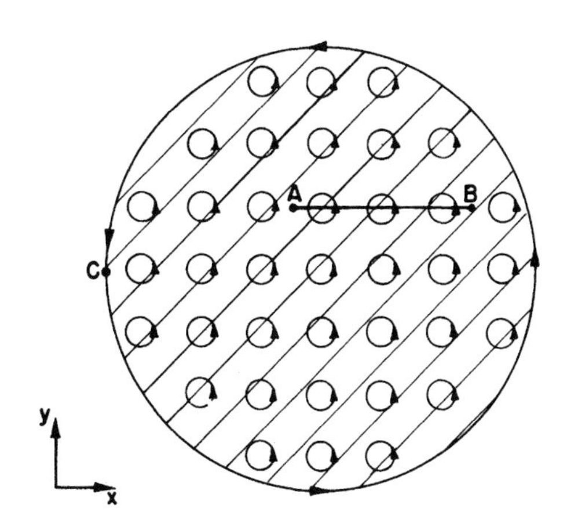

圖 36-2 鐵圓柱體的截面上，原子環流的示意圖；圓柱體的磁化方向，係沿著 z 方向。

示。每個原子電流自己形成一小迴圈，沿迴圈流動，反復不已，而且所有迴圈電流的方向皆相同。現在來想想，這個系統的有效電流為多少？答案便是，在物體內，這些原子電流並不產生任何效應，這是因為在每一電流的鄰近處，都恰有另一反向流動的電流與其相抵消。

若想像一個小小平面，但此平面尺寸仍遠大於單一個原子，例如在圖 36-2 中所示的線段 $\overline{AB}$ ，則通過此平面的淨電流為零。所以，在該材料內部任選一處，均無非零的淨電流。但是，注意了，在材料表面處，對一給定的原子電流而言，則無對應的鄰近反向電流將其抵消。在表面處，存在有一淨電流環繞該柱體，且此環流方向在表面各處皆同。現在，你便可瞭解之前我們所說，一均勻磁化的柱體，相當於一攜有電流的長螺線管。

此觀點與 (36.7) 式如何匹配呢？首先，在柱體內，磁化強度 $\boldsymbol{M}$ 為常數，所以它的導數恆為零。這與我們的幾何圖像一致。然而，在柱面上，$\boldsymbol{M}$ 並非常數——雖然 $\boldsymbol{M}$ 在表面為常數，但是到了柱體邊緣便突然降為零。所以，在表面處，存在有巨大的梯度，而根據 (36.7) 式，這個梯度將給出高電流密度。設想我們考慮圖 36-2 中 C 點的情形。選取如圖中所示之座標系，則磁化強度 $\boldsymbol{M}$ 落於 z 方向。將 (36.7) 式的分量寫出來，則得

$$\begin{aligned} \frac{\partial M_z}{\partial y} &= (j_{\text{磁化}})_x \\ -\frac{\partial M_z}{\partial x} &= (j_{\text{磁化}})_y \end{aligned} \tag{36.8}$$

在 C 點，導數 $\partial M_z/\partial y$ 為零，但 $\partial M_z/\partial x$ 則否，且為巨大正值。(36.7) 式告訴我們，沿著負 y 方向，有巨大電流密度。這與之前由物理圖像得出，存在有環繞柱體表面的電流的結果是一致的。

接著，讓我們處理更複雜的例子，材料中的磁化強度會隨位置而變化，我們想計算出電流密度。我們很容易看出來，若在兩相鄰區域的磁化強度不等，則環流之間並不會完全相消，因此，在材料所占的體積內，便可存在不為零的淨電流。現在，我們要定量算出這類效應。

首先，我們回憶前面第14-5節，環流I與磁矩μ的關係式為

$$\mu = IA \tag{36.9}$$

此處，A為電流迴圈的面積（見圖36-3）。現在，讓我們考慮一磁化材料裡一個小塊的長方體，如圖36-4所示。設想該長方體非常小，所以其磁化強度可視為均勻分布。若此塊物體的磁化強度為M_z，平行於z軸，則該磁化效應，相當於一表面電流沿著四個垂直面環繞該物體，如圖中所示。我們可由(36.9)式找出此電流的大小。此長方體的總磁矩等於磁化強度乘以體積：

$$\mu = M_z(abc)$$

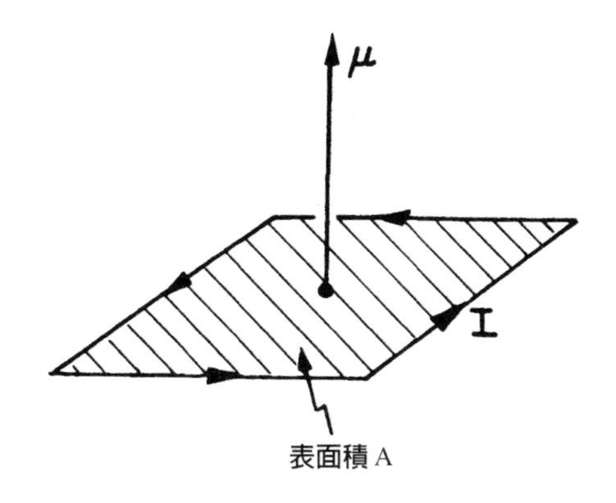

圖36-3 一電流迴圈所給出的磁偶極矩μ為IA。

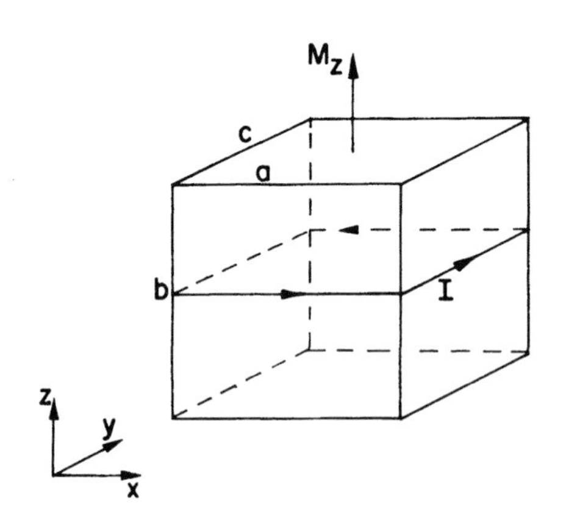

圖 36-4　一個小型磁化方塊，等效於一環繞表面的電流。

由上式，可得出（利用迴圈面積為 ac）

$$I = M_z b$$

換言之，在每個垂直面上，每單位長度（沿鉛垂方向）的電流為 M_z。

接著，設想兩個相鄰的小型方塊，如圖 36-5 所示。因為 2 號方塊的位置略異於 1 號方塊，其磁化強度的垂直分量亦會略為不同，我們稱為 $M_z + \Delta M_z$。那麼，介於兩物體之間的界面，其上之總電流將含有來自兩方塊的貢獻。 1 號方塊將貢獻電流 I_1 ，沿著正 y 方向流動，而 2 號方塊則給出電流 I_2，沿著負 y 方向流動。沿著正 y 方向的總電流，為以上兩者之和：

$$\begin{aligned} I = I_1 - I_2 &= M_z b - (M_z + \Delta M_z) b \\ &= -\Delta M_z b \end{aligned}$$

又，我們可將 ΔM_z 寫為， M_z 沿 x 方向的導數乘以 1 號方塊至 2 號方塊的位移 a ：

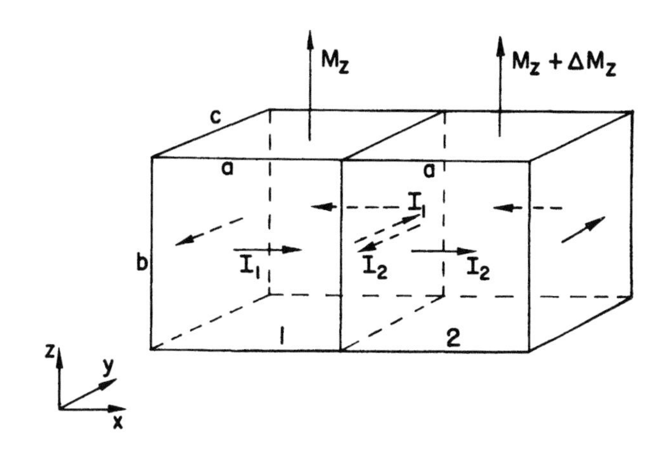

圖 36-5 若兩相鄰方塊的磁化強度不等，則兩方塊的界面上，存在有非零的淨面電流。

$$\Delta M_z = \frac{\partial M_z}{\partial x}\, a$$

兩方塊之間的電流爲

$$I = -\frac{\partial M_z}{\partial x}\, ab$$

若欲將前述電流 I，以平均體電流密度 j 表出，則需利用以下事實，即 I 實際上是散布在某一截面積的側平面上。若我們想像所考慮物質，其占據的空間，整個都被小方塊所填滿，則每一方塊均對應於一側平面（垂直於 x 軸）。★ 如此可看出，伴隨電流 I 的面積爲 ab，即方塊正面的面積。我們得到以下結果：

★原注：或者，你也可以認為，每一面的電流 I 應平分給兩邊的方塊。

$$j_y = \frac{I}{ab} = -\frac{\partial M_z}{\partial x}$$

這至少部分證明了電流來自 **M** 的旋度。

電流密度 j_y 還應含有另一項，來自於磁化強度的 x 分量沿 z 方向的變化。這部分的電流貢獻，來自兩堆疊在一處兒的小方塊的界面上，如圖 36-6 所示。使用先前的推導過程，我們可證明此界面對 j_y 的貢獻量爲 $\partial M_x/\partial z$ 。以上便是所有對電流 y 分量的貢獻，因此 y 方向的總電流密度可寫爲

$$j_y = \frac{\partial M_x}{\partial z} - \frac{\partial M_z}{\partial x}$$

同樣的，可算出方塊其他側面上的電流，或是利用我們可以選取任意方向爲 z 方向的事實，我們得到如下結論，即向量電流密度爲

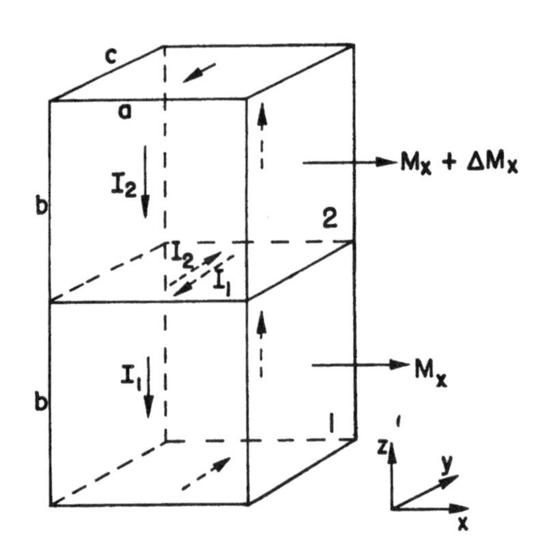

圖 36-6　兩個垂直堆積的方塊，也可對 j_y 產生貢獻。

$$\boldsymbol{j} = \boldsymbol{\nabla} \times \boldsymbol{M}$$

因此，若我們選取以每單位體積的平均磁矩 M 來描述物質的磁性，則以上討論給出如下結論，即物質內部的原子環流分布，等效於 (36.7) 式的平均電流密度。若此物質亦為介電質，則尚有極化電流 $\boldsymbol{j}_{\text{極化}} = \partial \boldsymbol{P}/\partial t$ 的貢獻。若物質又同時為導體，則還有傳導電流 $\boldsymbol{j}_{\text{傳導}}$。總電流可寫為

$$\boldsymbol{j} = \boldsymbol{j}_{\text{傳導}} + \boldsymbol{\nabla} \times \boldsymbol{M} + \frac{\partial \boldsymbol{P}}{\partial t} \tag{36.10}$$

36-2 *H* 場

接著，我們要將 (36.10) 式的電流公式代入馬克士威方程。我們得出

$$c^2 \boldsymbol{\nabla} \times \boldsymbol{B} = \frac{\boldsymbol{j}}{\epsilon_0} + \frac{\partial \boldsymbol{E}}{\partial t} = \frac{1}{\epsilon_0}\left(\boldsymbol{j}_{\text{傳導}} + \boldsymbol{\nabla} \times \boldsymbol{M} + \frac{\partial \boldsymbol{P}}{\partial t}\right) + \frac{\partial \boldsymbol{E}}{\partial t}$$

我們可將含有 M 的項移往左邊：

$$c^2 \boldsymbol{\nabla} \times \left(\boldsymbol{B} - \frac{\boldsymbol{M}}{\epsilon_0 c^2}\right) = \frac{\boldsymbol{j}_{\text{傳導}}}{\epsilon_0} + \frac{\partial}{\partial t}\left(\boldsymbol{E} + \frac{\boldsymbol{P}}{\epsilon_0}\right) \tag{36.11}$$

如我們在第 32 章所言，許多人喜歡將 $(\boldsymbol{E} + \boldsymbol{P}/\epsilon_0)$ 寫為一新的向量場 $\boldsymbol{D}/\epsilon_0$。同樣的，一般而言，一般也會將 $(\boldsymbol{B} - \boldsymbol{M}/\epsilon_0 c^2)$ 寫為單一向量場，這樣很方便。**我們**選取下列方式定義此向量場 $\boldsymbol{H}$

$$\boldsymbol{H} = \boldsymbol{B} - \frac{\boldsymbol{M}}{\epsilon_0 c^2} \tag{36.12}$$

則 (36.11) 式成為

$$\epsilon_0 c^2 \nabla \times \boldsymbol{H} = \boldsymbol{j}_{傳導} + \frac{\partial \boldsymbol{D}}{\partial t} \tag{36.13}$$

上式看似簡單，但原式的複雜性只不過是隱藏起來，被放在 $\boldsymbol{D}$ 及 $\boldsymbol{H}$ 之內罷了。

底下，我們將要給你一些警告。多數使用 mks 制的人，選擇了不太一樣的 $\boldsymbol{H}$ 定義。令**他們**定義的新場為 $\boldsymbol{H}'$（當然，他們自個兒仍稱呼此場為 $\boldsymbol{H}$），此新場定義如下

$$\boldsymbol{H}' = \epsilon_0 c^2 \boldsymbol{B} - \boldsymbol{M} \tag{36.14}$$

（同時，他們定義 $\epsilon_0 c^2$ 為一新的常數 $1/\mu_0$；所以，他們多了一個常數得記憶！）使用以上定義，(36.13) 式更簡化為

$$\nabla \times \boldsymbol{H}' = \boldsymbol{j}_{傳導} + \frac{\partial \boldsymbol{D}}{\partial t} \tag{36.15}$$

但是，使用 $\boldsymbol{H}'$ 的定義亦有麻煩之處。首先，其定義與非使用 mks 制者的定義不同。其次，該定義下之 $\boldsymbol{H}'$ 具有與 $\boldsymbol{B}$ 不同的單位。我們認為，讓 $\boldsymbol{H}$ 與 $\boldsymbol{B}$ 具有相同單位，是較為方便的；而在 $\boldsymbol{H}'$ 的定義下，則是 $\boldsymbol{H}'$ 與 $\boldsymbol{M}$ 具有相同的單位。若是你希望未來成為工程師，從事變壓器與磁鐵等等的設計，那你可得當心。你將發現，許多的書本使用 (36.14) 式做為 $\boldsymbol{H}$ 的定義，而非我們所推薦的 (36.12) 式，另外，卻又有許多其他的書本，尤其是磁性材料的手冊，使用我們的方式定義 $\boldsymbol{B}$ 與 $\boldsymbol{H}$ 的關係。

要分辨這些書本究竟使用哪種定義，一個辦法便是注意他們使用的單位。在 mks 制裡，$\boldsymbol{B}$ 以及**我們的** $\boldsymbol{H}$，使用的單位為 1 韋伯／公尺^2，亦即 10,000 高斯。在 mks 制裡，磁矩（電流乘以面積）的

單位爲 1 安培・公尺^2。因此，磁化強度 $\boldsymbol{M}$ 的單位爲 1 安培／公尺。對 $\boldsymbol{H}'$ 而言，其單位與 $\boldsymbol{M}$ 相同。你可看出，此結果亦與 (36.15) 式一致，因 ∇ 具有的單位爲長度的倒數。而從事電磁鐵相關工作的人，習慣稱呼 $\boldsymbol{H}$（以 $\boldsymbol{H}'$ 爲定義）的單位爲「1 安培**匝數**／公尺」，想著螺旋線圈上的繞線匝數。但是「匝數」其實沒有單位，你不必因此而產生混淆。又因我們的 $\boldsymbol{H}$ 等於 $\boldsymbol{H}'/\epsilon_0 c^2$，你若是 mks 制使用者，則 $\boldsymbol{H}$（以韋伯／公尺^2 爲單位）等於 $4\pi \times 10^{-7}$ 乘以 $\boldsymbol{H}'$（以安培／公尺爲單位）。更方便、更常用的關係式是 $\boldsymbol{H}$（高斯）= 0.0126 $\boldsymbol{H}'$（安培／公尺）。

還有一件事更爲棘手。許多人雖然使用和**我們**相同的 $\boldsymbol{H}$ 定義，卻選擇以**不同的名稱**來稱呼 $\boldsymbol{H}$ 與 $\boldsymbol{B}$ 的單位！$\boldsymbol{H}$ 與 $\boldsymbol{B}$ 的單位其實相同，但他們稱呼 $\boldsymbol{B}$ 的單位爲 1 高斯，$\boldsymbol{H}$ 的單位爲 1 厄斯特〔當然是爲了紀念高斯（Karl Friedrich Gauss，德國數學家）與厄斯特（Hans Christian Oersted，丹麥物理學家）〕。因此，在許多書上，你會看到圖表中的 $\boldsymbol{B}$ 以高斯爲單位，而 $\boldsymbol{H}$ 則以厄斯特爲單位。其實，這兩者是相同的單位，都是 mks 制單位的 10^{-4}。在表 36-1 中，我們將容易混淆的磁學單位做了整理。

表 36-1

磁物理量的單位
$[B]$ = 韋伯／公尺^2 = 10^4 高斯
$[H]$ = 韋伯／公尺^2 = 10^4 高斯 或 10^4 厄斯特
$[M]$ = 安培／公尺
$[H']$ = 安培／公尺
簡易單位轉換
B（高斯）= 10^4 B（韋伯／公尺^2）
H（高斯）= H（厄斯特）= 0.0126 H'（安培／公尺）

36-3 磁化曲線

現在，我們將檢視一些簡單的情況，其中的磁場爲常數值，或是場函數隨時間的變化很緩慢，使得$\partial \boldsymbol{D}/\partial t$遠小於$\boldsymbol{j}_{傳導}$而可忽略。則場函數遵守下列方程式

$$\nabla \cdot \boldsymbol{B} = 0 \tag{36.16}$$

$$\nabla \times \boldsymbol{H} = \boldsymbol{j}_{傳導}/\epsilon_0 c^2 \tag{36.17}$$

$$\boldsymbol{H} = \boldsymbol{B} - \boldsymbol{M}/\epsilon_0 c^2 \tag{36.18}$$

設想我們有一鐵金屬的環面（或甜甜圈），上頭纏繞著銅線圈，如圖 36-7(a) 所示。銅線內有電流I。則磁場多大？磁場主要局限在鐵金屬內；在那裡，$\boldsymbol{B}$線會是圓環形的，如圖 36-7(b) 所示。因磁場$\boldsymbol{B}$的通量爲連續的，其散度爲零，因而滿足 (36.16) 式。接著，我們將 (36.17) 式改寫成不同的形式，即沿圖 36-7(b) 所示的閉合圈Γ做積分。由斯托克斯定律，我們得到

$$\oint_\Gamma \boldsymbol{H} \cdot d\boldsymbol{s} = \frac{1}{\epsilon_0 c^2} \int_S \boldsymbol{j}_{傳導} \cdot \boldsymbol{n}\, da \tag{36.19}$$

此處，$\boldsymbol{j}$的面積分是在任何Γ所圍成的曲面S上求值。每一銅線圈均穿過此曲面一次。因此，每一迴圈便對該面積分，產生電流I之貢獻。令線圈匝數爲N，則積分等於NI。由本問題的對稱性，可知$\boldsymbol{B}$沿著Γ曲線應爲定值；若我們也令磁化強度沿該曲線爲常值，則H場亦然。(36.19) 式便簡化爲

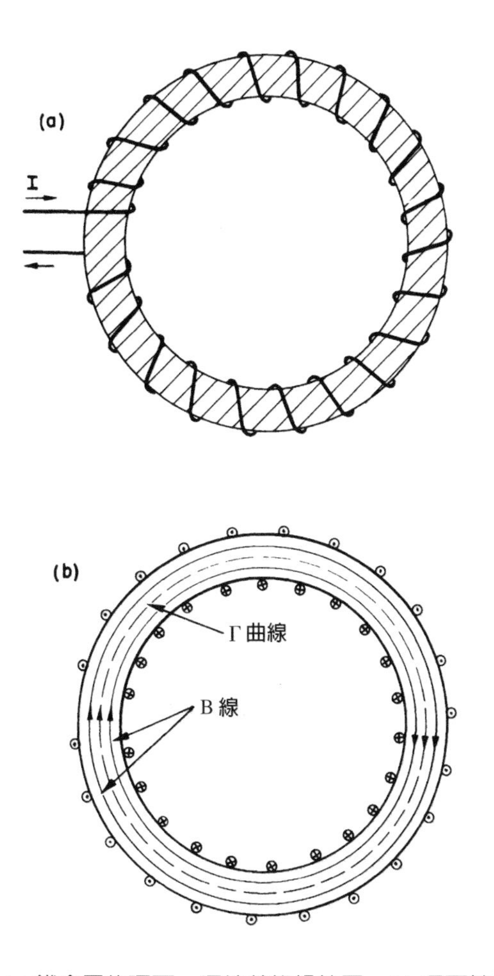

圖 36-7 (a) 鐵金屬的環面，環繞著絕緣線圈。(b) 環面結構的截面，顯示磁場線的分布情形。

$$Hl = \frac{NI}{\epsilon_0 c^2}$$

此處，l 為曲線 Γ 的長度。所以

$$H = \frac{1}{\epsilon_0 c^2}\frac{NI}{l} \tag{36.20}$$

在這個例子以及類似情況裡，因為 ***H*** 本身正比於產生磁化現象的電流，***H*** 有時也稱為**磁化磁場**（magnetizing field）。

現在，我們還需要一個方程式，將 ***H*** 與 ***B*** 關聯在一起。但是到目前為止，這樣的方程式卻是不存在的！雖然有 (36.18) 式，仍無法解決問題，因為對於此處的鐵磁材料，也就是鐵來說，缺乏直接將 ***M*** 與 ***B*** 關聯起來的式子。事實上，磁化強度 ***M*** 不僅只與現在時刻的 ***B*** 值有關，同時也由鐵金屬過去的歷史共同決定。

雖然如此，這並非滿盤皆輸的情況。在某些簡單狀況下，我們仍可得出解答。若鐵金屬在起始時是未磁化的狀態，例如，該金屬曾以高溫退火處理過，則在環面這種簡單的幾何形狀下，整個鐵金屬材料都將經歷相同的磁化歷史。則我們可得知一些 ***M*** 的性質，此種資訊可由實驗得出，也因此而得知 ***B*** 與 ***H*** 的關係式。在環面的 ***H*** 場可由 (36.20) 式決定，等於一常數乘以線圈內的電流。而磁場 ***B*** 的測量，則可由銅線圈的電動勢對時間的積分得出（或另外在圖中所示的磁化線圈外，再纏繞一些線圈，測量這外圍線圈上的電動勢）。因該電動勢等於 ***B*** 通量的變化率，因此將電動勢對時間積分，等於 ***B*** 乘以環面結構的截面積。

圖 36-8 顯示，從一軟鐵材料的環面結構所觀測到的 ***B*** 與 ***H*** 的關係。當電流剛開啓時，***B*** 沿著 *a* 曲線，隨著 ***H*** 增加而增大。請特別注意 ***B*** 與 ***H*** 在尺度上的差異；在起始時，只須少量的 ***H***，便可造成很高的 ***B*** 場。為何鐵材內的 ***B*** 場，會遠大於將鐵換為空氣時的值呢？因為，鐵材裡存在有巨大的磁化強度 ***M***，該 ***M*** 又相當於在鐵材表面存在有巨大的電流。而 ***B*** 則是由此表面電流與線圈內的傳導電流的**總和**電流所給出。為何 ***M*** 如此大，以後我們會再來討論。

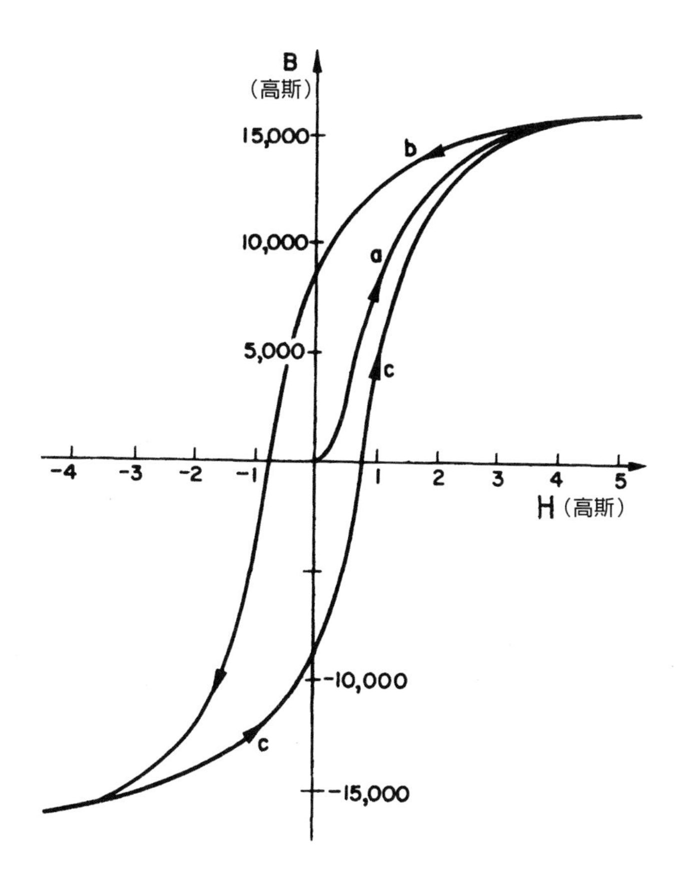

圖 36-8 軟鐵的典型磁化與遲滯曲線

在 ***H*** 達到更高值時，磁化曲線轉爲水平延展。我們可以說，鐵材已**飽和**。由於圖 36-8 所選用的橫軸與縱軸的尺度差異甚大，飽和磁化曲線看似水平延展。實際上不然，曲線仍持續上升，在高場時，***B*** 正比於 ***H*** ，且斜率爲 1 。而 ***M*** 則不再增加。順便一提，當環面結構是由某種非磁性材料所構成時，則 ***M*** 爲零， ***B*** 與 ***H*** 必然相等。

圖 36-8 中的 a 曲線，我們稱爲**磁化曲線**（magnetization curve），這個曲線給人的第一印象是高度非線性的形狀。而它具有更令人意外的性質。在到達飽和之後，若我們將線圈中的電流降低，使 $\boldsymbol{H}$ 減至零，則磁場 $\boldsymbol{B}$ 的值將沿 b 曲線下降。當 $\boldsymbol{H}$ 爲零時，仍有殘餘的 $\boldsymbol{B}$ 場存在。也就是說，縱使磁化電流已被關閉，鐵材內仍存在有磁場——此時的鐵材已經永久磁化了。之後，若開啓一**負值**的線圈電流，則 $\boldsymbol{B}$-$\boldsymbol{H}$ 曲線將繼續沿著 b 曲線移動，直到鐵材在負方向上產生飽和磁化爲止。若我們讓線圈內的電流在極大的正、負值之間反覆變化，則 $\boldsymbol{B}$-$\boldsymbol{H}$ 曲線將貼近曲線 b 與 c，隨之做來回改變。若我們讓 $\boldsymbol{H}$ 以任意方式變化，則 $\boldsymbol{B}$-$\boldsymbol{H}$ 曲線將更爲複雜，但一般而言，該曲線會落在 b 與 c 兩曲線之間。由磁場反覆振盪所構成的迴線，即稱爲鐵材的**遲滯**迴線（hysteresis loop）。

因此，由以上討論可知，我們不能將 $\boldsymbol{B}$ 與 $\boldsymbol{H}$ 的關係寫爲函數形式，好比 $\boldsymbol{B} = f(\boldsymbol{H})$，這是因爲在某一刻的 $\boldsymbol{B}$ 值並非只由當時的 $\boldsymbol{H}$ 值所決定，而是同時也與其過去之歷程有關。理所當然的，磁化及遲滯曲線與材料相關。曲線的形狀與材料的化學成分有密切關係，同時，也和該材料的製程，以及後續物性處理過程的細節均有關。在下一章，我們將對於這些錯綜複雜的性質，探討其物理原因。

36-4 鐵心電感

磁性材料的重要應用之一，是在電路方面的應用，例如，變壓器、電動馬達等等。理由之一是，藉由鐵材，我們可以控制磁場分布於何處，且對於一給定的電流，鐵材可給出的磁場要強得多了。例如，典型的「環面」電感，便是如圖 36-7 所示的物體。對於給定的電感值，與普通的「空心」電感相比，鐵材電感可在體積上縮小許多，銅線圈的匝數亦可大幅減少。因此，當電感值給定時，銅線的電阻可是弱得多了，所以電感更趨近於「理想」，尤其是在低頻率時。

由定性的觀點來看，可以很容易瞭解這種電感的運作原理。若 I 為線圈內的電流，則在鐵材內部所產生的 $\boldsymbol{H}$ 場與 I 成正比，如同 (36.20) 式所示。另外，橫跨於電感兩端的電壓 $\mathcal{V}$ 由磁場 $\boldsymbol{B}$ 決定。若忽略銅線圈的電阻，則電壓 $\mathcal{V}$ 為與 $\partial \boldsymbol{B}/\partial t$ 成正比。電感 $\mathfrak{L}$ 因為是 $\mathcal{V}$ 對 dI/dt 的比值（請見第 17-7 節），便會由鐵材內的 $\boldsymbol{B}$ 與 $\boldsymbol{H}$ 的關係所決定。因為 $\boldsymbol{B}$ 遠大於 $\boldsymbol{H}$ ，所以電感值會提高許多。

由物理觀點來看，當線圈內有一小量電流時，原本此電流只能產生微弱的磁場，現在，卻由於該電流可強迫鐵材內的小磁體形成整齊的排列，而產生巨大的「磁」電流，其數值遠大於線圈中的電流。這彷彿是在線圈中流動的電流被鐵材高倍放大了。當我們逆轉電流時，這些小磁體也隨之轉向，使得內部的原子電流全都逆轉，因此我們獲得的電動勢遠大於無鐵材者。

若要計算電感值，我們可藉由能量的計算為之，如同第 17-8 節所討論的。電源的能量，是以 $I\mathcal{V}$ 這樣的**變化率**來供應。而電壓 $\mathcal{V}$ 等於鐵心的截面積 A 乘以 N ，再乘以 dB/dt 。由 (36.20) 式，又知 $I = (\epsilon_0 c^2 l/N)H$。因此有

$$\frac{dU}{dt} = \mathcal{V}I = (\epsilon_0 c^2 lA)H\,\frac{dB}{dt}$$

上式對時間積分，則得

$$U = (\epsilon_0 c^2 lA)\int H\,dB \tag{36.21}$$

上式中， lA 為該環面結構的體積，所以上式告訴我們，鐵材內的能量密度 $u = U/$體積，可由下式獲得：

$$u = \epsilon_0 c^2 \int H\,dB \tag{36.22}$$

這裡有一個有趣的性質。當我們使用交流電時，鐵材的磁性變化是沿著遲滯迴線進行。又因 B 非 H 的單值函數，當我們沿一完整迴路計算 $\int H\,dB$ 的積分時，答案並**不**為零，該積分等於遲滯曲線所圍出的面積。因此，在每一循環裡，電源便輸出某一淨值能量，該能量與遲滯迴線的面積成正比。此能量為一種損耗。其來源為電磁能量，但最終在鐵材內轉換為熱能。這稱為**遲滯損耗**（hysteretic loss）。為抑制此能量損耗，一般而言，我們希望控制遲滯迴線，使之儘可能狹窄。減少迴路面積的方法之一，便是降低在每一循環所能達到的最大磁場值。當最大磁場降低時，我們就得到圖 36-9 中所示的遲滯曲線。另外，也可透過設計特殊的材料，以達成狹窄迴線的目標。為這個目標而發展出來所謂的**變壓器鐵心**（transformer iron），即是含有少量矽成分的鐵合金。

當電感的磁性變化遵循小型遲滯迴線，B 與 H 間的關係可以用線性方程來近似描述。大家通常寫成

$$B = \mu H \tag{36.23}$$

常數 μ 並**非**指之前所談的磁矩，而是稱為鐵的**磁導率**（permeability）。（有時亦稱為「**相對磁導率**」。）普通鐵材的磁導率為數千上下，而在特殊合金，如「高磁化合金」裡，此常數則高可達百萬。

若在 (36.21) 式中，使用 $B = \mu H$ 這種近似，則在環面電感裡的能量可寫為

$$U = (\epsilon_0 c^2 lA)\mu \int H\,dH = (\epsilon_0 c^2 lA)\frac{\mu H^2}{2} \tag{36.24}$$

所以能量密度近似於

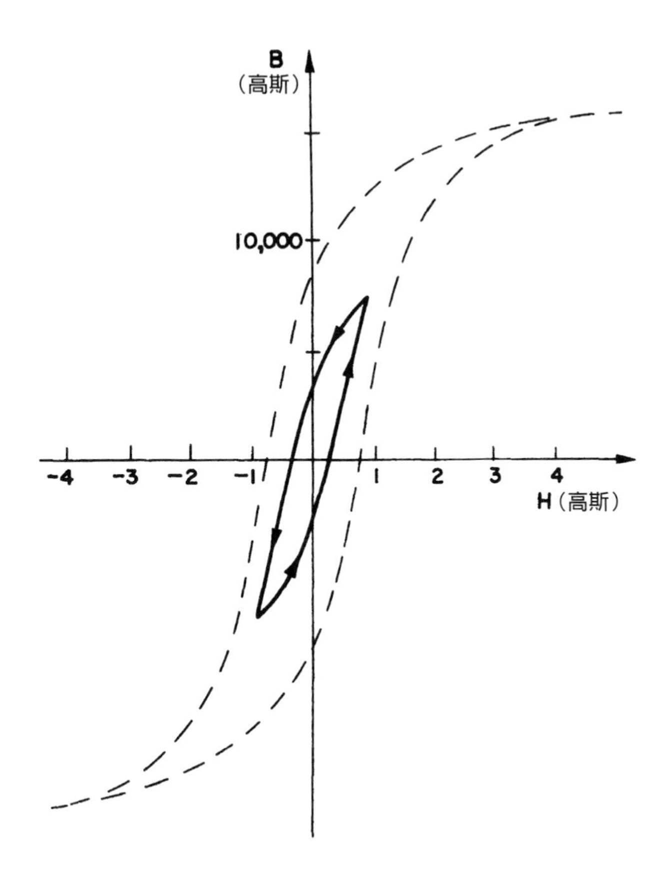

圖 36-9 此處的遲滯迴線並未到達磁飽和

$$u \approx \frac{\epsilon_0 c^2}{2} \mu H^2$$

現在，可令 (36.24) 式的能量等於電感的能量 $\mathfrak{L}I^2/2$ ，並解出 $\mathfrak{L}$。我們得到

$$\mathfrak{L} = (\epsilon_0 c^2 lA)\mu \left(\frac{H}{I}\right)^2$$

使用 (36.20) 式來代換 H/I，得到

$$\mathfrak{L} = \frac{\mu N^2 A}{\epsilon_0 c^2 l} \tag{36.25}$$

電感與 μ 成正比。若你的電感是要應用在聲頻放大器上，你應該讓此電感儘可能遵循線性的 B-H 關係。（你應該記得，在第 I 卷第 50 章，我們曾談過非線性系統裡諧波產生的原理。）當電感做這類應用時，(36.23) 式便爲有用的近似。另一方面，若你**想**產生諧波，可以使用一個以高度非線性方式操作的電感。那麼你便需要完整的 $\boldsymbol{B}$-$\boldsymbol{H}$ 曲線，並以圖形或數值方法來分析其效應。

「變壓器」通常是將兩個線圈擺在同一磁性材料的環面（也就是**心**）上所構成。（對於較大的變壓器，心部通常爲做成長方體的形狀，較爲方便。）在主線圈內的電流隨時間變化時，引起鐵心裡的磁場產生變化，因而在副線圈上產生電動勢。因爲通過該兩線圈**每一匝**的磁通量均爲同一定值，所以這兩線圈電動勢的比值，等於兩線圈匝數的比。在主線圈上所施的電壓，會變換爲副線圈上不同大小的電壓。另外，爲了產生所需的磁場變化，必須要求環繞在鐵心周圍的電流爲某一**淨值**，因此，在兩線圈上的電流，其**代數**和必須維持在某定值，而該值等於所需的「磁化」電流。若在副線圈上的電流增加，則主線圈上的電流也需成正比的增加 —— 除了電壓之外，也同時發生電流的「變換」。

36-5 電磁鐵

現在，我們來討論稍微複雜一些的實際情況。設想我們有個標準形式的電磁鐵，如圖 36-10 所示 —— 有一個 C 型（或馬蹄型）的軛鐵，而且有許多線圈環繞著。試問，馬蹄縫隙內的磁場 $\boldsymbol{B}$ 多大？

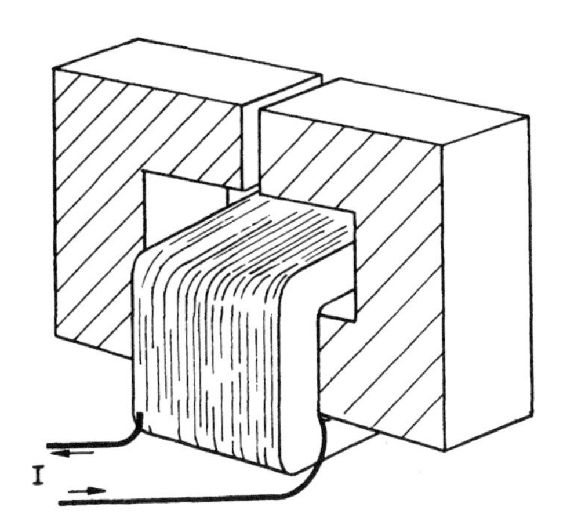

圖 36-10 電磁鐵

若縫隙寬度遠小於其他部分的長度，在第一階近似下，我們可假設磁場 $\boldsymbol{B}$ 的磁力線會沿著鐵材迴路通行一周，正如在環面結構的情形一般。它們的分布情況將大略如圖 36-11(a) 所示。在縫隙內，磁力線將略為散開來，但是當縫隙狹窄時，此效應不大，而可忽略。因此，假設通過軛鐵任一截面的 $\boldsymbol{B}$ 通量為一定值，應為不錯的近似。簡言之，若軛鐵的截面積為定值常數，且忽略任何在縫隙或彎角的邊緣效應，則我們可認為，沿著軛鐵的磁場 $\boldsymbol{B}$ 是均勻的。

而且，縫隙中的 $\boldsymbol{B}$ 場也具同一定值。這可由 (36.16) 式得出。想像如圖 36-11(b) 所示的閉合面 S，此曲面各有一側面在縫隙及鐵材內。而閉合面上，$\boldsymbol{B}$ 通量的總值必須為零。令 B_1 為縫隙內的磁場，B_2 為鐵材內的磁場，則有

$$\boldsymbol{B}_1\boldsymbol{A}_1 - \boldsymbol{B}_2\boldsymbol{A}_2 = 0$$

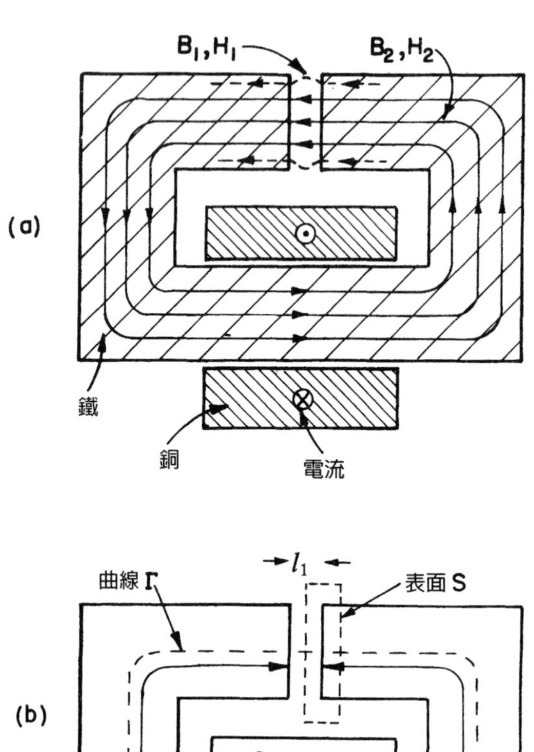

圖 36-11 電磁鐵的截面

因 $A_1 = A_2$（根據我們的近似），可得 $B_1 = B_2$。

現在回頭來討論 H。我們再一次使用 (36.19) 式，令線積分沿圖 36-11(b) 中的 Γ 曲線進行。方程式的右邊，如同之前的情形，等於 NI，即線圈匝數乘以電流。注意，在鐵材及在空氣中的 H 場可不相等。令鐵材內的場爲 H_2 ， l_2 爲沿軛鐵內行進路徑的長度，則此部分路徑對積分的貢獻是 H_2l_2 。另外，令 H_1 爲縫隙內的 H 場，l_1 爲縫隙寬度，則縫隙部分對積分的貢獻爲 H_1l_1 。結果爲

$$H_1l_1 + H_2l_2 = \frac{NI}{\epsilon_0 c^2} \tag{36.26}$$

而我們還知：在空氣縫隙內，磁化可以忽略，亦即 $B_1 = H_1$ 。又因 $B_1 = B_2$ ，(36.26) 式最後給出

$$B_2l_1 + H_2l_2 = \frac{NI}{\epsilon_0 c^2} \tag{36.27}$$

但我們有兩個未知量。欲解出 B_2 及 H_2 ，我們還需要另個一關係式——也就是鐵材內 B 與 H 的關係。

若我們使用 $B_2 = \mu H_2$ 這近似，則可以用代數解出方程式。然而此處，我們將不用此近似，而討論一般情形下的解法，也就是當鐵材的磁化曲線是如圖 36-8 所示的狀況。我們欲將此 B-H 關係與 (36.27) 式解聯立方程式。我們對 (36.27) 式的關係作圖，而且畫在磁化曲線的同一個圖上，如圖 36-12 所示。兩組曲線相交的地方，就是方程式的解了。

當電流 I 給定時，(36.27) 式的函數對應於圖 36-12 中標有 $I > 0$ 的直線。這條直線與 H 軸（$B_2 = 0$）相交於 $H_2 = NI/\epsilon_0 c^2 l_2$ ，且直線斜率爲 $-l_2/l_1$ 。電流改變時，此直線會對應的在水平方向平移。由圖 36-12 可看出，對於給定電流，會存在有幾組解，與鐵材的變遷歷程有關。若你由電磁鐵剛製造完畢時開始，逐漸將電流增高爲 I ，則磁場 B_2（等於 B_1）的解爲 a 點的值。若你在電流抵達極高值後，再降低電流值至 I，則磁場的值由 b 點決定。若電流值繼續下降，到達很大的負值之後，才又逐漸升回至 I ，則 B 場的解爲 c 點。縫隙內的磁場值與電磁鐵的過往歷史有關。

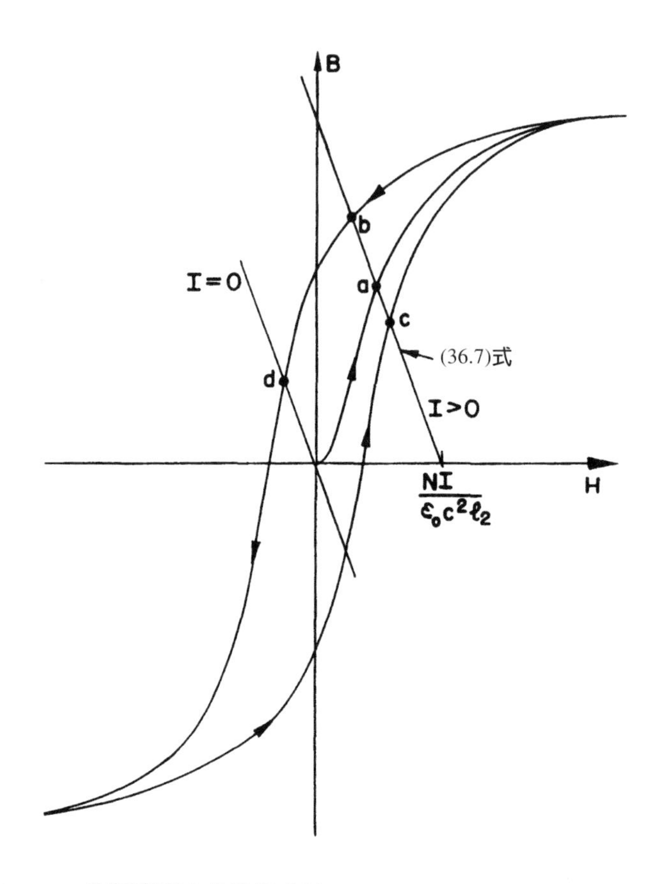

圖 36-12　對電磁鐵中的磁場求解

當磁鐵上的電流爲零時，(36.27) 式所代表的 B_2 與 H_2 的函數關係，對應於圖 36-12 中標有 $I = 0$ 的直線。此時，仍存在有多於一組的解。若你先使鐵材到達飽和狀態，則 $I = 0$ 時仍可有相當大的剩餘磁場存在於磁鐵內，此解對應於 d 點。你可以移除線圈，而仍有一永久磁鐵。由此可知，若想擁有好的永久磁鐵，你需要的材料必須具有**寬廣的**遲滯迴線。有一些特殊的合金，如鋁鎳鈷 V，就是爲此目的而設計出來的，它們具有極寬廣的遲滯迴線。

36-6 自發磁化

我們現在討論，為何在鐵磁材料裡，只需要一個小小磁場，便能產生極大的磁化。鐵磁材料，如鐵或鎳，其磁化主要是源自於原子內殼層電子的磁矩。每一個電子的磁矩 $\boldsymbol{\mu}$ 等於 $q/2m$ 乘以其 g 因子，再乘以角動量 $\boldsymbol{J}$。當電子不做軌道運動時，$g=2$，且 $\boldsymbol{J}$ 沿任意方向，如 z 方向的分量為 $\pm\hbar/2$，所以沿 z 軸的 μ 分量為

$$\mu_z = \frac{q\hbar}{2m} = 0.928 \times 10^{-23} \text{ 安培・公尺}^2 \tag{36.28}$$

在鐵原子裡，共有兩個電子可對鐵材的鐵磁性產生貢獻，為了討論方便起見，我們以鎳為對象，這是因為鎳原子的內殼層僅擁有一個電子。（對於鎳原子的討論，可以很容易的推廣至鐵材。）

該注意的是，在外磁場 $\boldsymbol{B}$ 下，原子磁矩雖然傾向於排列整齊，但有可能因熱運動而翻轉，正如之前對順磁材料所做的分析一般。在前一章，我們發現，磁場傾向於使原子磁矩平行排列，而熱運動傾向於擾亂排列，在這二者達到平衡時，每單位體積內的平均磁矩為

$$M = N\mu \tanh \frac{\mu B_{\text{a}}}{kT} \tag{36.29}$$

式中的 $\boldsymbol{B}_a$ 意指作用於原子磁矩的磁場，而 kT 為波茲曼能量。在順磁性的討論裡，我們令 B_a 即為 B，而忽略鄰近原子在給定原子處所產生的磁場。在鐵磁材料裡，則較為複雜。我們不能夠以鐵材內的平均磁場，做為施力於某一單原子上的磁場 $\boldsymbol{B}_a$。換言之，我們必須像處理介電材料時一般，必須找出施力於單原子上的**局部**場。在嚴格的計算裡，我們必須將所有晶格內其他原子在給定原子處所

產生的磁場加總。但正如在處理介電質的做法一樣，我們將此原子所感受的磁場，近似爲該材料內一小球形空洞中心的磁場，假定這空洞附近其他原子的磁矩不受此圓洞的影響。

遵循在第 11 章的做法，我們或許認爲

$$\boldsymbol{B}_{\text{空洞}} = \boldsymbol{B} + \frac{1}{3}\frac{\boldsymbol{M}}{\epsilon_0 c^2} \quad (\text{錯誤！})$$

但此式是錯誤的。然而，若我們將第 11 章的方程與本章鐵磁材料的方程做仔細的比較，則仍**可以**運用第 11 章的結果。底下，我們將對應的方程式擺在一塊兒來比較。當空間內不存在傳導電流或電荷時，有：

靜電學	靜鐵磁學
$\nabla\cdot\left(\boldsymbol{E}+\dfrac{\boldsymbol{P}}{\epsilon_0}\right)=0$	$\nabla\cdot\boldsymbol{B}=0$
$\nabla\times\boldsymbol{E}=0$	$\nabla\times\left(\boldsymbol{B}-\dfrac{\boldsymbol{M}}{\epsilon_0 c^2}\right)=0$

(36.30)

由下列**純數學**的對應，便可建立這兩組方程式的類比關係：

$$\boldsymbol{E}\to\boldsymbol{B}-\frac{\boldsymbol{M}}{\epsilon_0 c^2}, \qquad \boldsymbol{E}+\frac{\boldsymbol{P}}{\epsilon_0}\to\boldsymbol{B}$$

以上相當於下列對應

$$\boldsymbol{E}\to\boldsymbol{H}, \qquad \boldsymbol{P}\to\boldsymbol{M}/c^2 \tag{36.31}$$

換言之，若將磁學方程組寫爲

$$\begin{aligned}\nabla\cdot\left(\boldsymbol{H}+\frac{\boldsymbol{M}}{\epsilon_0 c^2}\right)&=0\\ \nabla\times\boldsymbol{H}&=0\end{aligned} \tag{36.32}$$

就和電學方程組**看來一樣**了。

以上的純代數對應，在從前曾造成了某些誤解。使人們誤認爲 $\boldsymbol{H}$ **才**是磁場。但是，如我們前面所討論的，$\boldsymbol{B}$ 及 $\boldsymbol{E}$ 才是基本的場量，而 $\boldsymbol{H}$ 只是由基本場量衍生出來的概念罷了。所以，雖然**方程式**是類似的，**物理本質**卻不同。然而，我們也無須因此便拒絕利用「相同方程式具有相同的解」這樣方便的事實來簡化討論。

我們可利用之前所求得，介電質內各種空洞中的電場的結果（在圖 36-1 曾綜合簡述過），來找出對應空洞內的 $\boldsymbol{H}$ 場。知道了 $\boldsymbol{H}$，便能決定 $\boldsymbol{B}$。例如（根據在第 1 節所總結的結果），在平行於 $\boldsymbol{M}$ 的針形空洞內的 $\boldsymbol{H}$ 場，與材料內的 $\boldsymbol{H}$ 場相等，

$$\boldsymbol{H}_{空洞} = \boldsymbol{H}_{材料}$$

但因空洞內的 $\boldsymbol{M}$ 爲零，故有

$$\boldsymbol{B}_{空洞} = \boldsymbol{B}_{材料} - \frac{\boldsymbol{M}}{\epsilon_0 c^2} \tag{36.33}$$

另外，對於，垂直於 $\boldsymbol{M}$ 的圓盤狀空洞，則有

$$\boldsymbol{E}_{空洞} = \boldsymbol{E}_{材料} + \frac{\boldsymbol{P}}{\epsilon_0}$$

對應於

$$\boldsymbol{H}_{空洞} = \boldsymbol{H}_{材料} + \frac{\boldsymbol{M}}{\epsilon_0 c^2}$$

或者以 $\boldsymbol{B}$ 場表之，

$$\boldsymbol{B}_{空洞} = \boldsymbol{B}_{材料} \tag{36.34}$$

最後，對球狀空洞，對應於 (36.3) 式，我們則有

$$\boldsymbol{H}_{空洞} = \boldsymbol{H}_{材料} + \frac{\boldsymbol{M}}{3\epsilon_0 c^2}$$

或

$$\boldsymbol{B}_{空洞} = \boldsymbol{B}_{材料} - \frac{2}{3}\frac{\boldsymbol{M}}{\epsilon_0 c^2} \tag{36.35}$$

這結果和之前 $\boldsymbol{E}$ 場的結果大為不同。

當然，我們也可由更物理的方式，即直接訴諸於馬克士威方程，導出前述各項結果。例如，(36.34) 式可直接用 $\nabla \cdot \boldsymbol{B} = 0$ 得到。（你可選取一高斯面，一半在空洞中，另一半在材料中。）同理，你可選取某路徑來做線積分，令此路徑由空洞開始，再經由材料，然後返回起點，而導得 (36.33) 式。由物理觀點而言，在空洞內的磁場較材料內的磁場弱，是因為存在表面電流的緣故，表面電流來自 $\nabla \times \boldsymbol{M}$。我們讓你自己證明，藉著考慮球狀空洞邊界上表面電流的效應，可以導出 (36.35) 式。

想要由 (36.29) 式找出平衡時的磁化強度，更方便的做法，是以 $\boldsymbol{H}$ 場來重寫此方程；因此寫為

$$\boldsymbol{B}_{\mathrm{a}} = H + \lambda\frac{\boldsymbol{M}}{\epsilon_0 c^2} \tag{36.36}$$

在球狀空洞的近似下，我們有 $\lambda = \frac{1}{3}$，但你將會看到，之後我們可能會想使用其他不同的數值，所以在上式中，我們視它為可調參數。同時，我們假設，所有的場均指向同一方向，我們不需擔心向量的方向。若我們將 (36.36) 式代入 (36.29) 式，則得出磁化強度 $\boldsymbol{M}$ 與磁化場 $\boldsymbol{H}$ 的關係方程式，如下：

$$M = N\mu \tanh\left(\mu\frac{H + \lambda M/\epsilon_0 c^2}{kT}\right)$$

此方程式無法直接解出，所以我們將使用圖解法。

讓我們將 (36.29) 改寫爲一般形式：

$$\frac{M}{M_{\text{飽和}}} = \tanh x \tag{36.37}$$

此處，$M_{\text{飽和}}$ 爲飽和磁化強度，即 $N\mu$，而 x 爲 $\mu B_a/kT$。上式方程式左邊的量 $M/M_{\text{飽和}}$ 對 x 的相關性是一函數關係，爲圖 36-13 中的 a 曲線。而 x 也可寫爲 M 的函數，透過 (36.36) 式的 B_a，得到

$$x = \frac{\mu B_a}{kT} = \frac{\mu H}{kT} + \left(\frac{\mu\lambda M_{\text{飽和}}}{\epsilon_0 c^2 kT}\right)\frac{M}{M_{\text{飽和}}} \tag{36.38}$$

對應於給定的 H 值，$M/M_{\text{飽和}}$ 與 x 之間爲直線式關係。其 x 截距位於 $x = \mu H/kT$，而斜率爲 $\epsilon_0 c^2 kT/\mu\lambda M_{\text{飽和}}$。對應於特定的 H，該關係如圖 36-13 所標示爲 b 的直線。曲線 a 及 b 的交點即爲所求的解。

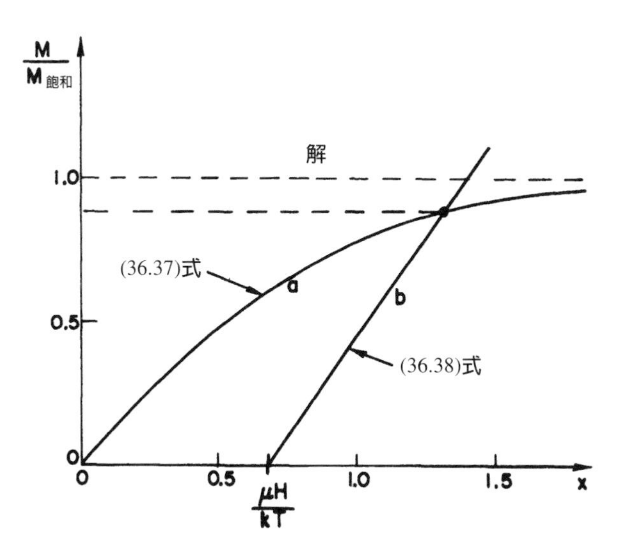

圖 36-13　(36.37) 式與 (36.38) 式聯立方程式的圖解

這便得到了 $M/M_{飽和}$。

我們來檢視在各種情況下，上述解的性質。首先，讓 $H = 0$。這時，有兩個可能，分別對應於圖 36-14 中的 b_1 與 b_2。注意到，(36.38) 式中，這些直線的斜率與絕對溫度 T 成正比。因此，**高溫**時，我們將有一直線如 b_1。解為 $M/M_{飽和} = 0$。即當磁化場 H 為零時，磁化強度亦為零。但在**低溫**時，則直線將如圖中的 b_2，給出 $M/M_{飽和}$ 的**兩個解**，其中的一個解為 $M/M_{飽和} = 0$，而另一解中，$M/M_{飽和}$ 的值則近似於 1。雖然存在兩個不同的解，但其中只有磁化強度非零的解是穩定的，此結論可藉由考慮在這些解左右做小幅變動而得出。

根據以上結果，磁性材料在溫度夠低時，會產生**自發的**磁化現象。簡單說，當熱運動不劇烈時，原子磁矩之間的耦合，會使它們同向平行排列，而有了永久磁化材料，正如在第 11 章所討論的鐵

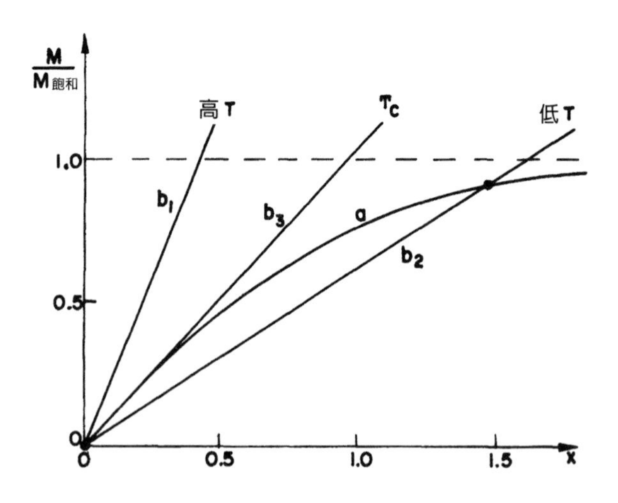

圖 36-14　找出 $H = 0$ 時的磁化強度

電材料一般。

若我們由高溫開始，逐漸降溫，則會遇到一臨界溫度，稱爲居里溫度 T_c ，在此溫度時，材料開始表現出鐵磁行爲。在這溫度時，(36.38) 式的直線對應於圖 36-14 中的 b_3 。此直線在原點與曲線 a 相切，因此其斜率爲 1 。故居里溫度爲

$$\frac{\epsilon_0 c^2 k T_c}{\mu \lambda M_{飽和}} = 1 \tag{36.39}$$

使用上式，我們可將 (36.38) 式中的常數以 T_c 表出，而簡化該式，得

$$x = \frac{\mu H}{kT} + \frac{T_c}{T}\left(\frac{M}{M_{飽和}}\right) \tag{36.40}$$

現在，讓我們檢驗低磁化場 H 時的情形。由圖 36-14 可看出，當圖中直線略爲往右移動時將會如何。在低溫時，交點將沿曲線 a 近似水平的部分略往右移， M 值改變不大。然而，在高溫時，交點將沿曲線急劇攀升的部分上移，M 值將大幅增加。實際上，我們可將此部分的曲線 a 近似成斜率爲 1 的直線，並寫爲

$$\frac{M}{M_{飽和}} = x = \frac{\mu H}{kT} + \frac{T_c}{T}\left(\frac{M}{M_{飽和}}\right)$$

由上式，可解得 $M/M_{飽和}$：

$$\frac{M}{M_{飽和}} = \frac{\mu H}{k(T - T_c)} \tag{36.41}$$

上述的公式類似於之前對順磁材料得出的定律。在順磁材料，我們有

$$\frac{M}{M_{飽和}} = \frac{\mu B}{kT} \tag{36.42}$$

而與本處鐵磁材料的定律略有所不同。本處的定律裡，磁化強度表爲 H，蘊涵著原子磁體間交互作用的效應。然而主要的差異在於，此磁化強度反比於 T 與 T_c 的**差**，而非絕對溫度 T 本身。當我們忽略相鄰原子間的交互作用，設 $\lambda = 0$，由 (36.39) 式得 $T_c = 0$。則鐵磁材料的定律，便簡化爲第 35 章的結果。

我們可以將以上理論的結果，與鎳的實驗數據做比較。實驗上，我們觀測到鎳的鐵磁行爲，在溫度高於 631 K 時便消失不見。我們將此溫度與 (36.39) 式計算所得出的 T_c 做比較。記得 $M_{飽和} = \mu N$，我們有

$$T_c = \lambda \frac{N\mu^2}{k\epsilon_0 c^2}$$

由鎳的原子量及密度，我們得

$$N = 9.1 \times 10^{28} \text{／公尺}^3$$

又由 (36.28) 式計算 μ，並設定 $\lambda = \frac{1}{3}$，給出

$$T_c = 0.24\ \text{K}$$

與實驗值相比，卻差了 2600 倍！我們的鐵磁理論完全行不通。

我們可模仿外斯（Pierre-Ernest Weiss, 1865-1940，法國物理學家）的做法來修正以上理論，方法如下：我們歸之於某種未知的理由，λ 的值並非 $\frac{1}{3}$，而是 $2600 \times \frac{1}{3}$，約爲 900。在其他鐵磁材料，如鐵金屬，也發現有類似的數值修正。想要瞭解此修正的意義，讓我們回到 (36.36) 式。由該式可知，巨量的 λ，表示一原子所感受到的局部場 B_a 遠遠大於我們原先所預期的值。事實上，當進一步運用 H

$= B - M/\epsilon_0 c^2$ 的結果，可得

$$B_a = B + \frac{(\lambda - 1)M}{\epsilon_0 c^2}$$

根據我們原始的估計── $\lambda = \frac{1}{3}$，局部磁化強度 M 會使有效場 B_a 減少了 $-\frac{2}{3}M/\epsilon_0 c^2$。縱使假設我們的球形空洞模型不夠精確，根據上式，我們仍然會預期，局部有效場應有**某種**減少。然而，若想解釋鐵磁現象，我們必須想像局部磁化強度會使局部場大幅**提高**，好比說一千倍或更多。根據我們到目前爲止的討論，似乎不存在任何合理的解釋，可用以瞭解爲何單一原子所承受的磁場如此巨大──甚至無法瞭解爲何磁化強度可提高、而非降低局部磁場。顯然，此處我們由磁性觀點來處理鐵磁行爲的做法失敗了，令人沮喪。我們被迫做如下結論，即鐵磁行爲與鄰近原子的自旋電子之間的**非磁性**交互作用有關。這個交互作用具有強烈的傾向，讓所有鄰近自旋電子做同向排列。以後，我們將看到，此交互作用與量子力學及包立不相容原理有關。

最後，我們來檢視，低溫時（當 $T < T_c$），磁化強度的情形如何。我們已知，在此條件下，將存在有自發磁化，縱使在 $H = 0$ 時，由圖 36-14 中曲線 a 與 b_2 的交點所決定。若我們解出各個溫度下的 M 值，藉由改變直線 b_2 的斜率，我們便得出圖 36-15 中所示的理論曲線。對於不同的材料，若其原子磁矩都只是來自單一電子，則此曲線並不會隨材料改變。而對其他材料而言，此曲線只是略爲不同罷了。

在 T 趨近於絕對零度極限時，M 趨近於 $M_{\text{飽和}}$。當溫度增加時，磁化強度降低，在居里溫度時等於零。圖 36-15 中所示的圓點，爲鎳材的實驗觀測值。實驗值與理論值相符的程度很好。因此，即使我們還未能瞭解鐵磁性的基本機制，目前的理論，大致而

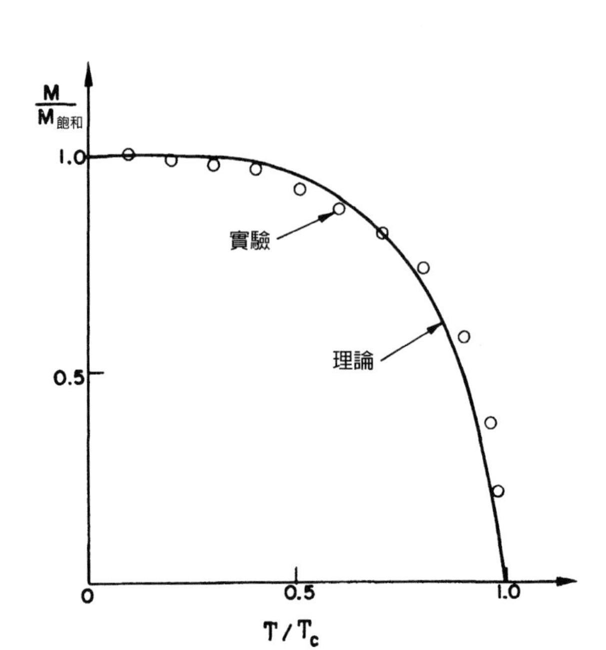

圖 36-15　鎳材裡，自發磁化與溫度的函數關係。

言，似乎還不錯。

最後要指出，在我們目前嘗試瞭解鐵磁行爲的努力之中，尙有一點令人困擾。之前，我們發現，在高於某溫度時，鐵磁材料會如同順磁材料般，磁矩與 H（或 B）成正比，而在低於該溫度時，則發生自發磁化。但是，當我們測量鐵材的磁化曲線時，卻發現並非如此。鐵材只有在我們已將它「磁化」**之後**，才會變成永久磁鐵。但根據之前的討論，卻又預期鐵材可自我磁化！出了什麼問題呢？

好了，答案便是，若你檢視一尺寸**足夠小的**鐵或鎳**晶粒**，它確實會完全磁化！但在大塊的鐵材裡，則有許多小區域，每一區域都在不同的方向上發生磁化，所以從大尺寸的觀點上來看，**平均**磁化強度為零。然而，在每一小區域裡，鐵晶粒確實具有近似飽和的磁化強度 $\boldsymbol{M}$ 。

這種磁域結構的存在，造成大塊材料的巨觀性質，與此處所處理的微觀性質極為不同。下一章，我們將談及大塊磁性材料表現於外的實際巨觀行為。

第37章 磁性材料

■
37-1 瞭解鐵磁性
37-2 熱力學性質
37-3 遲滯曲線
37-4 鐵磁材料
37-5 非常磁性材料

37-1 瞭解鐵磁性

在本章裡，我們將討論鐵磁材料與其他奇異的磁性材料的行為及奇特之處。在開始研究磁性材料之前，我們將複習在前一章所談的一般鐵磁理論。

首先，我們提過，磁性現象是由材料內部的原子電流所產生的，而此電流可以用體電流密度$\boldsymbol{j}_{磁化} = \nabla \times \boldsymbol{M}$來表示。我們要強調，此電流密度並非**實際的**電流分布。當磁化為均勻分布時，原子電流之間並非**真的**恰好相消為零；換言之，一個原子中的電子環流，並不會與另一原子中的電子環流重疊而產生淨值恰好為零的總和。即使在單一原子內，磁性亦**非**呈現平滑分布。例如，在一鐵原子內，磁化大約分布於一球形殼層內，離原子核並不太近亦不太遠。因此，材料裡的磁性分布，細節是極為複雜的，呈現出極不規律的特徵。

然而，我們現在要忽略這些複雜細節，而由一宏觀、平均的觀點，來討論其中現象。因此，當材料的$\boldsymbol{M} = 0$時，從大於原子尺寸的任一內部區域來看，我們可以說，內部的**平均**電流值為零。所以，同樣的道理，我們所謂的每單位體積的磁化強度以及$\boldsymbol{j}_{磁化}$等等，在我們目前的理論裡，指的都是，在大於單一原子的空間內，計算平均值所得出的物理量。

請參考：Bozorth, R. M., "Magnetism," *Encyclopaedia Britannica*, Vol. 14, 1957, pp. 636-667。

C. Kittel, *Introduction to Solid State Physics*, John-Wiley and Sons, Inc., New York, 2nd ed., 1956。

在前一章，我們也發現，鐵磁材料具有下列有趣性質：在高於某個溫度時，它並不會具有強磁性，而在低於此溫度時，它便擁有磁性。這個事實很容易以實驗展現。在室溫時，一段鎳絲會爲磁鐵所吸引。然而，若我們以氣體火焰將它加熱至高於居里溫度，則鎳絲將失去磁性，而不再受磁鐵所吸引，即使是極爲靠近磁鐵時。若我們將鎳絲置放在磁鐵附近，等它冷卻，則當溫度冷卻至低於居里溫度的那一刻，鎳絲便又突然受到磁鐵的吸引。

我們將要運用的一般鐵磁理論認爲，電子的自旋給出磁化現象。電子擁有 1/2 自旋，而且攜帶著波耳磁元的磁矩 $\mu = \mu_B = q_e\hbar/2m$。電子的自旋可指向「上」或「下」。因電子具有負電荷，當其自旋「向上」時，磁矩爲**負**，反之，當自旋「向下」時，磁矩爲**正**。所以，根據我們的習慣，電子的磁矩 $\boldsymbol{\mu}$ 與其自旋反向。另外，我們也知道，在給定的外磁場 $\boldsymbol{B}$ 中，視一磁矩的方向爲何，而給位能 $-\boldsymbol{\mu}\cdot\boldsymbol{B}$，但除此之外，一自旋電子的能量也和鄰近自旋的排列方向有關。在鐵材裡，若鄰近原子的磁矩朝「上」，則下一個原子的磁矩亦有強烈傾向會朝「上」排列。由於這個原因，鐵、鈷、鎳才具有強烈磁性，因爲所有磁矩都要做同向排列。我們必須討論的第一個問題是**為什麼**。

在量子力學發展出來後不久，人們便注意到，存在有一極強的**表觀**力試圖將鄰近電子的自旋做**反向**排列；這種力並非磁力，或任何一種眞實的力，它就只是一種表觀力。這些力與化學價力非常相近。量子力學裡有一個原理，稱爲**不相容原理**，禁止兩個電子占據同一狀態，即兩個電子不能具有相同的位置與自旋方向。* 例如，

*原注：請見第 III 卷第 4 章（第 4-7 節）。

當兩個電子占據同一空間位置時，它們的自旋僅能反向排列。所以，若原子之間的某個區域為電子所喜好聚集之處（如化學鍵裡的情形），當此地已存在有一個電子，而我們仍想加入第二個電子時，唯一的辦法，便是讓第二個電子的自旋，指向與第一個電子自旋相反的方向。除非兩個電子彼此保持距離，否則，兩自旋形成同向排列是違反包立原理的。其效應便是，彼此接近的一對電子，自旋平行排列時的能量會遠高於自旋相反排列的情形；其淨效應便是，彷彿存在一力場，企圖將自旋翻轉。有時候，這種翻轉自旋的力稱為**交換力**，但是這個名稱反加深其神祕性，並不是很適合的稱呼。只不過是由於不相容原理，電子傾向於形成反向的自旋排列。事實上，這個說法解釋了為何多數材質**不具**磁性！在原子外圍的電子，具有強列傾向讓彼此成反向排列，以達到平衡。真正的問題在於解釋為何在諸如鐵的物質裡，前述的反向排列傾向被扭轉過來。

之前，我們已藉由下列方式，總結了平行排列的要求。我們在能量方程式裡，加入了一適當的項，使得當一電子磁矩的鄰近區域，具有平均磁化強度 M 時，該電子磁矩具有強烈的傾向，要與其鄰近區域平均磁化強度做同向排列。因此，對於兩種可能的自旋取向，有下列的對應能量，*

$$
\begin{aligned}
\text{「向上」自旋能量} &= +\mu\left(H+\frac{\lambda M}{\epsilon_0 c^2}\right)\\
\text{「向下」自旋能量} &= -\mu\left(H+\frac{\lambda M}{\epsilon_0 c^2}\right)
\end{aligned}
\tag{37.1}
$$

*原注：為了與前一章的做法一致，我們以 $H = B - M/\epsilon_0 c^2$ 而非 B 來寫下此方程。你或許傾向於將該方程寫為 $U = \pm\mu B_a = \pm\mu(B + \lambda' M/\epsilon_0 c^2)$，其中，$\lambda' = \lambda - 1$。兩種寫法是同一回事。

量子力學原理蘊涵有一巨大的自旋取向力，當我們清楚這件事時，縱使此力的正負號不對，就已經有人提議，鐵磁現象源自此同一種力，只不過由於鐵材的複雜度，以及所含有龐大數目的電子，交互作用能量的正負號才改變。自有了這樣的想法之後，大約是1927年量子力學首度被瞭解的時候，許多人已經做過不同的嘗試，來估計或做半定量的計算，企圖得出λ的理論預測值。最近一次，對於鐵材內兩電子自旋間的能量計算，仍得出錯誤的**正負號**；在這計算中，假設兩相鄰原子的電子間的交互作用爲直接的交互作用。對於這個結果，目前的認知，仍是歸之於該計算所考慮系統的複雜度要負責任，並希望下一位計算的人，能考慮更複雜的情況，而得出正確答案！

人們相信，造成磁性的原子內殼層的電子，其中一個的向上自旋傾向於讓自由飛行的傳導電子有反向自旋。有人臆測以上情形可能發生，由於傳導電子可來到內殼層「磁」電子所占據的空間。而當這些傳導電子四處游移時，它們便可將其上旋或下旋的偏好，攜帶給鄰近的原子；也就是一個「磁」電子強迫傳導電子與它呈反向排列，而此傳導電子又使得下一個「磁」電子與**它**反向。這種透過兩層程序的間接性交互作用，等效於把兩個「磁」電子直接做同相排列的交互作用。換言之，兩自旋之所以傾向於同向排列，是透過一個仲介者，而該仲介者有某程度的傾向與前述兩自旋做反向排列。這個機制並不要求傳導電子完完全全爲反向排列，它們可能只對反向排列略有偏好，若此偏好足夠將「磁」電子做整齊排列，則可給出鐵磁性。做此等理論計算工作的人相信，這個機制是造成鐵磁現象的原因。但我們在此強調，時至今日，仍然沒有人能由鐵磁材料原子在週期表上的原子序，例如26，算出λ的大小。這意謂著，我們對鐵磁性的瞭解仍有不足之處。

現在，讓我們繼續使用目前的理論進行討論，以後我們將回頭來談目前理論架構上的一個問題。若某電子的磁矩指向為「上」，其能量來自外場以及自旋會同向排列的傾向。因電子自旋平行時，能量較低，此效應有時被想成是來自於一「有效內場」。但請記住，這並**非**來自於眞正的**磁**力；而是某種更複雜的交互作用。總之，我們使用 (37.1) 式做爲「磁」電子在兩種自旋狀態的能量公式。在溫度 T 時，兩狀態的相對機率與 $e^{-能量/kT}$（或也可寫爲 $e^{\pm x}$）成正比，其中，$x = \mu(H + \lambda M/\epsilon_0 c^2)/kT$。那麼，如果我們計算磁矩的平均值，將發現（如同在前一章一般）其值爲

$$M = N\mu \tanh x \tag{37.2}$$

現在，我們要計算鐵磁材料的內能。我們注意到，電子的能量剛好與磁矩成正比，因此，平均磁矩的計算，其實和平均能量的計算一樣，除了在 (37.2) 式中，我們應將 μ 代換爲 $-\mu B$，$-\mu B$ 也就是 $-\mu(H + \lambda M/\epsilon_0 c^2)$。因此平均能量爲

$$\langle U\rangle_{平均} = -N\mu\left(H + \frac{\lambda M}{\epsilon_0 c^2}\right)\tanh x$$

然而，這並非完全正確。其中 $\lambda M/\epsilon_0 c^2$ 這一項，代表的是所有可能**成對**原子之間的交互作用，我們得記得，不得重複計數電子的配對，只能計**一次**。（當我們考慮某個電子在其餘電子所造成的有效內場中的能量之後，又再考慮第二個電子在其餘電子所造成的有效內場中的能量。這時，第一個電子的部分能量就被重複算進來了。）因此，我們應該將以上的**交互作用項**除以 2，我們的能量公式修正成

$$\langle U\rangle_{\text{平均}} = -N\mu\left(H + \frac{\lambda M}{2\epsilon_0 c^2}\right)\tanh x \tag{37.3}$$

在前一章，我們發現了一有趣現象──當低於某溫度時，即使外磁化場**不為零**時，方程式的解仍給出非零的磁矩。當我們令 (37.2) 式中的 $H = 0$ 時，我們得

$$\frac{M}{M_{\text{飽和}}} = \tanh\left(\frac{T_c}{T}\frac{M}{M_{\text{飽和}}}\right) \tag{37.4}$$

此處，$M_{\text{飽和}} = N\mu$，以及 $T_c = \mu\lambda M_{\text{飽和}}/k\epsilon_0 c^2$。當我們解出上式（以圖解法或其他方法），發現 $M_{\text{飽和}}/M$ 的比值對 T/T_c 作圖時，給出一函數曲線，如圖 37-1 中標示「量子理論」的那條曲線。另外，標有「鈷、鎳」的虛線，則代表對應這些元素晶體的實驗數據。理論與實驗相當符合。圖中也顯示出古典理論的結果，在該理論中，假設原子磁矩在空間中可具有各種可能的取向。你可看出，這假設下所預測的結果，與實驗相差甚遠。

即便是量子理論，在高溫與低溫時均與觀測值有些差異。此偏差之原因在於，該理論裡做了很粗糙的近似：我們假設某原子的能量由其周圍原子的**平均**磁化強度所決定。換言之，該原子附近的每一「向上」磁矩，都因量子力學的定向效應，而影響該原子的能量。但究竟有多少「向上」的磁矩？平均而言，可用磁化強度 M 來標定之，但只限於**平均**。對於某處一給定的原子，或許它所有的鄰近原子**全都**「向上」，則其能量將高於平均值。另一給定原子，則可能發現它鄰近原子的分布，部分朝上，部分朝下，而總值為零，所以就**沒有**來自交互作用能量項的能量，等等。有鑑於不同地點的原子擁有不同的環境，其周圍的向上與向下的總數會隨之改變，我們應該使用某種更複雜的方式求平均值。與其僅考慮在平均影響下

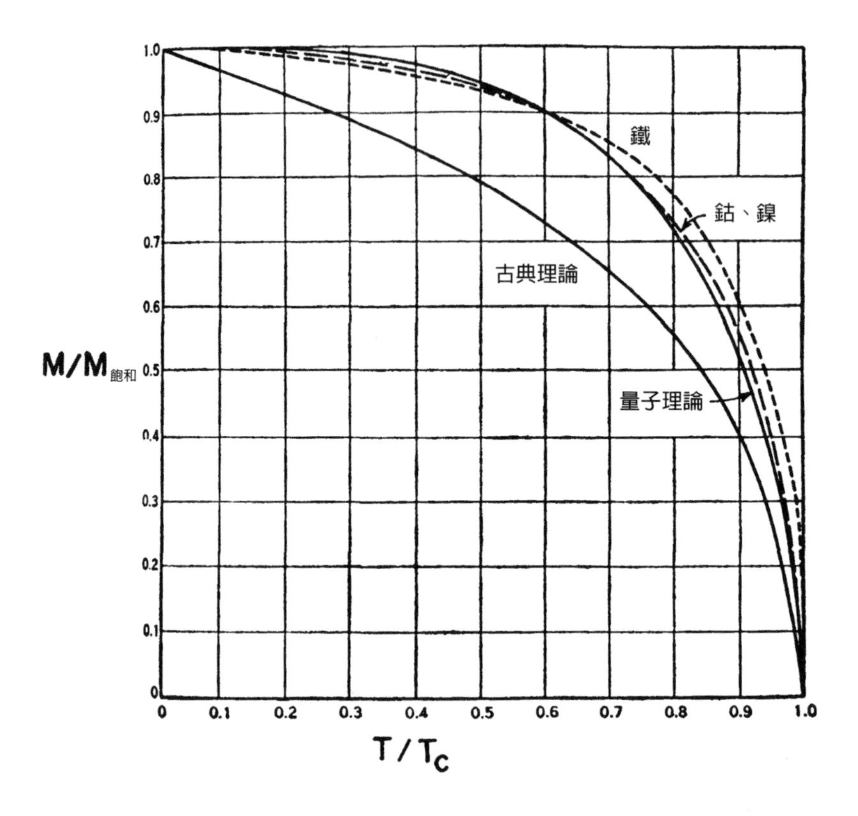

圖 37-1　鐵磁晶體裡，自發磁化（$H = 0$）是溫度的函數。（圖片經 *Encyclopaedia Britannica* 同意後使用。）

的原子，我們應該考慮每個原子的實際情況，計算其能量，以求得**平均能量**。

但是我們要如何找出，在某原子的鄰近，究竟各有多少「向上」、多少「向下」的原子磁矩？這個問題，也正是我們想計算出來的「向上」與「向下」的數量，因此，我們有一個極錯綜複雜的關聯性問題，此問題至今尚未解決。這個問題很深奧、有趣，已存在多年，而且某幾位偉大的物理學家也曾在這個問題下過工夫，發表過論文，但並未將此問題完全解出。

但在特殊的狀況下，例如低溫時，大部分原子磁矩均為「向上」，只有少數「向下」，以上問題很容易解；或在高溫，遠高於居里溫度 T_c 的情況下，大部分磁矩的取向紛亂，此時問題也可容易解出。對於這些略微偏離簡單、理想情況的例子，通常很容易處理，也因此可瞭解為何在低溫時，前述的平均場理論會偏離實驗數據。從物理上，也很容易瞭解，因為統計的理由，在高溫時，造成磁化強度**應該**有所誤差。但在居里溫度附近的偏差，則從未徹底解決。若你在未來想努力解決某個懸而未決的問題，這倒是個有趣的機會，不妨一試。

37-2 熱力學性質

在前一章，我們已討論了計算鐵磁材料熱力學性質所需的理論基礎。這些性質，當然和晶體的內能有關，而該內能包含了各個自旋彼此間的交互作用，如 (37.3) 式所描述的。欲求低於居里溫度時，自發磁化的能量，我們令 (37.3) 式中 $H = 0$，而且，請注意 $\tanh x = M/M_{飽和}$，我們得到與 M^2 成正比的平均能量

$$\langle U\rangle_{平均} = -\frac{N\mu\lambda M^2}{2\epsilon_0 c^2 M_{飽和}} \tag{37.5}$$

若我們將磁性部分的能量對溫度作圖，相當於取圖 37-1 中的曲線平方的負值，結果如圖 37-2(a)。若我們欲預測該材料的**比熱**，便會得到一曲線，相當於圖 37-2(a) 曲線的導數，如圖 37-2(b) 所示。曲線隨溫度緩緩上升，而在 $T = T_c$ 迅速降落至零。此急速下降可歸之於磁能斜率的變化，而且恰好在居里溫度發生。所以，即使完全缺乏

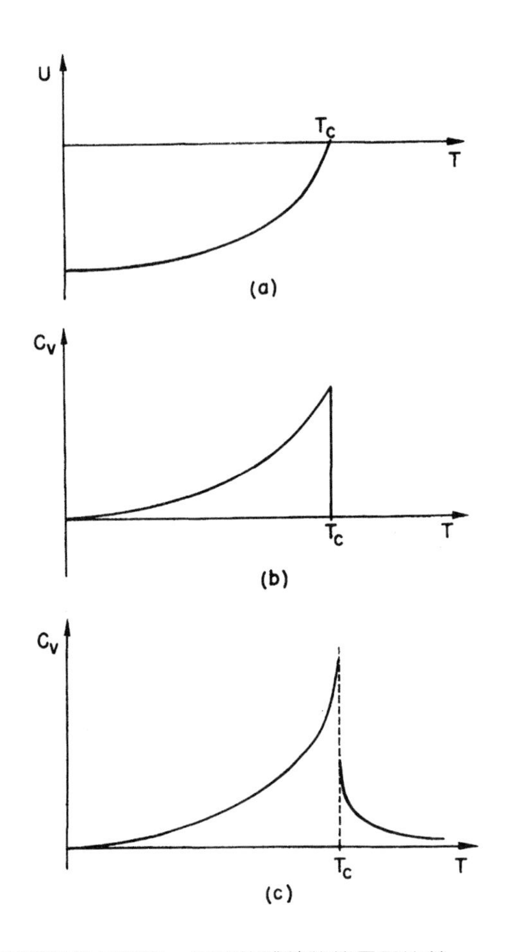

圖 37-2　某鐵磁性晶體裡，每單位體積的能量及比熱。

磁性的測量，我們仍可藉由比熱的測量，而察覺在鐵材或鎳材內部，發生了某些有趣的物理。然而，無論是實驗或改進的理論（將起伏現象考慮在內）都指出，這種簡單的比熱曲線是不太正確的，眞實的情況更爲複雜。眞正的曲線會上升至更高的峰值，之後緩降至零。縱使溫度夠高，讓自旋排列**在平均上**無規則化，局部區域仍有少量的極化，這些區域的自旋仍擁有少量額外的交互作用能量；只有當溫度進一步上升，造成自旋排列愈來愈無規，這些能量才會緩慢減少至零。因此，實際曲線如圖 37-2(c) 所示。今日的理論物理中有一大挑戰，便是找出居里溫度附近比熱行為的精準理論描述，這個難題至今尚未解決。當然，這個問題其實與同區域的磁化曲線形狀密切相關。

現在，我們要描述一些有別於熱力學性質量測的實驗，來證明我們對於磁性的解釋有某程度的**正確性**。當我們在低溫下，使材料磁化至飽和狀態時，M 值將近似於 $M_{飽和}$ —— 幾乎所有自旋都會呈同向排列，而對應的磁矩也是一樣。這猜測可以用實驗來證實。

設想我們以很細的纖維懸掛一圓柱形磁體，外圍包以線圈，所以我們可在不接觸磁鐵的條件下，控制磁場的翻轉，且不會因此產生不必要的力矩。這個實驗相當困難，因為磁力很巨大，只要磁鐵有一點不規則、或某方稍微傾斜、或少許不完美，都足以造成意料之外的力矩。但無論如何，這個實驗已在小心翼翼的條件下完成，儘量減少前述不必要的力矩。藉由控制磁鐵外圍線圈的磁場，可一舉讓所有的原子磁矩翻轉。當磁矩翻轉時，所有自旋的角動量也由「向上」轉成「向下」（見圖 37-3）。

若在自旋翻轉時，欲維持角動量守恆，則磁鐵的運動狀態必然會改變，以產生一相反的角動量變化量。因此整個磁鐵將開始旋轉。而果然如同此處的預測，我們確實可發現磁鐵做輕微的轉動。我們可量測出整個磁鐵轉動所對應的總角動量，其值為 N 乘以 $\hbar$，其中，$\hbar$ 為每一自旋的角動量變化量。以這方法所量測出來的角動量對磁矩的比值，與我們的計算值之間，誤差在 10% 以內。

事實上，在我們的計算裡，假設了原子磁矩完全來自於電子自旋，但實際上，在多數材料裡，也有部分來自軌道運動的貢獻。軌

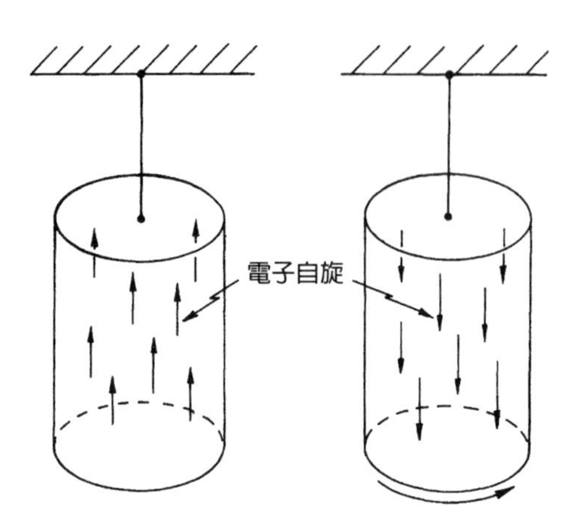

圖 37-3　當一圓柱狀磁鐵的磁化翻轉時，圓柱體將獲得某些角速度。

道運動與晶格相關，但其對磁性的貢獻，通常不超過數個百分點。實際上，若我們用上 $M_{飽和} = N\mu$，並代入鐵的密度 7.9，而且用上自旋電子的磁矩 μ 值時，飽和磁場值約爲 20,000 高斯。而根據實驗結果，則約爲 21,500 高斯左右。這個誤差的典型大小爲 5% 或 10%，來自於我們分析裡，並未將來自電子軌道磁矩的貢獻考慮在內。因此，理論值與迴轉磁測量結果間的差異，是可接受和理解的。

37-3 遲滯曲線

由以上理論分析，我們已知，當鐵磁材料的溫度低於某特定值時，將產生自發磁化，使得所有原子磁體均同向排列。但我們又知，一塊**未經磁化**的普通鐵材，並不具有前述的現象。爲何不是所有鐵材都會磁化呢？我們可以圖 37-4 對此點加以解釋。

設想所考慮的鐵材爲一大塊單晶，形狀如圖 37-4(a) 所示，且

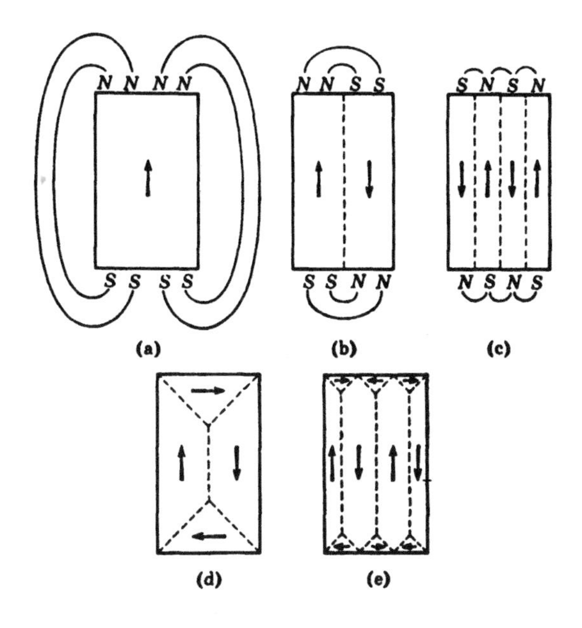

圖 37-4　鐵材單晶裡磁域的形成。（取自 C. Kittel, *Introduction to Solid State Physics*, John-Wiley and Sons, Inc., New York, 2nd ed., 1956。）

整體的自發磁化指向同一方向。則在晶體之外，將有相當的磁場，該磁場會擁有很多能量。我們可藉由下列方式降低此磁場能量，即令磁鐵的半部爲「向上」磁化，另外的半部爲「向下」磁化，如圖 37-4(b) 所示。那麼當然的，磁鐵外的磁場將局限在較小的空間，因此磁場能量也隨之減少。

但是，等一等。在兩半部之間，存在有一界面，是上旋電子與下旋電子相接之處。而在鐵磁材料裡，能量的**降低**是源自於電子自旋做**同向**排列，而非反向排列。所以，沿著圖 37-4(b) 圖中的虛線，將伴隨著額外能量；此能量稱爲**磁壁能**（wall energy）。擁有單一磁化方向的區域，稱爲**磁域**（domain）。而在兩磁域的界面，也就是磁域壁上，兩邊的原子具有相反的自旋，伴隨該磁域壁每一單位面積，便有一特定額外能量。在我們以上的描述裡，彷彿將界面處相鄰兩原子的自旋視爲恰好相反，但事實上，大自然對此做了調整，使得自旋的轉變爲漸進式的。但是，此處我們暫時不需要考慮這些細節。

現在，問題是：磁域壁的產生，究竟是利或弊？答案是，視磁域**尺寸大小**而定。設想我們將磁鐵尺寸放大，成爲原來的兩倍。則在磁鐵之外，具有某給定磁場度的區域，其體積將是原先的**八**倍。又因磁場的能量與體積成正比，能量也會是原來的八倍。但給出磁壁能的兩磁域間的**界面**，面積卻只增加爲原來的**四**倍。因此，若鐵材體積夠大，則分裂爲數個磁域將是划算的。這也是爲何極微小的晶體只擁有單一磁域的原因。任何磁性物體，只要大小超過百分之一公釐，便至少含有一個磁域；而任何普通「公分大小」的物體將分裂爲許多磁域，如圖 37-4 所示。這種分裂將持續發生，**直到建立一額外磁域壁，其上所需的能量等於晶體外部磁場因而減少的能量為止**。

事實上，大自然還發現另一個降低能量的方式：若能令一小三角形區域沿**側向**發生磁化，如圖 37-4(d) 所示，則磁場完全不會洩出於磁鐵之外。★ 故若遵循圖 37-4(d)之排列，則完全**不**會有外部磁

★原注：你或許納悶，為何此處自旋指向並非為「向上」或「向下」，而是「側向」！這是個好問題，但目前尚不需擔心。我們暫時持以古典觀點，即原子磁矩是古典物理偶極，因此容許水平磁化的可能性。量子力學的觀點，則需在對量力物理相當純熟之後，才會瞭解為何可容許物體同時存在於「向上與向下」或「左與右」之類的量子狀態下。

場，但代價則是多出一個小面積的磁域壁。

但此處又引入了新的問題。事實上，當鐵材單晶磁化時，沿磁化方向的長度會產生變化。因此，原先「完美」的立方體，在發生磁化，例如向上磁化之後，則不再爲正立方體。「垂直」方向的長度，將不同於「水平」方向的長度。此現象稱爲磁致伸縮（magnetostriction）。由於這種幾何外型的變化，我們可以這樣說，在圖37-4(d) 中的小三角形磁塊，並不能恰好「嵌入」剩餘的可用空間，因爲整個晶體已在一方向上伸長，而在另一方向上縮短了。當然，事實上，三角型磁塊**確實**可以嵌入，但得承受一些擠壓；這就牽涉到力學應力了。因此，這種方式的磁域安排，**同時**引進了額外能量。以上數種能量之間的平衡，便決定了一塊未磁化的鐵塊，其內部磁域最終的複雜結構爲何種型式。

現在，考慮當我們施加外磁場時，會有何效應產生？爲簡單起見，考慮磁域結構如圖 37-4(d) 所示的一晶體。若我們所加磁場爲沿向上的方向，晶體的磁化過程會是如何進行？首先，中央的磁域壁可**沿側向**（往右）**移動**，以降低能量。在此移動下，原先「向上」的磁域會大過於「向下」的磁域。有更多的原子磁矩會沿磁場方向排列，因而降低能量。因此，對於在弱磁場下的鐵塊而言，即當磁化剛開始時，磁域壁開始位移，緩慢蠶食與磁場方向相反的磁域。而當外磁場逐漸增強，整個晶體便逐漸演進成單一的大磁域，而由外磁場維持此大磁域的存在。因爲在強磁場下，晶體「喜歡」形成單向磁矩排列，以降低在外磁場下的能量，此時，晶體本身所產生的外磁場，不再是唯一重要的因素了。

但是，若幾何結構並非如此單純時，又會如何呢？當晶軸與自發磁矩同向，但我們沿**其他方向**，例如 45 度，施加外磁場時，將會怎樣呢？我們可能會以爲，諸磁域會自我修正，使磁化方向平行於磁場，因而會如之前所說的，全部合併長成單一磁域。但是對鐵材而言，這不是個容易的程序，**因為晶體磁化所需的能量，與磁化向量相對於晶軸的角度有關**。沿其中一晶軸產生磁化，要易於沿著其他方向產生磁化，例如，與某晶軸的夾角為45度的方向，就需要**較多**的能量。因此，若我們沿此類較困難的方向施加外磁場，則

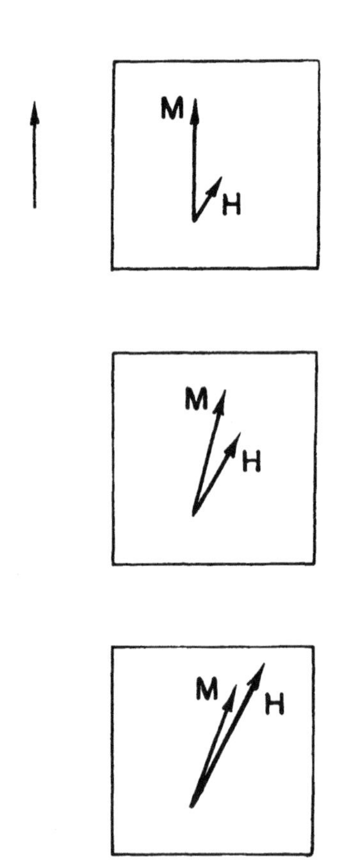

圖37-5　當磁化場 H 的方向與晶軸成一夾角時，磁化的方向會逐漸改變，但在過程中，其大小則維持恆定。

在初期，諸磁域中，磁化方向恰好爲沿著某個**接近**這類方向的晶軸者，會持續成長，直到所有磁域的磁化均指向這些受偏好的晶軸方向爲止。當**外磁場**繼續**增強到很大**時，磁化便逐漸改變，最終轉至平行於磁場的方向，如圖 37-5 所示。

在圖 37-6 中，顯示鐵材單晶磁化曲線的實驗觀測結果。要瞭解這些數據，我們必須先解釋晶體裡的方向是如何描述的。一個晶體可用許多不同的方式切割，來產生不同的晶格平面，這些平面含有眾多排列規律的原子。曾開車穿過果園或葡萄園的人都有同感——看過去的感覺眞棒。若你由某方向看過去，將看到一排排的樹；若你由另一方向看去，則是另一種排列的樹，等等。同樣的，一晶體亦可視爲由明確的晶格平面系所構成，其中每一平面均含有眾多原子，而且有以下特徵（爲簡單起見，我們考慮立方晶體）：若我們觀察一平面與三個座標軸的交點，將發現三對應截距的**倒數**可以化成簡單的整數比。這三個整數便用來定義該平面。

例如，圖 37-7(a) 中，顯示一平行於 yz 面的平面。這平面稱爲 [100] 平面；其 y 軸及 z 軸截距的倒數爲零。垂直於這樣的一平面（在立方晶體裡）的方向，也是用同樣一組整數來表示。以上的概念，在立方晶體的例子裡很容易瞭解，因爲指數 [100] 所代表的向量，在 x 方向的分量爲一單位，而在 y 或 z 方向則爲零。而 [110] 方向則與 x 及 y 軸成 45 度角，如圖 37-7(b) 所示；[111] 方向則是沿立方體對角線的方向，如圖 37-7(c) 所示。

現在回到圖 37-6 ，考慮鐵材單晶沿不同方向的磁化曲線。首先注意到，在磁場極爲微弱時（小到在圖上看起來似乎爲零），磁化強度急劇上升至相當大的數值。若磁場爲沿 [100] 的方向，亦即沿著其中一個容易磁化的方向，那麼曲線迅速上升至很高的數值，之後呈小幅度彎折，然後趨近於飽和值。在這樣的磁化過程裡，原先

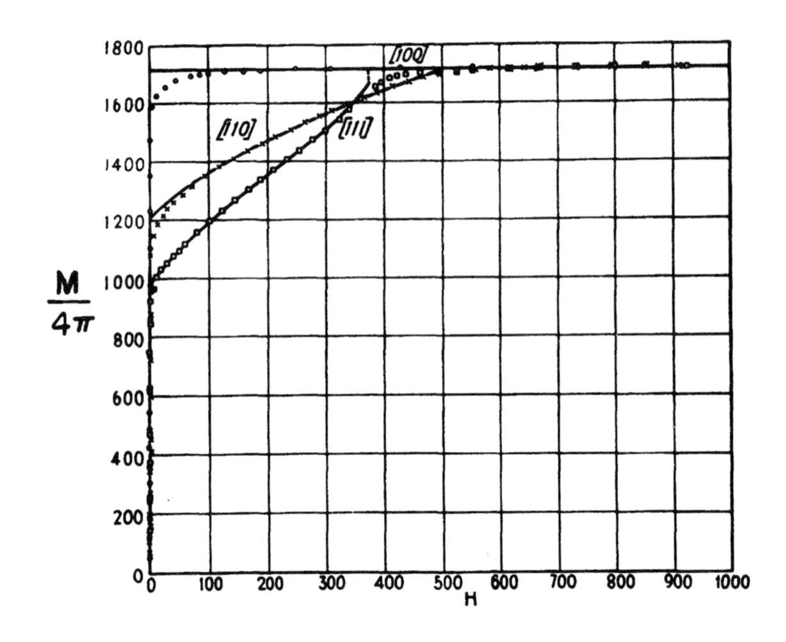

圖 37-6 平行於 H 場方向的 M 分量，與 H 場方向（相對於晶軸而言）的關係。（取自 F. Bitter, *Introduction to Ferromagnetism*, McGraw-Hill Book Co., Inc., 1937。）

便已存在的磁域非常容易移除。僅僅需要微小的磁場，便能驅使磁域壁移動，吞食所有「方向錯誤」的磁域。鐵材單晶極易受到極化（指磁性方面），而普通的多晶鐵塊則會困難許多。一完美晶體甚爲容易磁化。但爲何磁化曲線上呈現彎折現象呢？爲何不乾脆直接上升至飽和值，而要多此一舉呢？我們並沒有解答。或許你日後會就此點加以研究。我們只知爲何在高場時，曲線會呈水平狀態。當所有晶體已成爲單一磁域時，額外再增加磁場，並不能產生更大的磁化強度，磁化強度已經達到 $M_{飽和}$，亦即所有的電子自旋都已朝上排列了。

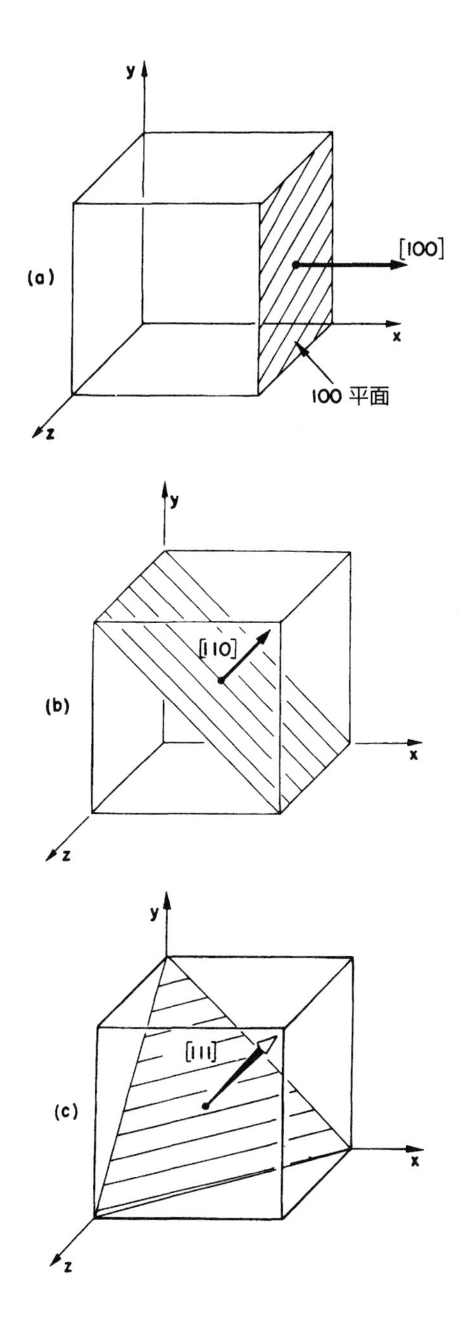

圖 37-7 晶面標示方式的約定

現在，若我們嘗試在 [110] 方向上予以磁化，也就是與晶軸呈 45 度角的方向，情況會是如何呢？當開啓些微磁場時，磁化強度會隨磁域的增大而迅速變大。之後，當我們再繼續增強磁場時，發現需要可觀的磁場強度，才能令曲線到達飽和，因爲此時的磁化正**偏離**「易磁化」的方向。若此解釋是正確的，則在圖中對應 [110] 方向的例子裡，自其曲線彎曲處，往回外插至垂直座標軸，所得的值應爲飽和值的 $1/\sqrt{2}$。事實上，此外插值果然極爲接近 $1/\sqrt{2}$。同理，在 [111] 方向上，也就是沿立方體對角線的方向，如所預期的，我們發現，曲線外插回去所得的值約爲飽和值的 $1/\sqrt{3}$。

圖 37-8 顯示其他兩種材質，鎳及鈷的對應情形。鎳與鐵不同。鎳材裡，[111] 方向才是易磁化方向。鈷材則因爲是六角晶形，物理學家乃擴大對晶面的命名方式，以處理該系統。他們使用六角形底面的三個軸，及垂直此面的一個軸，所以總共有四個指數。[0001] 即爲六角形底面之一軸的方向，而 [1010] 的方向則與該軸垂直。這些例子告訴我們，不同金屬的晶體，行爲也不相同。

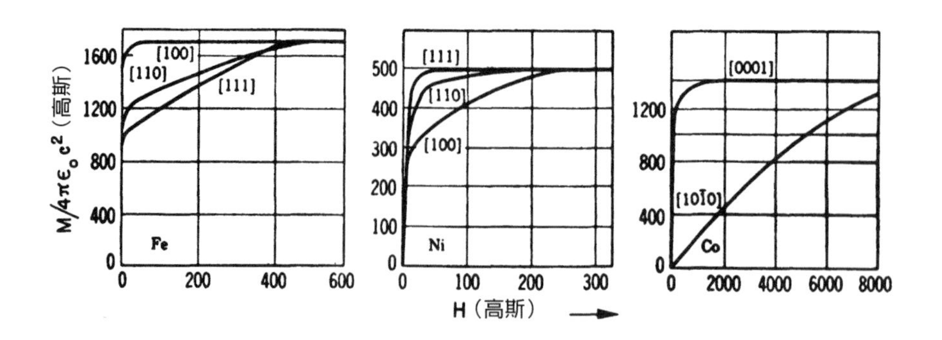

圖 37-8　鐵、鎳、鈷單晶的磁化曲線。（取自 Charles Kittel, *Introduction to Solid State Physics*, John Wiley and Sons, Inc., New York, 2nd ed., 1956。）

現在，我們得討論多晶材料，例如普通的鐵塊。在這類材料裡，含有許多微小的晶體，其晶軸可分布於任意方向上。**這些微小晶體不同於磁域**。提醒讀者，磁域雖然也有各種方向，然而卻都只是整體**單晶**的一部分，而一普通鐵塊則含有許多**不同的**晶體，所具的晶軸方向也各不同，如圖 37-9 所示。

每一微小晶粒裡，通常含有數個磁域。當我們外加一**微弱**磁場在多晶材料上時，磁域壁會開始移動，其中，具有易磁化方向的磁域會增長變大。只要磁場維持在微弱的強度，此時的成長是可逆的，也就是說當外場關閉時，磁化量便會返歸爲零。這部分的磁化曲線，如圖 37-10 中標示爲 a 的部分。

對於較大的磁場，即圖中曲線標示爲 b 的區域，情況則變得較爲複雜。材料裡的每個小晶粒之內，都含有應變（strain）與錯位，其中都有雜質、污染及缺陷。除了最微弱的磁場，在其他磁場強度

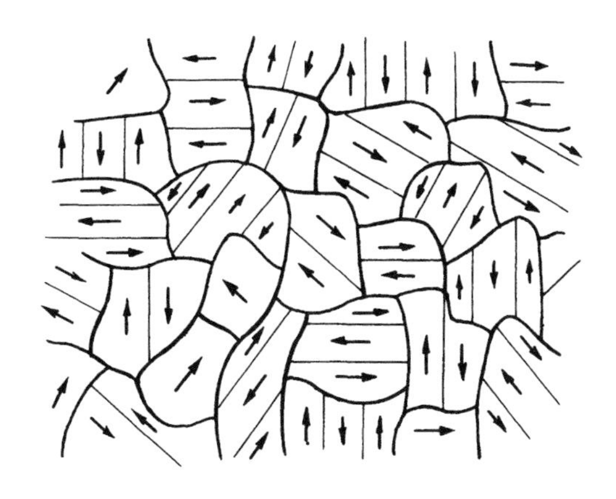

圖 37-9　未磁化鐵磁材料的微觀結構。每個晶粒都有易磁化方向，而分割成數個磁域。這些磁域（通常）沿其易磁化方向，發生自發性磁化。

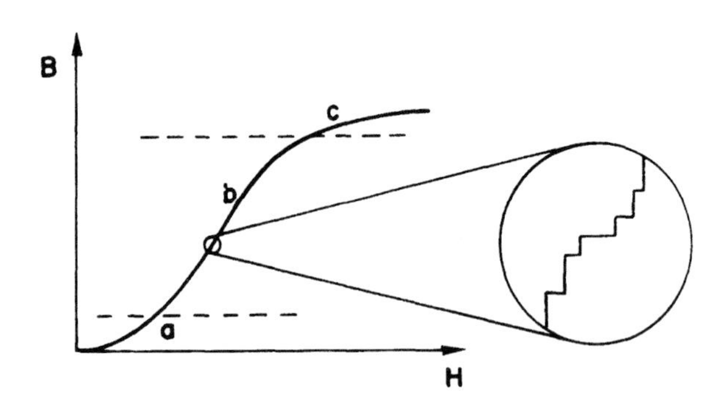

圖 37-10　多晶鐵塊的磁化曲線

下，磁域壁在移動時，很容易被這些缺陷卡住。在磁域壁與錯位、晶界或雜質之間，存在有交互作用的能量。所以當磁域壁遭逢其中之一者，便會卡住，此現象發生於某一磁場強度。當磁場略爲提高時，磁域壁便會突然斷開而通過。所以磁域壁的運動不似在完美單晶情形下的平順無阻，磁域壁的移動會斷斷續續的，一會兒卡住不動，一會兒又立刻掙脫開來、往前移動。若我們在微觀尺度下來觀察磁化行爲，將會看到如圖 37-10 中的放大圖。

值得注意的是，在磁化程序裡，這些個小幅抖動可是會造成能量耗損的。首先，當磁域壁終於克服障礙，開始移動之後，它將快速抵達下一個障礙，這快速移動的原因，是由於此時磁場強度已高於它做平滑移動所需的大小。而快速移動則意謂著，伴隨有快速變化的磁場伴隨，這將在晶體內產生渦電流。這些渦電流在金屬內會造成熱能損耗。其次，當磁域突然改變時，部分晶格會因磁致伸縮而改變長度。每次磁域壁突然的移動，都導致一微幅聲波產生，而將能量帶離。由於上述兩種效應，第二部分的磁化曲線爲**不可逆**，因爲伴隨**有能量的耗損**。這便是遲滯效應的根源，因爲將磁域壁前移（爲突然移動），再將其後移（亦爲突然移動），將產生不同結果。就如同「抖動」摩擦會耗損能量一樣。

最後，在夠強的磁場下，當所有的磁域壁已完成移動，每個晶粒亦沿最佳方向磁化後，仍有部分晶粒的易磁化方向並非與磁場同向。此時，需要較原先高出許多的磁場強度，方能將那些磁矩轉至磁場方向。所以這個階段的磁化緩慢、平滑地增加，即圖中所標示爲 c 的區域。磁化強度並不會急速增加至飽和值，這是因爲在最後一段曲線時，原子磁矩是在強磁場下**轉向**的緣故。

因此，由以上的討論，我們便瞭解了爲何普通多晶材質裡，其磁化曲線（如圖 37-10）在上升初期時，物理過程是可逆的，之後以**不可逆的**方式繼續上升，最後逐漸彎折至飽和值。理所當然的，這三個區域並非可以涇渭分明的清楚劃分開來，而是彼此重疊，由一個區域過渡至另一個區域。

想要證明在磁化曲線的中段，磁化過程是斷斷續續的，即磁域壁的移動是突然的、不平穩的，並不是一件困難的事。你只需要一線圈，含有成千上萬匝的線圈，把它連接至一放大器及一揚聲器，如圖 37-11 所示。若你在線圈中心放置幾片矽鋼片（如變壓器裡所用的），並將一塊磁鐵緩慢移近，則鐵片磁化強度的突然改變，會在線圈上產生電動勢脈衝，傳至揚聲器而發出喀啦聲。當你將磁鐵移至更近之處時，你會聽到一陣連續的喀啦聲湧出，如同傾倒一罐沙子時，沙粒掉落在沙堆上的聲音。這個現象，稱爲**巴克豪森效應**（Barkhausen effect）。

當磁鐵更爲靠近鐵片時，聲響會愈來愈大，持續一陣，直到磁鐵極爲靠近鐵片爲止，聲音才又轉低。爲何會如此？因爲幾乎所有磁域壁都已移動完畢了。此時，磁場縱使再增大，也只能讓磁域的磁化**轉向**，而這種轉向是相當平順的過程，不會產生聲音。

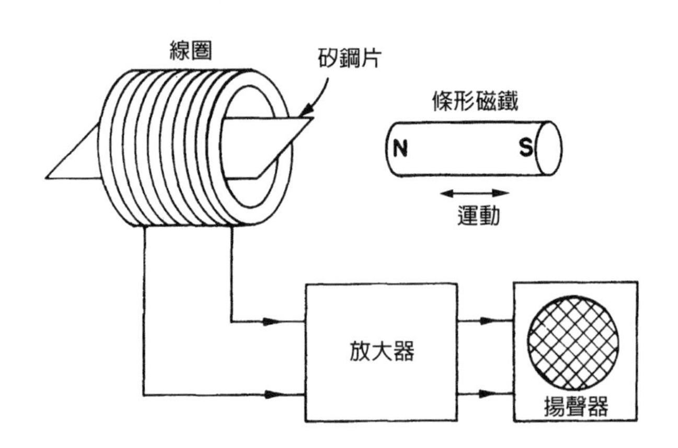

圖 37-11　矽鋼片的磁化強度突然改變時，會聽到揚聲器發出喀啦的聲音。

當你將磁鐵撤離，使得磁化強度沿著遲滯迴線下降，則所有磁域均會試圖重返低能量狀態，此時，你會聽到對應磁域壁返回的斷續運動的一連串噪音。你也會注意到，若你將磁鐵放在某定位，在此定位附近來回移動磁鐵，則不會聽到多少聲音。這又如將沙罐傾倒，一旦沙粒落至定點，罐子本身的輕微晃動，並不會劇烈干擾沙粒。同樣道理，磁場強度的微幅變化，並不足以將一磁域壁推舉翻過鄰近處的任何「突起」。

37-4 鐵磁材料

現在，我們將討論在工業技術上所用的各種磁性材料，以及在各種應用下，設計磁性材料所遭遇到的問題。

首先，「鐵的磁性質」這一名詞，雖然大家都很熟悉，其實是個不正確的說法，這種東西是不存在的。「鐵」並不是個定義明確的材料，鐵材的性質是由其所含的雜質量，以及該鐵材**如何**製成而決定，其性質如何，受以上兩要素影響非常大。你可以理解，材料的磁性，與磁域壁移動的難易程度息息相關，而後者爲材料的**整體**性質，並非個別原子的性質。

因此，實際之鐵磁性，並非等同於鐵**原子**的特性，而是**固體鐵**金屬在**某種型式**下的性質。例如，鐵金屬擁有兩種不同的晶型；常見到的是體心立方晶格，但也可爲面心立方晶格，而後者只有當溫度在 1100℃以上時才穩定。當然，如此的高溫，早已超越了對應於體心立方晶體的居里溫度。然而，若摻入鉻及鎳，使之與鐵形成合金（一種可能的混合比例爲 18% 的鉻及 8% 的鎳），我們可得到所謂的不銹鋼。這種鐵材，雖然主要成分爲鐵，卻可在低溫下維持著面心立方晶格的結構。因爲它具有不一樣的晶格結構，所擁有的磁性質也完全不同。多數的不銹鋼材不具有可察覺的磁性，雖然其中某些種類略爲表現出磁性，視該合金的成分而定。即使當不銹鋼合金帶有磁性，它的**鐵**磁性也不同於普通鐵材，縱使該合金的主要成分爲鐵。

現在，我們要描述幾種特殊的材料，這些材料是爲了某些特別的應用而發展出來的。

首先，若要製造永久磁鐵，我們會希望，所用的材料具有極爲**寬廣**的遲滯迴線，以致於即使電流關閉，磁化場爲零時，仍可維持巨大的磁化強度。對於這樣的材料，我們希望磁域邊界可儘量「凍結」在定位。

一種具有此性質的重要合金便是「鋁鎳鈷 V」（51% 鐵、 8% 鋁、 14% 鎳、 24% 鈷、 3% 銅）。（由此合金相當複雜的組成，可以看出，在發展良質磁鐵方面，人們已投入龐大的心血。可以想見到，需要多少的耐心，將這五種金屬混合在一起，並不斷測試，才能找到最佳組合！）當鋁鎳鈷合金形成固體時，會有許多微小晶粒以「第二相」析出並沉澱於其中，造成高度的內部應變。因此，在該材料裡，磁域邊界極難移動。除了必須具有精準的組成外，鋁鎳鈷合金並以機械方式「加工」，使得晶粒能成型為長條形狀，而此長條方向即是未來磁化的方向。如此，磁化將傾向於沿著長條方向發生，並藉由異向性效應維持此磁化狀態的存在。另外，材料在冷卻結晶的過程中，同時施予一外磁場，使得成長的晶粒能具有正確的晶向。圖 37-12 顯示鋁鎳鈷 V 的遲滯迴線。由圖可看出，其寬度約為我們在前一章圖 36-8 所示的軟鐵遲滯迴線的 500 倍。

接著，我們考慮另一種材料。就製造變壓器及馬達的目的而言，我們希望所用的材料是磁「軟」物質，也就是它的磁性容易受

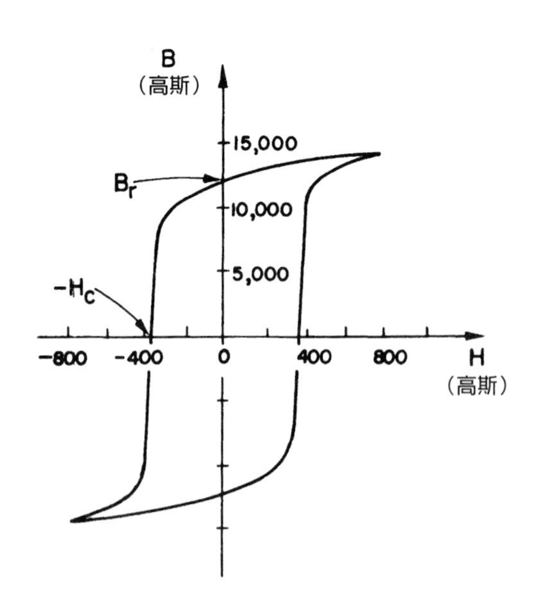

圖 37-12　鋁鎳鈷 V 的遲滯曲線

到改變，只要施以一微量磁場，便可造成巨大的磁化強度。爲了此目的，我們的材料必須具高純度、經過良好的退火處理，使得錯位及雜質都極爲稀少，如此，磁域壁方能容易移動。若能降低異向性，也會是件好事。那麼，即使材料中有一晶粒的晶向，與磁場方向不相符合，此晶粒仍可輕易磁化。記得我們說過，鐵材偏好沿 [100] 方向磁化，鎳材則偏好 [111] 方向；因此，若我們嘗試以各種不同比例來混合鐵及鎳，我們或可預期，在適當的比例下，所形成之合金將不會偏好**任何**特殊方向，[100] 及 [111] 方向將會是等價的。事實上，此現象在鎳占70%、鐵占30%時，便會發生。

另外，或許是幸運，或許是異向性效應與磁致伸縮效應兩者之間，存在某種物理關係，造成鐵與鎳的**磁致伸縮**的正負號恰巧相反。這兩種金屬所形成的合金裡，當鎳成分約占80%時，磁致伸縮性會通過零點。所以當鎳所占的成分爲介於70%與80%之間的某個值時，我們會得到非常磁「軟」的材料，也就是極易磁化的合金。此材料稱爲高導磁合金。高導磁合金很適合用於製作高品質的變壓器（處理低微訊號時），而對製作永久磁鐵則完全不合適。高導磁合金在製作及處理上都得非常謹慎，若承受的應力超過其彈性限度時，其磁性將完全改觀，因此切勿彎折它。否則，由於力學形變所產生的錯位、滑動等等缺陷，將會降低其磁導率。磁域邊界也不再容易移動。藉由高溫退火的處理程序，則可恢復其高磁導率。

通常，爲了方便起見，我們會用幾個數字來標定磁性材料。其中兩項便是遲滯迴線與 B 軸及 H 軸的截距，如圖37-12所標示。這兩截距分別稱爲殘餘磁場（remnant magnetic field）B_r 與矯頑磁力（coercive force）H_c。在表37-1中，我們列有幾種磁性材料的性質參數。

表 37-1 幾種鐵磁材料的性質

材 料	B_r 殘餘磁場（高斯）	H_c 矯頑磁力（高斯）
高磁化合金	(≈ 5000)	0.004
矽鋼（變壓器）	12,000	0.05
亞姆克鐵	4000	0.6
鋁鎳鈷 V	13,000	550.

37-5 非常磁性材料

現在，我們要討論某些較爲奇異的磁性材料。週期表上的許多元素，都擁有未滿的內電子殼層，也因此具有原子磁矩。例如，在鐵磁元素鐵、鎳及鈷附近的鉻與錳就是如此。爲什麼**它們**不具鐵磁性呢？答案是，這些元素的 (37.1) 式中的 λ，具有與鐵磁材料**相反的正負號**。在鉻晶體裡，鉻原子的自旋排列是**一個接一個原子的**上下輪替，如圖 37-13(b) 所示。所以，鉻金屬自亦可謂**具有**「磁性」，只是從技術應用的觀點而言，並不令人感到興趣，這是因爲它無法在金屬**外部**產生磁效應的緣故。

在鉻金屬材料這個例子裡，由於量子力學效應，而使自旋做上下交替的排列。我們稱這類材質是**反鐵磁的**。反鐵磁材料裡的自旋排列，也與溫度有關。在某臨界溫度之下，所有自旋都以上下交替的方式排列，而當此材料加熱至某溫度之上時（此溫度又是居里溫度），自旋排列便突然轉爲無序排列。此刻，材料內發生了突然的轉變，此轉變會在比熱曲線上顯示出來。另外，它也會表現出某些特殊的「磁」效應。例如，可對一鉻晶體做中子散射實驗，以驗證其自旋成交替排列的事實。因爲，中子也帶有自旋（以及磁矩），

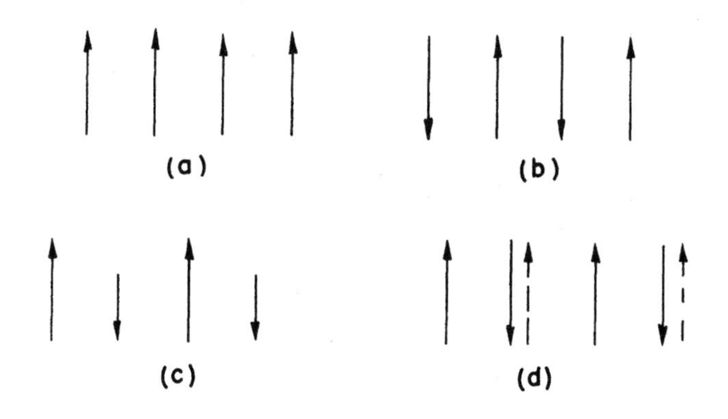

圖 37-13　不同材料中，電子自旋的相對方向：(a) 鐵磁材料，(b) 反鐵磁材料，(c) 次鐵磁材料，(d) 釔鐵合金。（虛線箭頭，表示含軌道運動在內的總角動量的方向。）

視此自旋與散射體的自旋究竟是平行或反向的關係，而影響中子的散射機率幅。因此，當晶格內的自旋呈現交替之排列時，晶體散射的干涉圖樣，將不同於自旋爲無規分布者。

還有一種材料，因量子力學效應的緣故，電子自旋呈交替反向排列，卻仍表現**鐵磁性**，也就是說其晶體具有永久淨磁化。這種材料的結構如圖 37-14 所示。

圖中所示爲**尖晶石**的晶體結構，它是一種鎂鋁氧化物，而且如圖所示，並**不**具有磁性。該氧化物具有兩種金屬原子：鎂及鋁。現在，若我們將鎂及鋁代換爲兩種磁性元素，如鐵及鋅，或鋅及錳，換句話說，如果我們將非磁性原子換爲**磁性**原子，便會發生有趣的事。

我們稱其中一類金屬原子爲 a ，另一類屬原子爲 b ；則我們得考慮下列諸種組合狀況下的交互作用力。有所謂的 a-b 交互作用，試圖將 a 原子與 b 原子，做反向自旋的排列，因爲量子力學總是給

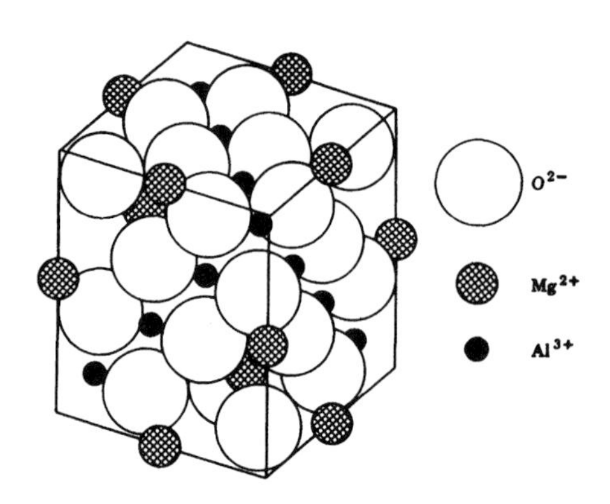

圖 37-14 尖晶石礦物（$MgAl_2O_4$）的晶體結構；Mg^{2+} 離子占據四面體座，每個離子並有四個氧離子環繞；Al^{3+} 離子占據八面體座，每個離子並有六個氧離子環繞。（取自 Charles Kittel, *Introduction to Solid State Physics*, John Wiley and Sons, Inc., New York, 2nd ed., 1956。）

出相反自旋（除了神祕的鐵、鎳、鈷晶體例外）。另外，則有直接的 a-a 交互作用，試圖令 a 類原子的自旋做反向排列；也有 b-b 交互作用，試圖將 b 類原子的自旋做反向排列。當然實際上，我們無法維持每個原子均與其他原子呈反向排列——即 a 與 b 反向，a 與 a 反向，b 與 b 反向。

由於 a 類原子的間隔，以及氧原子的存在（雖然我們對此點並不眞正瞭解），造成事實上 a-b 交互作用強過 a-a 或 b-b。因此，在此材料裡，大自然選擇令 a 類原子**彼此間**的自旋呈**平行**排列，b 類原子**彼此間**的自旋呈**平行**排列，a 類原子與 b 類原子的自旋則爲**反向**排列。因爲 a-b 交互作用較強，這給出最低能量的狀態。其結果爲：a 類原子的自旋全部朝上，b 類原子全部朝下，或兩者互換。若 a 型原子的磁矩與 b 型原子**不相等**，則能得到如圖 37-13(c) 所示的情形，使得材料內存在有淨磁化強度。則材料便具有鐵磁性，雖然較微弱。

這種材料，便稱爲**次鐵磁物**（ferrite）。它們並不具有如鐵材一般高的飽和磁化強度，理由很明顯，所以它們只在較低磁場時有用。但與鐵材等相較，有個極爲重要的差異，它們是絕緣體；也就是說，次鐵磁物爲爲**鐵磁絶緣體**（ferromagnetic insulator）。在高頻磁場時，它們的渦電流極小，因此可用於例如微波系統內。微波場可以進入此絕緣體內，而在鐵材金屬的情形下，由於渦電流的緣故，微波場不得透入其內部。

又有另外一類最近才發現的磁性材料，稱爲**石榴石**（garnet），屬正矽酸鹽類。它們的晶體也含有兩種金屬原子，而這兩種原子與前述尖晶石的狀況相同，幾乎可隨意取代。在許多這類有趣材料中，有一種具有完全的鐵磁性。石榴石的結構裡含有釓及鐵，而它因奇特的理由具有鐵磁性。再一次的，由於量子力學，造成相鄰原子的自旋做反向排列，因此，鐵原子的電子自旋指向某一方向，而釓原子的電子自旋則指向反向，兩者互相鎖定。然而，釓原子非常複雜。它是一種稀土金屬，其磁矩一大部分來自於電子的**軌道**運動。對釓而言，軌道運動的貢獻與自旋部分的貢獻**相反**，且前者大於後者。因此，雖然由於量子力學裡的不相容原理，使得釓的**自旋**與鐵相反，然而卻因軌道效應，造成釓原子的**總**磁矩與鐵平行，如圖 37-13(d) 所示。因此該複合物爲正常的鐵磁材料。

另一有種趣的鐵磁性也是來自稀土元素。其性質與自旋的奇特排列有關。這種材料，若根據所有自旋需爲平行才具磁性的觀點來看，它並不具有鐵磁性，若根據所有相鄰自旋必須反向的觀點，亦非爲反鐵磁性。在此類晶體裡，**在某一層中**，所有的自旋均爲平行，且平臥於該層所在的平面。在下一層中，所有自旋再度彼此平行，但指向則與前一層略為不同。再下一層中，指向又是另一個方向，與前兩層均不同，等等。結果便是，局部磁化向量的變化如同螺旋一般變化，當我們沿著垂直各層的方向行進時，發現磁矩逐層旋轉。若試圖分析，在外加磁場下，此螺旋分布會是如何改變，將會發現極有趣的現象，眾原子磁矩必定會發生扭曲及轉折。（有些人便**喜好**在這些現象的理論上下工夫，以娛樂自己！）

其實，不只是存在上述「平躺式」的螺旋結構，在其他例子裡，磁矩方向的逐層變化，可以映射對應至一圓錐體，也就是不但水平分量的逐層變化呈螺旋分布，也有均勻的垂直分量變化，因而給出該方向的鐵磁性！

材料的磁性質放在比起此處更為深入的層次來探討時，可令各個不同背景的物理學家均感興趣。首先是那些具實用傾向、喜歡找出辦法改善現狀的人，他們喜愛設計出更好用、更有趣的磁性材料。次鐵磁物之類物質的發現及其應用，便讓這班人興奮不已，因為它們提供了更聰明的途徑，讓今日技術做應用。

除了這班人之外，另有一類人，對於自然界只需使用少數幾個基本法則，便能建構出極為複雜的現象，深感著迷。由同樣的概念出發，大自然給出了鐵材的鐵磁性與磁域結構，給出了鉻材的反鐵磁性，給出了次鐵磁物及石榴石的磁性質，給出了稀有元素的螺旋磁矩變化，種種例子，不勝枚舉。這些材料的有趣特性，不停的在實驗中讓人發現，真是令人驚奇。

相對的，對於理論物理學家而言，鐵磁性代表了一系列很有意思的、有待解決的漂亮挑戰。其中之一便是，鐵磁性究竟為何會存在。另一個挑戰便是，預測在理想晶格內彼此交互作用的自旋的統計性質。即使忽略任何可能存在的額外因素，這個問題到目前為止尚未能完全解出。此問題之所以引人入勝，在於問題的敘述本身非常單純，如下所述：考慮一規則晶格上的眾多電子自旋，彼此之間按某種定律而有交互作用，這些電子的自旋會是如何？這是簡單的敘述，多年來卻尚未有人給出完整的分析。雖然，當溫度與居里溫度有段差距時，已有極為仔細的分析，然而在居里溫度時，所發生的突然轉變，則還需進一步的理論工作來加以釐清。

最後，自旋原子磁矩系統這整個主題，無論是鐵磁材料、順磁材料或是核磁，對於物理系高年級學生而言，都是迷人的問題。自旋系統可以外加磁場推拉搓揉，因此可在該系統上玩許多花樣，如共振、弛豫效應、自旋回波及其他效應。所以可充當其他許多複雜的熱力學系統的原型。在順磁材料裡，情況通常極為單純，人們一直很喜歡以它為對象，進行實驗並對其現象提出理論解釋。

現在，讓我們結束對電學及磁學的討論。在第1章，我們談及，自從古希臘人觀察到琥珀與磁石的奇特行為以來，電磁領域裡的各項重大進展。然而，在我們又長又複雜的討論之後，仍未曾解釋，**為何琥珀在摩擦後會帶有電荷**，也未曾交待，**為何磁石會帶有磁性**！你可能會說：「哦，我們只不過未將正負號弄對罷了。」不對，實際情況比這要糟。即使我們弄對了正負號，依然存在下列問題：為何地上的磁石會被磁化？當然，是由於地球本身具有磁場，但是，**地球的磁場又從何而來**？誰也不知道，只有一些還不錯的猜測。所以說，我們現今的物理還有不少有待澄清之處，我們由試圖瞭解磁石與琥珀的現象出發，最終卻仍然無法理解以上兩種現象的成因。但是，在過程中，我們確實**已經**獲得了大量有趣及有用的資訊，而並非徒勞無功！

第38章 彈性學

38-1 虎克定律
38-2 均勻應變
38-3 扭棒；切變波
38-4 曲樑
38-5 皺屈

38-1 虎克定律

彈性學是在處理某些物質的行爲，那些物質具有如下的特性，當造成那些物質產生形變的力給移除之後，它們的尺寸及外形都會恢復原狀。我們發現，所有固體或多或少都具有以上的彈性性質。

若時間充裕，允許我們詳細處理這主題，我們會希望觸及許多子題：材料的行爲、廣義的彈性定律、廣義的彈性理論、決定彈性性質的微觀原子機制，最後是，當外力大至造成塑性流與斷裂發生時，彈性定律的極限情形。這將會需要比預計更多的時間，來仔細討論這些子題，因此，我們必須略過其中一些不提。例如，我們將不談塑性，以及彈性定律的極限。（之前，當我們討論金屬中的錯位時，曾簡短觸及這些問題。）同時，我們也無法討論彈性的內在機制，因此在這一章中，我們對這主題的處理，將無法如同前面章節般完整。我們的目標，主要爲了讓你熟悉，在處理實用的問題（如曲樑）時，某些常用的方法。

當你推擠一塊材料時，它會「彎曲」，也就是說，這塊材料會變形。當外力夠小時，材料中各點的相對位移會與外力成正比，我們稱爲**彈性**行爲。本章只談論彈性行爲。首先，我們將寫下彈性學的基本定律，之後，再將其應用於幾種不同的狀況。

考慮一長方塊物體，長爲 l 、寬爲 w 、高爲 h ，如圖 38-1 所示。若在兩端施以 F 的拉力，則長度會增加 Δl 。我們假設，在所有的舉例裡，長度變化僅是原始長度的一小部分。事實上，有些材

請複習：第 I 卷第 47 章〈聲音與波動方程式〉。

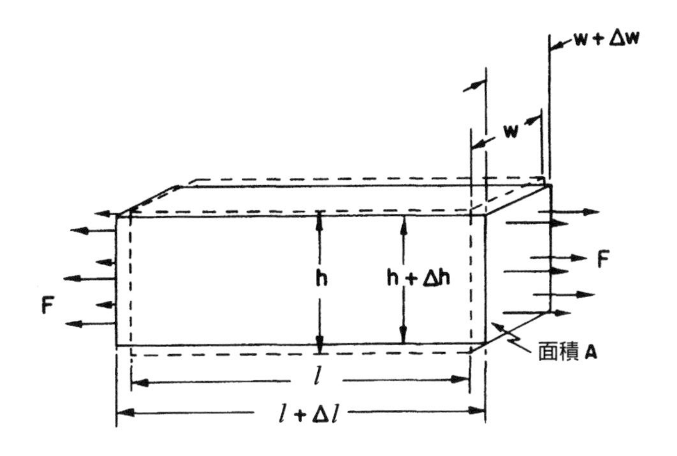

圖 38-1 條狀物體在均勻張力下的延展情形

料，如木材及鋼材，若長度的變化大於原始長度的幾個百分點，物體便會斷裂。對於大部分的材料而言，從實驗上得知，當物體伸展程度夠小時，施力會與伸展長度成正比，即

$$F \propto \Delta l \tag{38.1}$$

這關係稱為**虎克定律**（Hooke's Law）。

延伸量 Δl 也與原始長度有關。我們可用下列論證來推導。若將兩相同物體，背對背黏為一體，以跟原先相同的力施於兩端，則每一物體的受力狀況並沒有改變，因此每個物體的延展量均為 Δl。所以，長度為 $2l$ 的物體，其延展量將為一個截面積相同、但長度為 l 的物體的 2 倍。由此得知，若欲得出一個只描述物性，而與特定外型無關的數量，我們可選用 $\Delta l/l$，即延展量對原始長度的比值，來描述應變。這個比值與力成正比，而與 l 無關：

$$F \propto \frac{\Delta l}{l} \tag{38.2}$$

此外，外力 F 也與物體的截面積有關。設想我們將兩物體並肩排列，則對於某給定的延展量 Δl，每一物體所受的力均為 F，所以兩個物體所受的總力為兩倍之多。因此，對於某給定的延展量，所受的力必然與物體的橫截面積 A 成正比。對一個長方形物體，欲寫下對應的彈性方程，且其中的比例係數與物體的尺寸無關，由以上的討論，此方程即為下列形式的虎克定律：

$$F = YA\frac{\Delta l}{l} \tag{38.3}$$

此處，常數 Y 僅由材料的性質所決定，而與物體外型無關，它稱為**楊氏模數**（Young's modulus）。（你會發現，楊氏模數通常是以字母 E 代表。但因此處我們已用 E 代表電場、能量及電動勢，所以我們選用了不同的字母。）

每單位面積所承受的力，稱為**應力**（stress）；而每單位長度的伸長量，即伸長量與原長度的**比值分**，稱為**應變**（strain）。(38.3)式可改寫如下：

$$\frac{F}{A} = Y \times \frac{\Delta l}{l} \tag{38.4}$$

應力 = (楊氏模數) × (應變)

虎克定律尚有另一部分：當你沿某方向**拉長**物體時，在垂直方向上會產生**收縮**變形。此側向收縮量與 $\Delta l/l$ 成正比。又，此側向收縮，若在沿寬度的方向上，與 w 成正比，而在沿高度方向上，則與高度成正比，通常寫為

$$\frac{\Delta w}{w} = \frac{\Delta h}{h} = -\sigma\frac{\Delta l}{l} \tag{38.5}$$

此處，常數 σ 為材料的另一項性質，稱為**帕松比**（Poisson's ratio）。它的值永為正數，且數值小於 1/2。（σ 通常為正值，這一事實雖是「合理」的，但我們並不清楚為何它「必須」如此。）

以上兩個常數，Y 及 σ，便完全決定了一個**均向性**材料（即非晶材料）的彈性性質。在晶體材料裡，伸長及收縮與方向有關，因此，會多出許多彈性常數來。目前，我們暫時將討論對象局限於均向性材料，只需用 Y 及 σ 描述性質。而如經常發生的，描述物性的方式不只一種，某些人喜好使用不同常數來描述材料的彈性性質，但是用到的常數必定為兩種，且都與 Y 及 σ 有關。

最後所需的定律便是疊加原理。由於 (38.4) 及 (38.5) 兩定律中，力與位移成線性關係，因此可使用疊加原理。若你有一組施力，以及對應的一組位移，之後，又加上另一組施力，而給出額外的位移，那麼，總位移會等於這兩組施力個別施加於物體上所得到的個別位移的總和。

現在，我們擁有了所有的廣義原理——疊加原理，以及 (38.4) 與 (38.5) 兩式，原則上，這些便是全部的彈性學。但這就像是說，一旦你有了牛頓定律，你便有了力學。或者，有了馬克士威方程，你便有了電學。當然，沒錯，有了這些原理，你就擁有許多武器，這是因為加上你目前的數學能力，你便可使用這些原理深入探討相關問題。然而，底下我們仍需要解出幾個特例，做為示範。

38-2 均勻應變

第一個例子裡，讓我們探討，在均勻流體靜壓下的長方形物體會變得如何。設想，將這個物體置於壓力槽的水面下。則在物體的每一表面上，均有一與面積成正比的力向內擠壓（見圖 38-2）。因

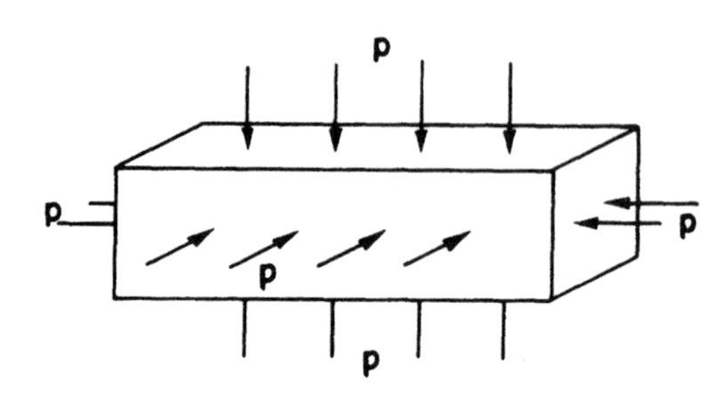

圖 38-2 均勻流體靜壓下的條狀物體

爲流體靜壓是均勻的，每個表面上承受的**應力**（每單位面積的力）都應相等。首先，我們先算出長度的變化。物體的長度變化，可視爲下列三個彼此獨立的問題裡對應長度變化的總和，如圖 38-3 所示。

問題 1 ：若在物體左右兩端施以壓力 p ，則壓縮應變爲 p/Y ，並爲負值，

$$\frac{\Delta l_1}{l} = -\frac{p}{Y}$$

問題 2 ：若在物體前後兩側施以壓力 p ，則壓縮應變不變，仍爲 p/Y ，但我們想計算此應力沿水平方向給出的應變。這可將側向應變，乘以 $-\sigma$ 得出。側向應變爲

$$\frac{\Delta w}{w} = -\frac{p}{Y}$$

所以，

$$\frac{\Delta l_2}{l} = +\sigma\frac{p}{Y}$$

問題 3 ：若我們在上下兩側施以壓力，則對應的壓縮應變仍爲 p/Y ，側向應變也仍爲 $-\sigma p/Y$ 。我們得到

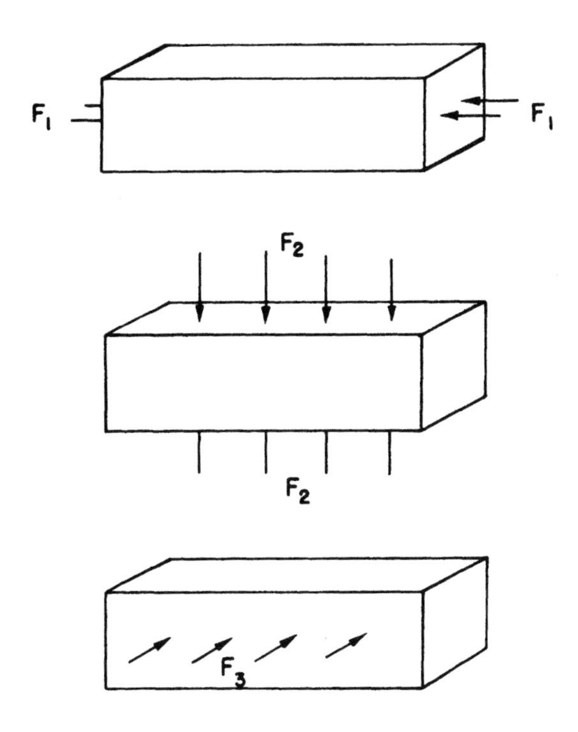

圖 38-3 流體靜壓可視為三個縱向壓縮的疊加

$$\frac{\Delta l_3}{l} = +\sigma \frac{p}{Y}$$

將以上三個問題的答案結合起來，亦即，令 $\Delta l = \Delta l_1 + \Delta l_2 + \Delta l_3$，得出

$$\frac{\Delta l}{l} = -\frac{p}{Y}(1 - 2\sigma) \tag{38.6}$$

由於本例在三個方向的情況相同，具有對稱性；接下來有

$$\frac{\Delta w}{w} = \frac{\Delta h}{h} = -\frac{p}{Y}(1 - 2\sigma) \tag{38.7}$$

流體靜壓下的**體積**變化，也是有趣的問題。由於 $V = lwh$ ，對於微小的位移，我們可寫爲

$$\frac{\Delta V}{V} = \frac{\Delta l}{l} + \frac{\Delta w}{w} + \frac{\Delta h}{h}$$

使用 (38.6) 及 (38.7) ，我們得

$$\frac{\Delta V}{V} = -3\,\frac{p}{Y}\,(1 - 2\sigma) \tag{38.8}$$

人們喜歡將 $\Delta V/V$ 稱爲**體應變**，而寫爲

$$p = -K\,\frac{\Delta V}{V}$$

體應力與體應變會成正比，又是一個虎克定律。其中，係數 K 稱爲**體彈性模數**（bulk modulus），可以用其他常數表示：

$$K = \frac{Y}{3(1 - 2\sigma)} \tag{38.9}$$

由於 K 具有實用價值，許多手冊列出的是 Y 及 K ，而非 Y 及 σ 。若你想知道 σ ，使用 (38.9) 式即可得出。由 (38.9) 式，我們也可看出，帕松比（σ）必須小於二分之一。否則，體彈性模數 K 將爲負值，便會發生奇怪的現象，例如，在壓力增加的情況下，材料會膨脹。這意謂著，我們將可**由**老舊物體取得力學能，也就是物體處於不穩定的平衡中。一旦物體開始膨脹，便會持續下去，且伴隨著能量的釋出。

現在，讓我們考慮，當你對某物體施以「切」應變時，情況會是如何。所謂的切應變，指的是圖 38-4 中所示的畸變。在考慮這個情況之前，我們先來檢視圖 38-5 所示的狀況。圖中的**立方體**材料，承受來自數個方向的應力。與之前的例子一樣，我們可將它拆分爲

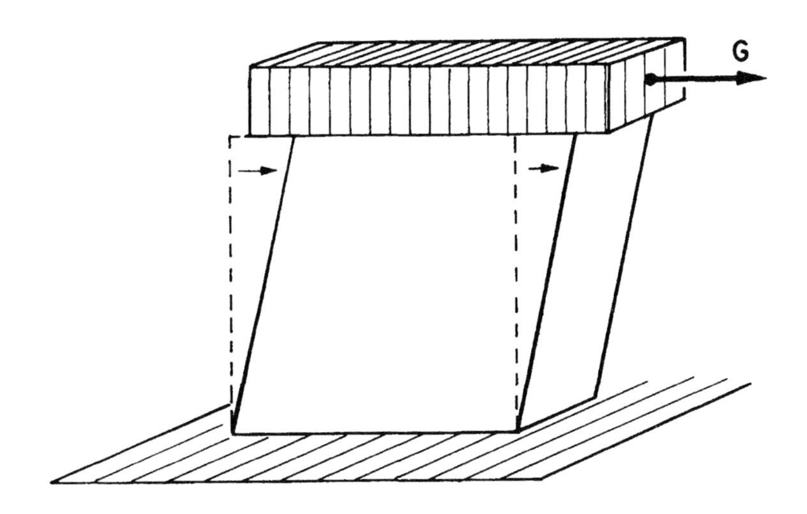

圖 38-4 處於均勻切應變下的正立方體

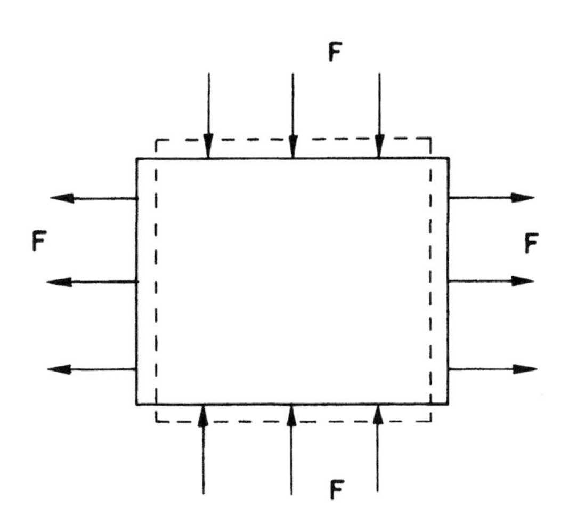

圖 38-5 圖中的立方體，上下方承受壓縮力，左右兩側也承受相等的拉伸力。

兩個問題：沿垂直方向的擠推，以及水平方向的拉扯。令 A 為立方體一面的面積，則沿水平方向的長度改變為

$$\frac{\Delta l}{l}=\frac{1}{Y}\frac{F}{A}+\sigma\frac{1}{Y}\frac{F}{A}=\frac{1+\sigma}{Y}\frac{F}{A} \tag{38.10}$$

在垂直方向的高度改變，與上式結果只相差了一個負號。

現在，設想仍然為原立方體，但施以圖 38-6(a) 中所示的切力。請注意到，這幾個力必須相等，使得淨力矩為零，物體保持在平衡狀態。（圖 38-4 中，施力的狀況也類似，否則方塊便無法保持平衡。這些力是由將物體固定在桌面的「黏膠」所供應。）我們說物體處於純然切應變的狀態。但是請注意到，若我們由某 45 度面切剖立方體，例如沿圖中的 A 對角線，則作用於此平面的總力會**垂直**於此面，且其值等於 $\sqrt{2}\,G$。而受力面積為 $\sqrt{2}\,A$；因此，垂直此平面的張應力為 G/A。同理，若我們檢視另一個 45 度角的平面，沿圖中的對角線 B，我們會發現對應有壓縮應力垂直作用於該平面，其值等於 $-G/A$。由以上討論，可看出，在「純然切應變」的情況裡，所承受的**應力**等價於一組大小相等、彼此垂直的張力與壓縮應力，作用於與原立方體表面成 45 度的平面上。此時，立方體內部的應力與應變，與一受力情形如圖 38-6(b) 的較大物塊相同。而後者的情形，我們在之前即已經解出。因此沿對角線的長度變化，由 (38.10) 式，為

$$\frac{\Delta D}{D}=\frac{1+\sigma}{Y}\frac{G}{A} \tag{38.11}$$

（一條對角線會縮短，另一條則會拉長。）

通常，為了方便起見，會將切應變以立方體受扭曲的角度來表

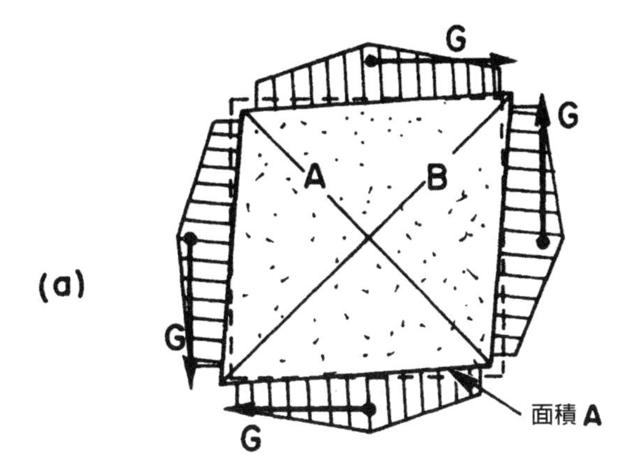

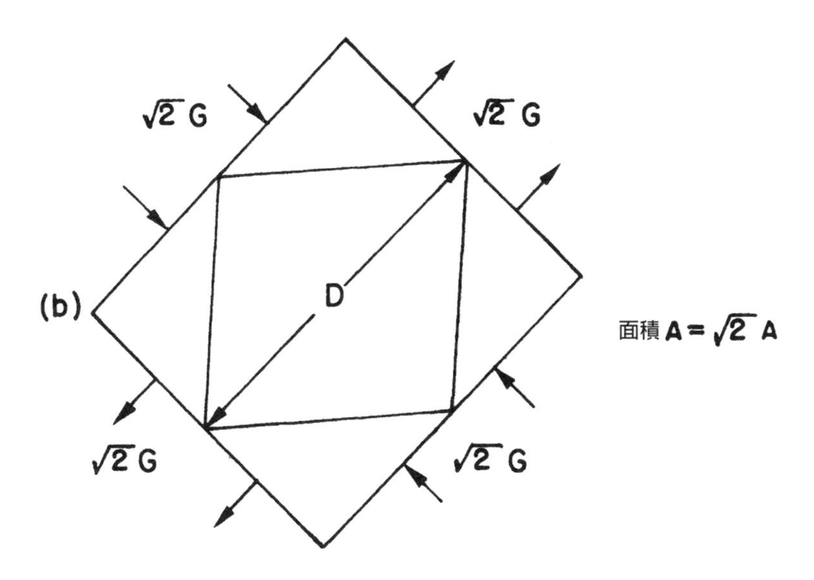

圖 38-6 在 (a) 中的兩對切力所產生的應力，與 (b) 中一對壓縮力與一對拉伸力產生的總應力相同。

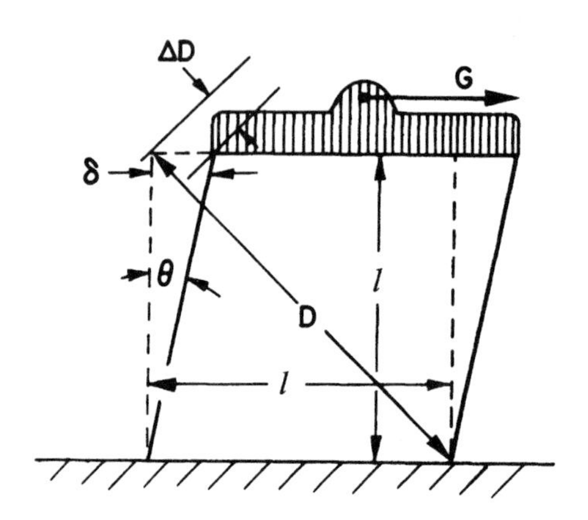

圖 38-7　切應變 θ 為 $2\ \Delta D/D$

示，即圖 38-7 中的角度 θ。由圖中的幾何關係，即可看出，方塊上邊緣的水平偏移量 δ 等於 $\sqrt{2}\ \Delta D$。因此

$$\theta = \frac{\delta}{l} = \frac{\sqrt{2}\ \Delta D}{l} = 2\ \frac{\Delta D}{D} \tag{38.12}$$

切應力 g，定義為一物體表面所受的切向力除以面積，$g = G/A$。把 (38.11) 式代入 (38.12)，得

$$\theta = 2\ \frac{1 + \sigma}{Y}\ g$$

或者，將此式寫為「應力 = 常數乘以應變」，

$$g = \mu\theta \tag{38.13}$$

此處的比例係數 μ 稱為**切變模數**（shear modulus），或者有時候稱為剛性係數（coefficient of rigidity）。以 Y 及 σ 表示，為

$$\mu = \frac{Y}{2(1+\sigma)} \tag{38.14}$$

附帶說明，切變模數必須爲正值，否則，你便可由一個產生自切應變的物體獲得能量了。由 (38.14) 式知道 σ 必然大於 -1。因此，總結可得，σ 必須介於 -1 及 $+\frac{1}{2}$ 之間；事實上，它總是大於零。

最後一個例子的這類情形裡，材料內各處的應力是均勻的，現在我們來討論一個物體，一方面承受著拉伸力，另一方面，**限制**它不發生橫向的收縮。（由技術面而言，較容易的做法是，施予壓縮的力，並同時防止側面隆起——這情況其實是同一個問題。）會發生什麼情形呢？當然，必須存在有側向的力，以防止該方向的長度發生改變，這力的大小無法立即寫出，而必須根據本問題所給的條件加以計算。這問題與稍早已處理過的問題具有相同的本質，只有計算的代數過程略有差異。我們可想像，物體在三個方向上都受力，如圖 38-8 所示；我們計算物體在尺寸上的變化，並調整側向的力，使得寬度與高度維持不變。依循之前引用的論證，我們得出三方向的應變如下：

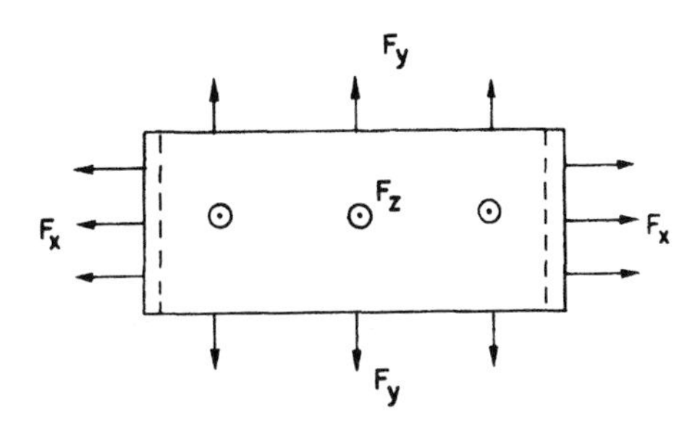

圖 38-8　僅沿一方向伸展，但不容許在其他兩個方向上產生收縮。

$$\frac{\Delta l_x}{l_x}=\frac{1}{Y}\frac{F_x}{A_x}-\frac{\sigma}{Y}\frac{F_y}{A_y}-\frac{\sigma}{Y}\frac{F_z}{A_z}=\frac{1}{Y}\left[\frac{F_x}{A_x}-\sigma\left(\frac{F_y}{A_y}+\frac{F_z}{A_z}\right)\right] \tag{38.15}$$

$$\frac{\Delta l_y}{l_y}=\frac{1}{Y}\left[\frac{F_y}{A_y}-\sigma\left(\frac{F_x}{A_x}+\frac{F_z}{A_z}\right)\right] \tag{38.16}$$

$$\frac{\Delta l_z}{l_z}=\frac{1}{Y}\left[\frac{F_z}{A_z}-\sigma\left(\frac{F_x}{A_x}+\frac{F_y}{A_y}\right)\right] \tag{38.17}$$

現在，由於已經假定 Δl_y 及 Δl_z 爲零，所以，從 (38.16) 及 (38.17) 兩式可將 F_y 及 F_z 關連到 F_x。將該二式聯立解出，我們得

$$\frac{F_y}{A_y}=\frac{F_z}{A_z}=\frac{\sigma}{1-\sigma}\frac{F_x}{A_x} \tag{38.18}$$

代入 (38.15) 式，得

$$\frac{\Delta l_x}{l_x}=\frac{1}{Y}\left(1-\frac{2\sigma^2}{1-\sigma}\right)\frac{F_x}{A_x}=\frac{1}{Y}\left(\frac{1-\sigma-2\sigma^2}{1-\sigma}\right)\frac{F_x}{A_x} \tag{38.19}$$

通常，此式會倒過來，之後，將 σ 的二次式做因式分解，成爲

$$\frac{F}{A}=\frac{1-\sigma}{(1+\sigma)(1-2\sigma)}\,Y\,\frac{\Delta l}{l} \tag{38.20}$$

可以看出，當我們對側向設限時，則在虎克定律中，楊氏模數需乘以一個 σ 的複雜函數。而由 (38.19) 也很容易看出，Y 之前的因子必然大於 1。此意謂著，當橫側面固定時，要將物體拉長是更加的困難，也就是當側面固定時，物體變得較爲堅韌。

38-3 扭棒；切變波

我們現在將注意力轉回到一個較複雜的例子：材料內部各處的應力可有不同之值。我們考慮一扭轉軸，如同你有時在機械裡見到的驅動軸，或在精密儀器中使用的石英微絲懸置。你或許已由扭擺實驗裡得知，扭轉軸上的**力矩**與扭轉**角度**成正比，而比例常數，顯然應與扭棒長度、扭棒半徑及材料性質有關。問題是：它們是以何種方式相關？我們現在已有能力回答，這僅需解出某些幾何問題。

圖 38-9(a) 顯示一圓柱體，長度為 L 、半徑為 a ，兩端之間相對的扭轉角度為 ϕ 。若我們想將此圓柱裡的應變，用我們已討論過的來表示，則可想像該物體是由許多圓柱殼體所構成，而對每一殼體分別做計算。首先，檢視一個半徑為 r（小於 a），厚度為 Δr 的圓柱薄殼，如圖 38-9(b) 所示。現在，考慮此殼體上的一小片正方形，可看出在圓柱扭轉之下，此正方形變形為平行四邊形。也就是說，圓柱上每一這類元素都遭遇到切應變，且切應變角度 θ 為

$$\theta = \frac{r\phi}{L}$$

因此，材料裡的切應力 g 為（由 (38.13) 式）

$$g = \mu\theta = \mu\frac{r\phi}{L} \tag{38.21}$$

切應力為正方形兩端的切向力 ΔF 除以兩端側面的面積 $\Delta l\Delta r$（見圖 38-9(c)）

$$g = \frac{\Delta F}{\Delta l\Delta r}$$

而正方形兩端的受力 ΔF ，對以圓柱中心軸為轉軸的運動而言，

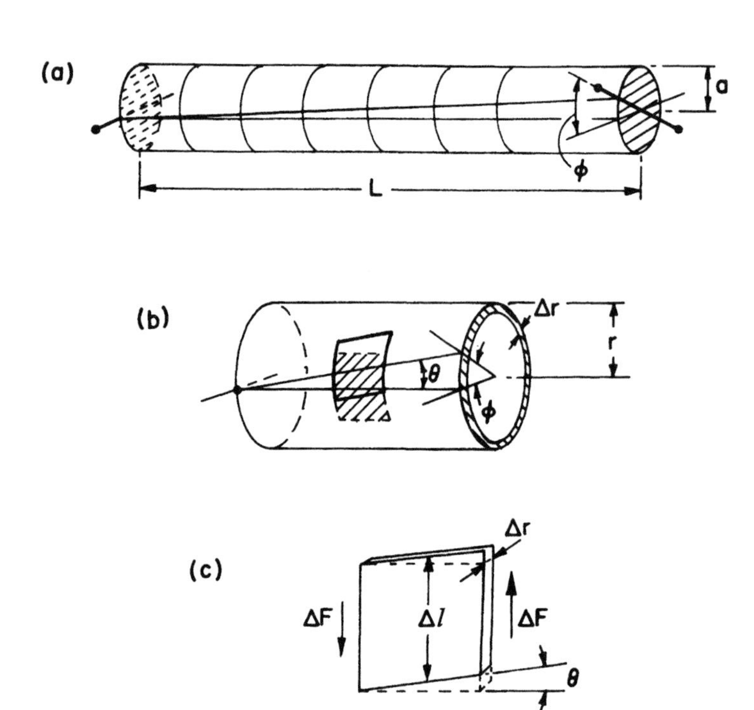

圖 38-9　(a) 扭轉下的圓柱體；(b) 扭轉下的圓柱薄殼體；(c) 殼體上，每一小片正方形均在切應變之下。

將會貢獻一力矩 $\Delta\tau$ 如下：

$$\Delta\tau = r\,\Delta F = rg\,\Delta l\,\Delta r \tag{38.22}$$

沿殼體一周，對以上的力矩求總和，即為總力矩 τ。因此，將所有正方形計入，得 Δl 的總和為 $2\pi r$，對**中空管**（圓柱殼體）而言，這給出總力矩 τ

$$rg(2\pi r)\,\Delta r \tag{38.23}$$

或者，由(38.21)式，

$$\tau = 2\pi\mu \frac{r^3 \Delta r\phi}{L} \tag{38.24}$$

我們得出，中空管的旋轉堅度 τ/ϕ ，與半徑 r 的立方及厚度 Δr 成正比，而與長度 L 成反比。

現在，可將一實心的圓柱體，視爲一系列同軸圓柱殼體所構成，其中每一殼體的扭轉角度均爲 ϕ 。（雖然，每一殼體的內應力均不相同）。總力矩便等於各殼體力矩的和，對**實心**柱體而言，有

$$\tau = 2\pi\mu \frac{\phi}{L} \int r^3\, dr$$

此處的積分範圍，由 $r = 0$ 至 $r = a$ ，即圓柱體的半徑。算出積分，得

$$\tau = \mu \frac{\pi a^4}{2L} \phi \tag{38.25}$$

因此，對於受到扭轉的圓柱體，力矩與扭轉角度成正比，也與半徑的**四次方**成正比，若圓柱體厚度增爲2倍，則旋轉堅度隨之增爲16倍。

在離開扭轉問題之前，讓我們將以上所學應用於一個有趣問題：扭波（torsional wave）。若你找來一根很長的圓柱體，迅速扭轉一端，則將產生一扭波，沿著圓柱行進，如圖38-10(a)所示。這個情況要較一固定不變的扭轉狀態更爲有趣，我們來看看，是否可導出此扭波的運動情形。

令 z 爲自圓柱一端算起，沿圓柱軸至某點的距離。對於一靜態扭轉而言，無論此點離端點的距離爲多少，此點所在位置的橫截面上的力矩爲恆定，且正比於 ϕ/L ，即總扭轉角度對總長度的比值。對物體而言，重要的則是局部扭應變爲 $\partial\phi/\partial z$ ，這結果應該是可瞭

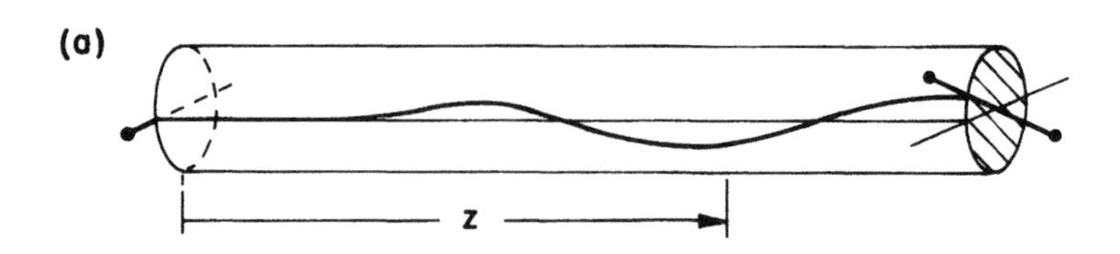

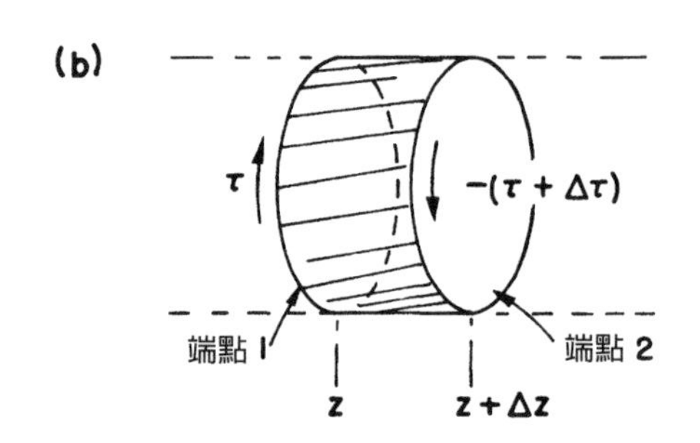

圖 38-10　(a) 圓柱體上的扭波；(b) 圓柱體裡的體積元素。

解的。當沿著圓柱體的扭轉並非均勻時，我們應將 (38.25) 式代換爲

$$\tau(z) = \mu \frac{\pi a^4}{2} \frac{\partial \phi}{\partial z} \tag{38.26}$$

現在，檢視在圖 38-10(b) 中所放大，長爲長度元素 Δz 的圓柱截面單元。在此薄層物塊的端點 1，力矩爲 $\tau(z)$，而在端點 2，力矩變爲 $\tau(z + \Delta z)$。當 Δz 夠小時，我們可用泰勒展開式而得到

$$\tau(z + \Delta z) = \tau(z) + \left(\frac{\partial \tau}{\partial z}\right) \Delta z \tag{38.27}$$

又，作用在介於 z 及 $z + \Delta z$ 之間圓柱截面層的淨力矩 $\Delta\tau$，顯然應爲 $\tau(z)$ 及 $\tau(z + \Delta z)$ 之差，或 $\Delta\tau = (\partial \tau/\partial z)\, \Delta z$。將 (38.26) 式微分，我們得

$$\Delta\tau = \mu \frac{\pi a^4}{2} \frac{\partial^2 \phi}{\partial z^2} \Delta z \tag{38.28}$$

此淨力矩的效應，便是給出這層圓柱體的角加速度。而該層的質量爲

$$\Delta M = (\pi a^2 \Delta z)\rho$$

此處，ρ 爲材料密度。在第 I 卷第 19 章，曾導出一圓柱的轉動慣量爲 $mr^2/2$；若稱圓柱截面層的轉動慣量爲 ΔI，則有

$$\Delta I = \frac{\pi}{2} \rho a^4 \Delta z \tag{38.29}$$

牛頓定律告訴我們，力矩等於轉動慣量乘以角加速度，也就是

$$\Delta\tau = \Delta I \frac{\partial^2 \phi}{\partial t^2} \tag{38.30}$$

將以上諸結果總結起來，得

$$\mu \frac{\pi a^4}{2} \frac{\partial^2 \phi}{\partial z^2} \Delta z = \frac{\pi}{2} \rho a^4 \Delta z \frac{\partial^2 \phi}{\partial t^2}$$

或

$$\frac{\partial^2 \phi}{\partial z^2} - \frac{\rho}{\mu} \frac{\partial^2 \phi}{\partial t^2} = 0 \tag{38.31}$$

你可看出，上式恰好是一維波動方程式。我們得知，扭波將以

$$C_{\text{切變波}} = \sqrt{\frac{\mu}{\rho}} \tag{38.32}$$

的速率，沿圓柱體傳播下去。若圓柱體**愈緻密**，旋轉堅度相同，則**波速愈慢**；反之，若圓柱體的旋轉**堅度愈大**，波動往下傳播得也愈快。又，波速與圓柱體直徑大小**無關**。

扭波是**切變波**的特例。一般而言，切變波所對應的應變並不改變物體中任何部分的**體積**。在扭波裡，切應力呈現某一特定的分布，亦即圓形的分布。但無論切應力的分布如何，波動的行進速度均相等，等於 (38.32) 式所給出的速度。例如，地震學家在地球內部所發現的切變波即是如此。

固態材料內部的彈性世界裡，存在有另一種波動。若你推擠一物體，便可產生一「縱」波，又稱爲「壓縮」波動。它們就如同空氣或水裡的聲波，位移與波動傳播方向一致。（在彈性物體的表面，還存在有其他種類的波動，稱爲「瑞立波」或「洛夫波」。在這些波中，應變既非純縱向、亦非純橫向。但我們的時間不夠充裕，因此不予討論。）

趁現在討論波動問題時，我們想問，在**大塊**固體，例如地球，其中純壓縮波的波速爲何？我們強調「大塊」，是因爲在一粗厚物體中的聲速，與細圓柱體中不同。所謂「粗厚」，意指物體的橫向尺寸遠大於聲波的波長。如此，則當我們推壓一物體時，它不能做橫向的膨脹，僅可沿著單一方向產生壓縮。幸運的是，我們前面所討論的特例裡，已導出一受限制的彈性材料的受壓縮行爲。我們在第 I 卷第 47 章也曾推得氣體中的聲速。由相同之論證，你可以看出，固體裡的聲速應等於$\sqrt{Y'/\rho}$，此處，Y' 爲「縱向模數」，也就是壓力除以長度的相對變化，以上定義係應用在受限制彈性物體的情形下。這即是 (38.20) 式中，$\Delta l/l$ 對 F/A 的比。因此，縱波波速爲

$$C^2_{\text{縱波}} = \frac{Y'}{\rho} = \frac{1-\sigma}{(1+\sigma)(1-2\sigma)}\frac{Y}{\rho} \tag{38.33}$$

只要 σ 是介於 0 與 1/2 之間，切變模數 μ 就小於楊氏模數 Y，又因 Y' 大於 Y，所以

$$\mu < Y < Y'$$

這意謂著，縱波的行進較切變波快。測量物質彈性常數，最精確的方法之一，便是量測材料的密度，以及以上兩類波動的速度。由這些資訊，便可得到 Y 及 σ。附帶說明，地震學家決定觀測站至震央距離的方法，便是藉由測量由震央傳遞至觀測站的兩種震波抵達時間的差異，即使只有單一觀測站的信號就夠了。

38-4 曲樑

現在，我們要檢視另一個實例，棒子或樑柱的**彎曲**問題。當我們彎折一個截面爲任意形狀的條狀物體時，力的分布狀況會是如何？我們將以圓形截面的柱體爲例來解出問題，但我們的解答將適用於任意形狀的柱體。爲節省時間，我們將忽略某些細節，因此所導出的理論將只是一種近似。只在彎曲半徑遠大於樑柱厚度時，我們的結果才成立。

設想你拿著一柱狀體的兩端，並將它彎折成某種曲線，如圖38-11所示。柱體內部會是什麼狀況呢？當然，當它彎曲時，意謂著曲線內側的材料受到壓縮，而外側材料則受展延。沿著柱體的中心軸，大約與之平行，存在有一曲面，既非壓縮亦非展延。這稱爲**中立**面。你會預期此曲面靠近截面的「中間」。對於簡單柱體做輕微彎折時，中立面通過截面的「重心」，這是可以證明的（但此處從缺）。這只有在「純」彎曲的情況下才成立，也就是說，當你不是同時展延或壓縮樑柱時。

純彎曲時，圖38-12(a)顯示柱體的某一小段，彎曲情形如圖所示。中立面以下，材料承受壓縮應變，大小**與**到中立面的**距離成正比**；

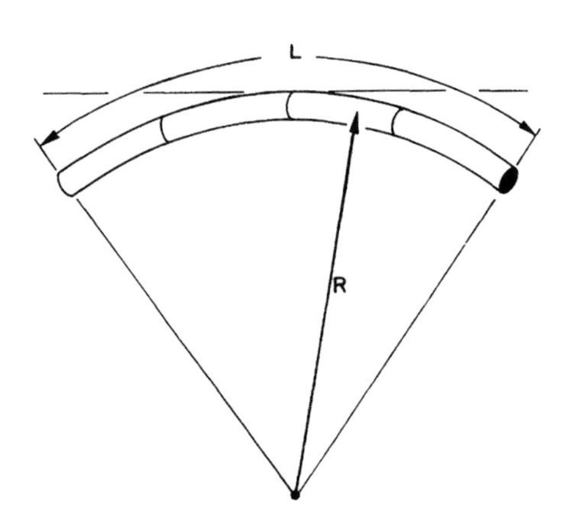

圖 38-11　曲樑

中立面以上，材料呈現拉伸應變，其大小也與到中立面的距離成正比。因此，縱向拉伸 Δl 與高 y 成正比。比例常數等於 l 除以曲樑的曲率半徑，見圖 38-12：

$$\frac{\Delta l}{l}=\frac{y}{R}$$

因此，每單位面積承受的力（應力），位於 y 處的一細窄條狀區域，也與到中立面的距離成正比：

$$\frac{\Delta F}{\Delta A}=Y\frac{y}{R} \tag{38.34}$$

現在來檢視產生以上應變的**力**。圖 38-12 顯示作用於前述條狀區的力。若我們考慮一橫切下來的部分，則作用於其上的力，在中立面以上為一種狀況，在中立面以下為另一種情況。它們成對出現，造成所謂的「彎曲力矩」$\mathfrak{M}$，我們指的是以中立面為軸的力矩。對於圖 38-12 中的那一小段，我們可以計算此部分一端所受的

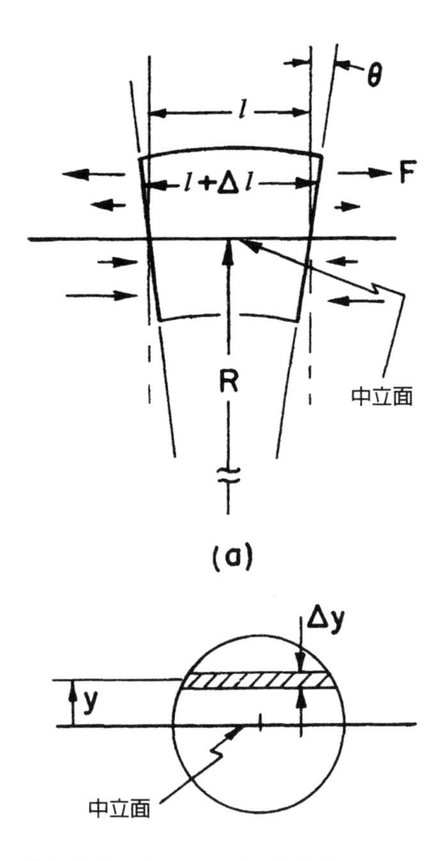

圖 38-12 (a) 曲樑的某一小段；(b) 樑柱的截面。

總力矩如下，將力乘以到中立面的距離，再積分：

$$\mathfrak{M} = \int_{截面} y\,dF \tag{38.35}$$

又由 (38.34) 式， $dF = Yy/R\,dA$ ，所以

$$\mathfrak{M} = \frac{Y}{R}\int y^2\,dA$$

而 $y^2\ dA$ 的積分，即為幾何截面繞通過質心的水平軸的「轉動慣量」★，我們稱之為 I：

$$\mathfrak{M} = \frac{YI}{R} \tag{38.36}$$

$$I = \int y^2\, dA \tag{38.37}$$

(38.36) 式給出彎曲力矩 $\mathfrak{M}$ 與樑柱曲率 $1/R$ 之間的關係。樑柱的「堅度」與 Y 及轉動慣量 I 成正比。換言之，對於固定量的材料，例如鋁，若你希望製造出堅度最高的樑柱，則需要把此材料盡可能的分布在遠離中立面之處，以提高轉動慣量的值。但另一方面，你又不可做過了頭，不然，此物體將不會按照我們原先所設想的方式產生彎曲，它將會皺屈或扭曲，而降低堅度。現在，你便可瞭解為何一個結構中的樑柱要做成如字母 I 或 H 的形狀，如圖 38-13 所示。

圖 38-13　I 字形樑柱

★原注：如果每單位面積的質量為 1 單位，這當然便是此截面真正的轉動慣量。

底下，我們將嘗試應用 (38.36) 式來解出懸臂樑的受力彎曲問題，如圖 38-14 所示，懸臂樑的自由端受有一力 W。（「懸臂」意指樑柱一端的位置**與**斜率都爲固定值，這一端是封入水泥牆裡。）那麼，樑柱會呈現何種形狀？令樑柱上一點至固定端的距離爲 x，且該點因彎曲而下移的量爲 z，我們想要知道 $z(x)$。我們將僅對微量彎曲來做推導。我們也假設，樑柱長度遠大於截面的尺度。根據你在數學課所學，任何曲線 $z(x)$ 的曲率 $1/R$ 爲

$$\frac{1}{R}=\frac{d^2z/dx^2}{[1+(dz/dx)^2]^{3/2}} \tag{38.38}$$

既然我們只對小斜率感興趣，通常在工程結構裡是這樣的情況；與 1 相比，我們可忽略 $(dz/dx)^2$，而取

$$\frac{1}{R}=\frac{d^2z}{dx^2} \tag{38.39}$$

我們需要算出彎曲力矩 $\mathfrak{M}$。此量爲 x 的函數，這是因爲它等於該處截面上繞中立軸的力矩。我們忽略樑柱本身的重量，而只考慮樑

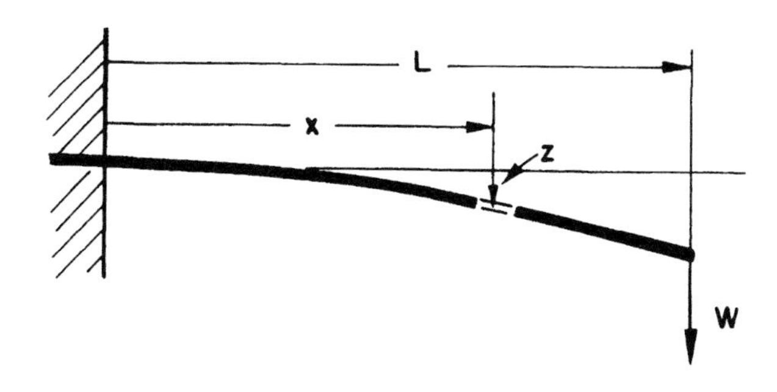

圖 38-14　懸臂樑，一端懸有重物。

柱自由端所受的向下的力 W。（若你想要的話，也可將樑柱重量計入。）則在 x 處的彎曲力矩應為

$$\mathfrak{M}(x) = W(L - x)$$

因為右式是重量 W 相對於 x 處所施的力矩，樑柱本身也應具有同值的力矩以支撐 x 點。我們得

$$W(L - x) = \frac{YI}{R} = YI\frac{d^2z}{dx^2}$$

或

$$\frac{d^2z}{dx^2} = \frac{W}{YI}(L - x) \tag{38.40}$$

上式不需特殊技巧便可積分得到

$$z = \frac{W}{YI}\left(\frac{Lx^2}{2} - \frac{x^3}{6}\right) \tag{38.41}$$

上式已用到 $z(0) = 0$，以及在 $x = 0$ 處，$dz/dx = 0$ 兩個假設。這就是樑柱的形狀。端點的位移量為

$$z(L) = \frac{W}{YI}\frac{L^3}{3} \tag{38.42}$$

樑柱終端的位移量，隨其長度的立方而增加。

在推導上述近似理論時，我們假設樑柱截面不因樑柱彎曲而改變。當樑柱的粗細遠小於曲率半徑時，截面改變不大，我們的理論可以成立。但一般而言，這種效應是不可忽略的，你只要找一塊軟性橡皮擦，用手指將它彎一彎，就知道了。若橡皮擦橫截面原先為長方形，你會發現，當它彎曲時，底部會往外膨起（見圖 38-15）。

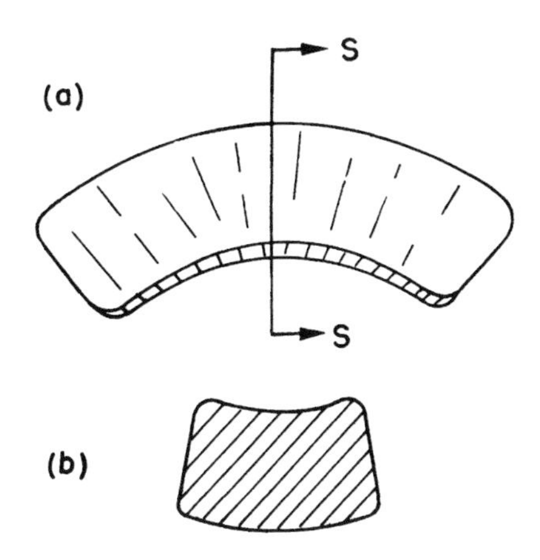

圖 38-15 (a) 彎曲的橡皮擦；(b) 截面。

這現象所以會發生，是因爲當底部受壓時，物體會沿側向膨起，如帕松比所描述的。橡皮極易彎曲或展延，但就如同液體一般，**體積**不易改變，當你彎曲橡皮擦時便很容易看出。對不可壓縮的材料，帕松比恰好爲 1/2 ，而對橡皮材料而言，帕松比便近似這個值。

38-5 皺屈

我們現在要用我們的樑柱理論，去瞭解樑、柱或棒子的「皺屈」（buckling）現象。考慮圖 38-16 所示的情形，原先爲直的棒子，因爲施於兩端的擠壓力，而呈現並維持在彎曲形態。我們希望計算出施於兩端的力的**大小**與棒條形狀的關係。

令 x 爲棒子上某處至一端點的距離，而 $y(x)$ 爲此處因受兩端擠壓而產生的位移。圖中 P 點的彎曲力矩等於施力 F 乘以矩臂，矩臂即爲垂直距離 y ，

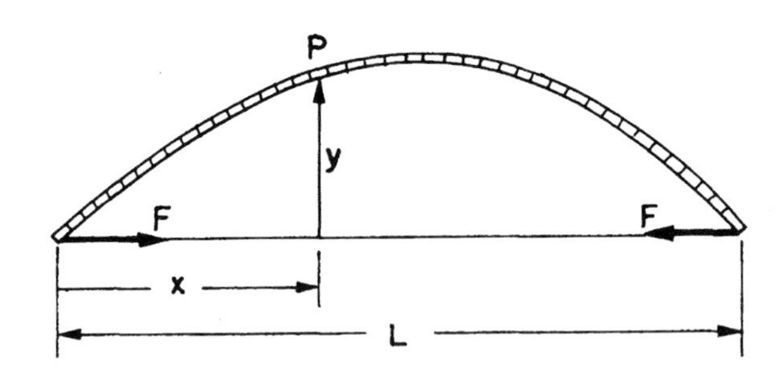

圖 38-16　彎曲的樑

$$\mathfrak{M}(x) = Fy \tag{38.43}$$

使用 (38.36) 的樑柱方程式，有

$$\frac{YI}{R} = Fy \tag{38.44}$$

對於輕微的偏移，我們約有 $1/R = -d^2y/dx^2$（負號是由於曲線向下彎曲）。得

$$\frac{d^2y}{dx^2} = -\frac{F}{YI}\,y \tag{38.45}$$

上式即爲正弦函數的微分方程。因此，對於微小位移，彎曲橫樑的形狀爲正弦函數。此正弦函數的「波長」λ 爲兩端點距離 L 的兩倍。若彎曲程度輕微，這便是棒子原先長度的兩倍。所以該曲線爲

$$y = K\sin \pi x/L$$

取二次微分，得

$$\frac{d^2y}{dx^2} = -\frac{\pi^2}{L^2}\,y$$

將該式與 (38.45) 比較，得知施力爲

$$F = \pi^2 \frac{YI}{L^2} \tag{38.46}$$

當彎曲程度輕微時，施力 F **與彎曲位移** y **無關**！

因此，我們得到下列的物理結論：當施力小於 (38.46) 式的 F 時，棒子不會發生任何彎曲；但當施力略微超過此值時，物體便會突然發生可觀的彎曲，也就是，當施力大於臨界力 $\pi^2 YI/L^2$（通常稱爲「歐拉力」），橫樑便會因擠壓而發生「皺屈」。當一幢築物的二樓，其負載超過支柱的歐拉力時，建築物便會突然垮掉。皺屈力還在另一處扮演重要角色，即太空火箭上。一方面，火箭必須能在發射臺上承受自身的重量，以及承受在加速過程中的應力；另一方面，它又必須儘量減少本身結構的重量，好具有最大的載重與燃料容量。

事實上，當受力超過歐拉力時，橫樑並不必然就會整個崩塌。當位移增加時，對應的力事實上大於我們以上的近似理論值，這是由於我們在 (38.45) 式使用了近似的 $1/R$，你應記得，此近似對應於在 (38.38) 式中我們忽略了 $1/R$ 中的斜率項。當彎曲程度很可觀時，欲找出橫樑所承受的力，我們應該回歸到尚未使用 R 與 y 近似關係時的完整式子，即 (38.44) 式。(38.44) 式具有相當簡單的幾何性質。★ 此性質雖不太容易導出，但滿有趣。雖然原先的曲線是以 x 及 y 來描述，我們將另外使用兩個新變數：S（沿著曲線的距離），

★原注：附帶說明，相同的方程式也出現在其他物理情況中，例如，在兩平行板間的液體表面的彎月面，因而也可使用相同幾何性質的解。

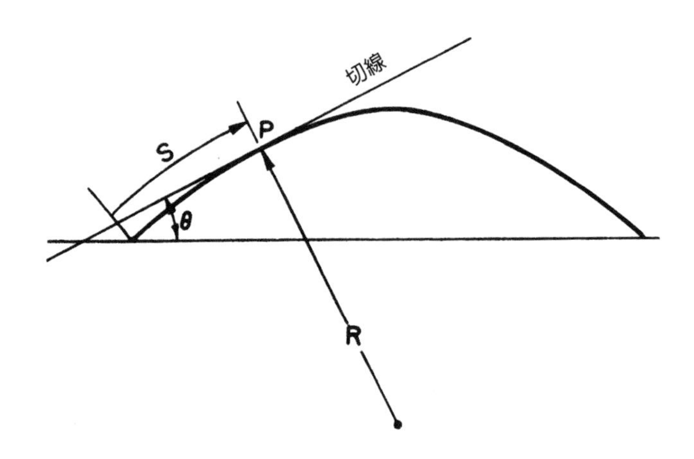

圖 38-17 描述曲樑的曲線時所用的座標，S 及 θ。

以及 θ（曲線切線的斜率）。如圖 38-17 所示。而曲率即等於角度對距離的變化率：

$$\frac{1}{R} = \frac{d\theta}{dS}$$

因此，我們可將 (38.44) 式寫為

$$\frac{d\theta}{dS} = -\frac{F}{YI}\,y$$

若將上式對 S 取微分，並將 dy/dS 代換為 $\sin\theta$，則得

$$\frac{d^2\theta}{dS^2} = -\frac{F}{YI}\sin\theta \tag{38.47}$$

（當 θ 很小時，我們即得回 (38.45) 式。看來很合理。）

或許你會不覺得怎樣，又或許你會高興得知，(38.47) 式和單擺振盪問題中，振幅可觀時，得到的微分方程是完全一樣的，當然，

F/*YI* 會被其他常數所取代。早在第 I 卷第 9 章，我們就已談過如何以數值方法找出該方程的解。* 所得出的解爲很有趣的曲線，稱爲「彈性力」曲線。圖 38-18 即顯示出對應三種 *F*/*YI* 值的曲線。

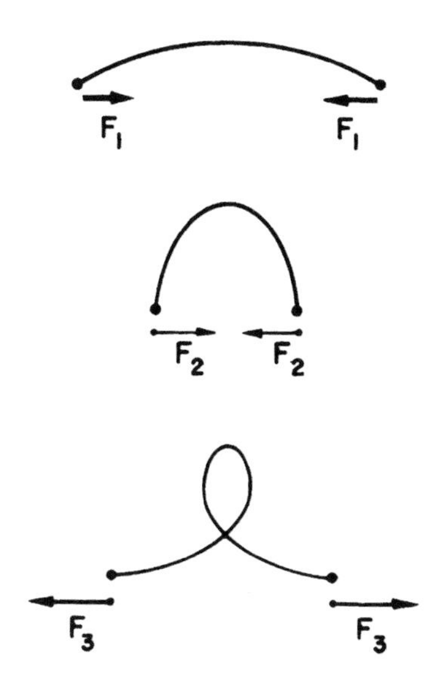

圖 38-18　彎曲棒子的曲線

*原注：此解也可以用其他函數表示，這種函數稱為「亞可比橢圓函數」(Jacobi elliptic function)，已經有人計算出來了。

第39章 彈性材料

■ 39-1 應變張量
39-2 彈性張量
39-3 彈性體內的運動
39-4 非彈性行爲
39-5 計算彈性常數

39-1 應變張量

在前一章，我們討論了某些彈性物體的變形問題。在這一章，我們將檢視彈性材料內部的**一般**特性。我們希望能描述，例如一大團膠質，當它承受扭曲、擠壓等很複雜的作用力下，其內部的應力與應變狀況。要能達到這個目標，我們需要有能力描述彈性體內各點的**局部**應變，這可藉由給出一組六個數字來完成，這六個數即每一點上的對稱張量的分量。稍早，我們曾談及應力張量（第 31 章）；現在，我們需要談談應變張量。

想像我們原先有一未承受任何應變的物體，並注視一嵌在物體內的小塊「汙點」，在施加應變之後如何移動。原先斑點座落於 P 點，座標為 $\boldsymbol{r} = (x, y, z)$，後來移至 P'，座標為 $\boldsymbol{r}' = (x', y', z')$，如圖 39-1 所示。我們稱 $\boldsymbol{u}$ 為 P 至 P' 的位移向量。則

$$\boldsymbol{u} = \boldsymbol{r}' - \boldsymbol{r} \tag{39.1}$$

當然，位移 $\boldsymbol{u}$ 會與原始位置 P 點有關，因此，$\boldsymbol{u}$ 為 $\boldsymbol{r}$ 的向量函數，或者，若你喜歡，也可說 $\boldsymbol{u}$ 是 (x, y, z) 的函數。

讓我們先檢視一簡單狀況，即材質內的應變分布為常數的情形，也就是**均勻應變**的例子。設想，我們原有一塊材料，並將它均勻拉長，而且長度只在一個方向上均勻的改變，好比說沿著 x 方向，如圖 39-2 所示。x 方向上的斑點移動量 u_x 將與 x 成正比。事實上，

請參考：C. Kittel, *Introduction to Solid State Physics*, John-Wiley and Sons, Inc., New York, 2nd ed., 1956。

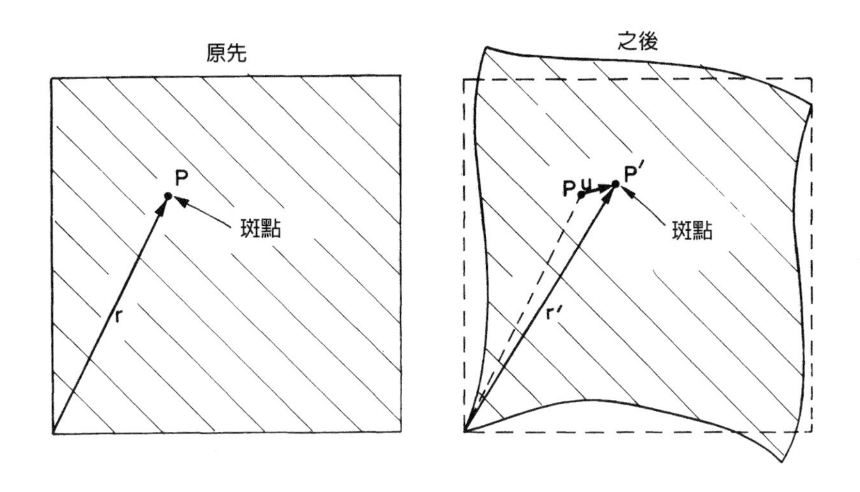

圖 39-1 原先無應變時，座落於材料內 P 點的斑點，在有應變時會移至 P'。

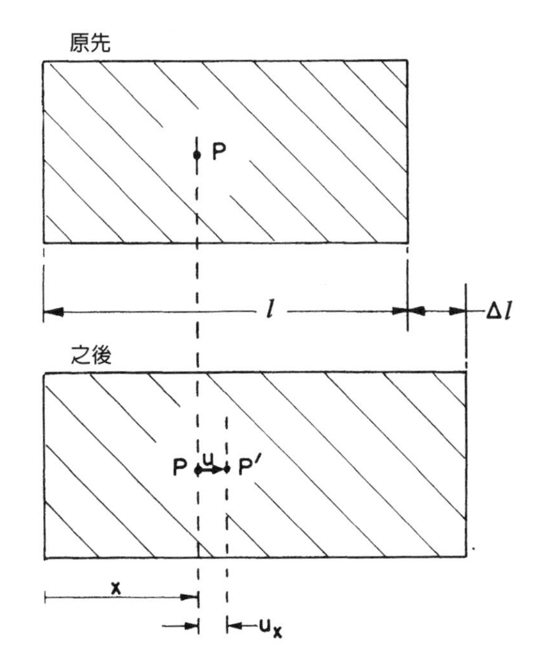

圖 39-2 均勻拉伸型的應變

$$\frac{u_x}{x} = \frac{\Delta l}{l}$$

我們可將 u_x 寫爲

$$u_x = e_{xx}x$$

比例常數 e_{xx} 自然等於 $\Delta l/l$ 。（很快的，你將會瞭解我們爲何在此使用雙下標的原因。）

若應變不是均勻的，則 u_x 與 x 之間的關係將隨在材料內的位置而改變。一般情形下，我們定義 e_{xx} 爲某種局部的 $\Delta l/l$ ，也就是，

$$e_{xx} = \partial u_x/\partial x \tag{39.2}$$

這個數字（現在爲 x 、 y 及 z 的函數）描述在膠體內各點沿 x 方向的延展。當然，也可能存在有沿著 y 及 z 方向的延展。它們可由下列數字來描述：

$$e_{yy} = \frac{\partial u_y}{\partial y} \qquad e_{zz} = \frac{\partial u_z}{\partial z} \tag{39.3}$$

我們也需要能描述切變型的應變。設想在原先沒有應變的膠質內，標出一個小小立方體。當膠體受力而變形時，此方塊變成了平行四邊形，如圖 39-3 所示。* 在如此的應變裡，每一點的 x 移動量與 y 座標成正比，

$$u_x = \frac{\theta}{2}y \tag{39.4}$$

*原注：我們暫時選定將總切變角 θ 拆分為大小相等的兩份，以使該應變對 x 與 y 的情況為對稱的。

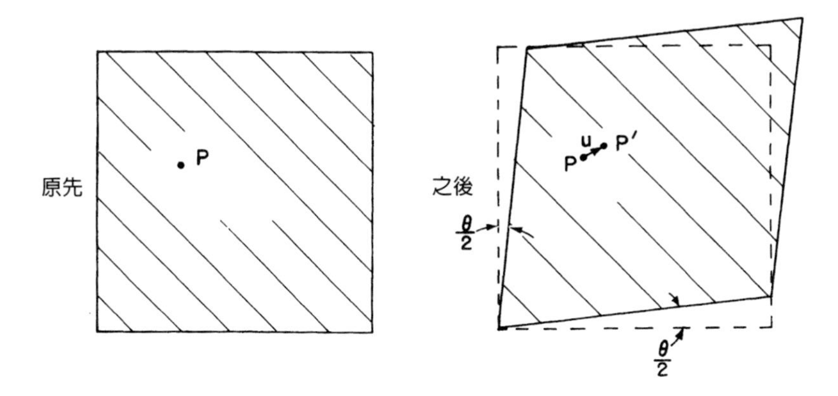

圖 39-3 均匀切變

並且，同時有與 x 座標成正比的 y 運動發生，

$$u_y = \frac{\theta}{2} x \tag{39.5}$$

因此，我們可以下式描述切變型的應變

$$u_x = e_{xy} y \qquad u_y = e_{yx} x$$

其中，

$$e_{xy} = e_{yx} = \frac{\theta}{2}$$

現在，你或許會臆測，當形變不是均勻的時候，我們可透過以下方式定義 e_{xy} 及 e_{yx}，來描述一般的切變：

$$e_{xy} = \frac{\partial u_x}{\partial y}, \qquad e_{yx} = \frac{\partial u_y}{\partial x} \tag{39.6}$$

但這種定義遭遇到一個問題。設想 u_x 及 u_y 兩位移由下式所給出：

$$u_x = \frac{\theta}{2} y, \qquad u_y = -\frac{\theta}{2} x$$

上式與 (39.4) 式及 (39.5) 式相似，只是 u_y 的正負號相反。在以上位移描述下，膠體內的小方塊只是轉動了 $\theta/2$ 的角度而已，如圖 39-4 所示。並無任何應變發生，只是在空間中轉動罷了。不帶有形變，材料內原子之間的**相對**位置完全不發生任何改變。因此，我們需要小心謹慎的定義切應變，以求能將單純旋轉運動排除在外。祕訣在於，當 $\partial u_y/\partial x$ 及 $\partial u_x/\partial y$ 大小相等且正負號相反時，便不會有應變；所以，我們可透過下列**定義**，來避開單純旋轉：

$$e_{xy} = e_{yx} = \tfrac{1}{2}(\partial u_y/\partial x + \partial u_x/\partial y)$$

對於單純轉動的運動，e_{xy} 及 e_{yx} 兩者均為零，但對於單純切變而言，e_{xy} 等於 e_{yx}，即如我們所希望的。

最廣義的變形，含有拉伸或壓縮，以及切變，在這些情形中，我們以下列九個數字來**定義**應變的狀態：

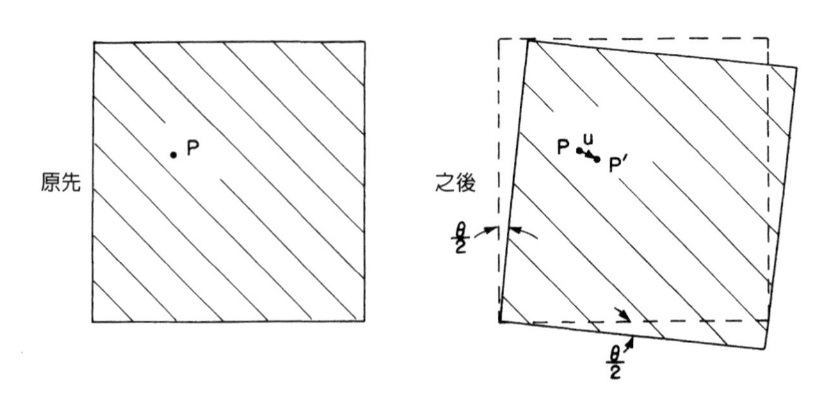

圖 39-4　均勻轉動，完全沒有應變。

$$
\begin{aligned}
e_{xx} &= \frac{\partial u_x}{\partial x} \\
e_{yy} &= \frac{\partial u_y}{\partial y} \\
&\vdots \\
e_{xy} &= \tfrac{1}{2}(\partial u_y/\partial x + \partial u_x/\partial y) \\
&\vdots
\end{aligned}
\tag{39.7}
$$

這些即是**應變張量**的項。因爲是對稱的張量，我們定義的方式使得必然有 $e_{xy} = e_{yx}$，事實上僅有六個數字是相異的。你應記得（見第31章），張量中的諸項會如兩向量分量乘積般的做變換。（若 $\boldsymbol{A}$ 及 $\boldsymbol{B}$ 爲向量，則 $C_{ij} = A_iB_j$ 爲張量。）e_{ij} 的每一項，均爲向量 $\boldsymbol{u} = (u_x, u_y, u_z)$ 及算符 $\boldsymbol{\nabla} = (\partial/\partial x, \partial/\partial y, \partial/\partial z)$ 分量的乘積（或這些乘積之和），而我們已知後者的轉換行爲也和向量一樣。令 x_1 、 x_2 及 x_3 代表 x 、 y 及 z，又 u_1 、 u_2 及 u_3 代表 u_x 、 u_y 及 u_z；則應變張量的通項 e_{ij} 可寫爲

$$
e_{ij} = \tfrac{1}{2}(\partial u_j/\partial x_i + \partial u_i/\partial x_j) \tag{39.8}
$$

其中，i 及 j 可以是 1 、 2 或 3 。

當應變爲均勻時，可同時含有拉伸及切變，所有的 e_{ij} 均爲常數，而有

$$
u_x = e_{xx}x + e_{xy}y + e_{xz}z \tag{39.9}
$$

（我們將 x 、 y 、 z 的原點選取在 $\boldsymbol{u}$ 爲零的位置。）在上式中，應變張量 e_{ij} 給出兩向量之間的關係：即座標向量 $\boldsymbol{r} = (x, y, z)$ 及位移向量 $\boldsymbol{u} = (u_x, u_y, u_z)$。

當應變不均勻時，則膠體內的任何部分均有可能產生扭曲，也

就是局部旋轉。當變形很小時，我們應該會有

$$\Delta u_i = \sum_j (e_{ij} - \omega_{ij})\,\Delta x_j \qquad (39.10)$$

此處，ω_{ij} 爲一**反對稱**張量，

$$\omega_{ij} = \tfrac{1}{2}(\partial u_j/\partial x_i - \partial u_i/\partial x_j) \qquad (39.11)$$

描述局部的旋轉。以下，我們將不考慮旋轉，而專注於對稱張量 e_{ij} 所描述的應變。

39-2 彈性張量

在討論了應變之後，我們要將它關連到材料內部所受的力，也就是材料內的應力。對於材料中的每一小區域，我們都假設虎克定律成立，因而可寫出應力與應變成正比的關係式。在第 31 章，我們已定義了應力張量 S_{ij}，爲作用於一垂直於 j 軸單位面積上的力的 i 分量。虎克定律告訴我們，每一個分量 S_{ij} 與應變的**每一個**分量均有線性關係。因爲 S 及 e 都各有九個分量，所以共有 $9 \times 9 = 81$ 個可能的係數，用以描述一材料的彈性性質。若材料爲均勻的，則這些係數便爲常數。我們將這些係數寫爲 C_{ijkl}，並以下式定義：

$$S_{ij} = \sum_{k,l} C_{ijkl}\,e_{kl} \qquad (39.12)$$

此處，i、j、k、l 的值爲 1、2 或 3。因 C_{ijkl} 等係數將一個張量關連到另一個張量，這些係數自身也形成一個張量，一個**四階張量**，我們稱爲**彈性張量**。

設想所有 C 值爲已知，且你對某特定形狀的物體，以複雜的方

式施加外力。這將產生各類的變形，而物體最終會變成某種扭曲的形狀而定型。那麼，如何計算其位移向量？你可以看出，這個問題相當複雜。若你已知應變張量，則由 (39.12) 式便可算出應力，反之亦然。但實際上，你在某一點所算出的應力與應變，又由材料中所有其他各處的應力與應變的狀況所決定。

要處理這個問題，最容易的方式便是透過能量。當施力 F 與位移 x 成正比時，即 $F = kx$，產生位移 x 所需的功為 $kx^2/2$。同樣道理，欲使物體變形，則在材料內每一單位體積上所施的功 w 為

$$w = \frac{1}{2}\sum_{ijkl} C_{ijkl}e_{ij}e_{kl} \tag{39.13}$$

而使物體變形所需的總功 W，為 w 對體積的積分：

$$W = \int \frac{1}{2}\sum_{ijkl} C_{ijkl}e_{ij}e_{kl}\, d\,\text{體積} \tag{39.14}$$

這即是儲存在物質內應力的位能。當物體處於平衡狀態時，此內能必須為**最小值**。因此，想要解出物體各處應變分布的問題，可轉成如下的工作，也就是找出一組位移分布 $\boldsymbol{u}$，使得 W 為最小值。在第19章我們曾談過，如何使用變分法的概念，來處理此類解最小值的問題。我們無法在這裡深入討論相關的細節。

我們現在最主要的興趣，在於瞭解彈性張量的一般性質。首先，很顯然的，實際上並**沒有** 81 個**不同的** C_{ijkl} 參數值。因為 S_{ij} 及 e_{ij} 兩者均為對稱張量，都各只有六個不同的項。因此，C_{ijkl} 至多只能有 36 個不同的項。事實上，一般而言，參數數目還遠低於此。

我們來檢視立方晶體的特例。在這個例子，能量密度 w 原來如下列式子所描述：

$$w = \tfrac{1}{2}\{C_{xxxx}e_{xx}^2 + C_{xxxy}e_{xx}e_{xy} + C_{xxxz}e_{xx}e_{xz} + C_{xxyx}e_{xx}e_{xy} + C_{xxyy}e_{xx}e_{yy}\ldots\text{etc}\ldots + C_{yyyy}e_{yy}^2 + \ldots\text{etc}\ldots\text{etc}\ldots\} \tag{39.15}$$

共有81個項！但是，立方晶格具有某些對稱性。特別是，當晶體轉動90度時，它的物理性質不變。沿 y 方向展延時所表現的堅度，與沿 x 方向展延時相同。因此，若我們改變(39.15)式中對座標方向 x 與 y 的定義，能量並不會改變。因此，對於立方晶格，應有

$$C_{xxxx} = C_{yyyy} = C_{zzzz} \tag{39.16}$$

其次，我們可證明如 C_{xxxy} 之類的項爲零。立方晶體具有如下的對稱性：對於垂直於其任一晶軸的平面所做的**鏡反射**下，其性質不變。若我們將 y 改爲 $-y$，不應有任何改變。但將 y 改爲 $-y$，會致使 e_{xy} 變爲 $-e_{xy}$，原先沿著 $+y$ 方向的位移現在成爲沿著 $-y$ 了。若能量仍要求爲不變，則當我們做鏡反射時，C_{xxxy} 必須變爲 $-C_{xxxy}$。但因鏡反射下晶格不變，故 C_{xxxy} 必須**等於** $-C_{xxxy}$。這情形只有當以上兩者爲零時，才能成立。

你或許會說：「同樣的論證會導致 $C_{yyyy} = 0$！」錯，因爲此分量下標有**四個** y。對於每一個 y，正負號會變號一次，故四次負號又給回正號。所以，如果下標有**兩個**或**四個** y，對應的分量不必然爲零。只有當下標有**一個**或**三個** y 時，該分量方才爲零。因此，C 中任何非零的項，都必定有**偶數個**相同的下標。（我們對 y 所做的討論，也適用於 x 及 z。）因此，我們可以有 C_{xxyy}、C_{xyxy}、C_{xyyx} 等等的非零分量。又，我們已提過，若將所有 x 換爲 y，或**反過來**將所有 y 換爲 x（或者改爲所有 z 及所有 x 等等），我們應得到同一數值，對立方晶體來說。這意謂著，**僅有三個**不爲零的**不同**可能性：

$$\begin{aligned} &C_{xxxx}\ (=C_{yyyy}\ =\ C_{zzzz}) \\ &C_{xxyy}\ (=C_{yyxx}\ =\ C_{xxzz},\ \text{etc.}) \\ &C_{xyxy}\ (=C_{yxyx}\ =\ C_{xzxz},\ \text{etc.}) \end{aligned} \tag{39.17}$$

所以，對立方晶體而言，能量密度會如同下式所描述：

$$\begin{aligned} w = \tfrac{1}{2}\{&C_{xxxx}(e_{xx}^2 + e_{yy}^2 + e_{zz}^2) \\ &+2C_{xxyy}(e_{xx}e_{yy} + e_{yy}e_{zz} + e_{zz}e_{xx}) \\ &+4C_{xyxy}(e_{xy}^2 + e_{yz}^2 + e_{zx}^2)\} \end{aligned} \tag{39.18}$$

對於均向性材料（也就是非晶材料）而言，對稱性又更高。對於任意座標系，C 的各分量都必須不變。因此，分量之間，將會有下列關係式必須成立：

$$C_{xxxx} = C_{xxyy} + C_{xyxy} \tag{39.19}$$

此式成立的原因可由下列論證得出。將應力張量 S_{ij} 關連至應變張量 e_{ij} 的彈性張量，必須與座標軸方向無關，換言之，這關連必須爲**純量**。「那很容易，」你說：「將 S_{ij} 關連至 e_{ij} 的唯一方式，便是將後者乘以一純量常數。這只不過是虎克定律罷了。這關係式一定就是 S_{ij} = (常數)e_{ij}。」但不全然如此，也可能是**單位張量** δ_{ij} 乘以某個純量，且此純量爲 e_{ij} 的線性組合。你可由諸 e 分量的線性組合所得出的唯一不變量，就是 Σe_{ij}。（它的轉換如 $x^2 + y^2 + z^2$，爲一純量。）因此，就均向材料而言，在一般情形下，將 S_{ij} 關連至 e_{ij} 的方程式爲

$$S_{ij} = 2\mu e_{ij} + \lambda\left(\sum_k e_{kk}\right)\delta_{ij} \tag{39.20}$$

（首項的常數通常寫爲二乘以 μ；如此，係數 μ 便等於前一章所定義的切變模數。）常數 μ 及 λ 稱爲拉美彈性常數（Lamé elastic constant）。把 (39.20) 式與 (39.12) 式做比較，你可看出

$$
\begin{aligned}
C_{xxyy} &= \lambda \\
C_{xyxy} &= 2\mu \\
C_{xxxx} &= 2\mu + \lambda
\end{aligned}
\tag{39.21}
$$

所以我們證明了 (39.19) 式確實是正確的。同時也證明了，均向性材料的彈性性質完全可由兩個常數決定，正如在上一章提過的。

諸 C 分量的值，也可以用稍早所談過的幾個彈性係數中的任意兩個來表示，例如，以楊氏模數 Y 與帕松比 σ 來表示。以下幾個關係式，我們留給你們自己證明：

$$
\begin{aligned}
C_{xxxx} &= \frac{Y}{1+\sigma}\left(1+\frac{\sigma}{1-2\sigma}\right) \\
C_{xxyy} &= \frac{Y}{1+\sigma}\left(\frac{\sigma}{1-2\sigma}\right) \\
C_{xyxy} &= \frac{Y}{(1+\sigma)}
\end{aligned}
\tag{39.22}
$$

39-3 彈性體內的運動

我們曾指出，當彈性體**處於平衡**時，內應力會自我調整，以使能量為最低。現在我們來看看，當內力**不**在平衡狀態下時，會發生什麼情形。想像我們有一小塊材料，被某個曲面 A 所包圍，見圖 39-5。若此物塊處於平衡，則施加其上的總力 $\boldsymbol{F}$ 必須為零。我們可將此力視為由兩部分組成。其中一部分可來自於「外」力，如重力，由某一距離外，對該物塊所含的物質施力，**每單位**體積**的力**為 $\boldsymbol{f}_{外}$。總外力 $\boldsymbol{F}_{外}$ 便為 $\boldsymbol{f}_{外}$ 對物塊整體的積分：

$$
\boldsymbol{F}_{外} = \int \boldsymbol{f}_{外}\,dV \tag{39.23}
$$

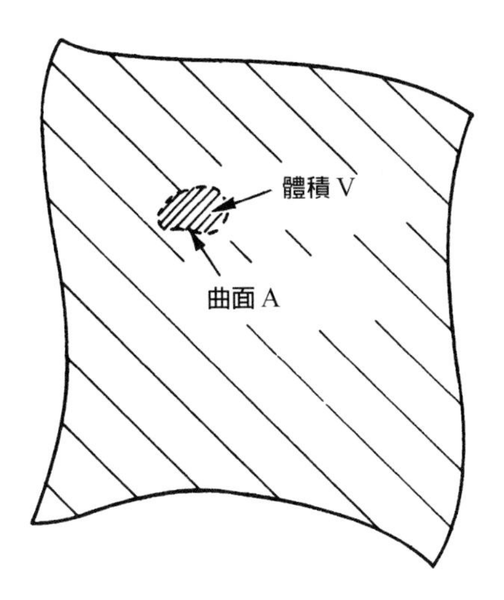

圖 39-5 一個小體積元素 V，被包圍在曲面 A 之內。

在平衡時，此力必須與該物塊鄰近的材料作用於表面 A 上的總力 $\boldsymbol{F}_{內}$ 相等。當該物塊並**非**處於平衡狀態時，若它正在移動，則內力與外力的總和，必須等於質量乘以加速度。我們將有

$$\boldsymbol{F}_{外} + \boldsymbol{F}_{內} = \int \rho\ddot{\boldsymbol{r}}\, dV \tag{39.24}$$

此處，ρ 為材料密度，$\ddot{\boldsymbol{r}}$ 為其加速度。我們現在可以結合 (39.23) 與 (39.24) 兩式，得

$$\boldsymbol{F}_{內} = \int_v (-\boldsymbol{f}_{外} + \rho\ddot{\boldsymbol{r}})\, dV \tag{39.25}$$

我們可藉下列定義來簡化上式：

$$\boldsymbol{f} = -\boldsymbol{f}_{外} + \rho\ddot{\boldsymbol{r}} \tag{39.26}$$

則 (39.25) 式可寫為

$$\boldsymbol{F}_{\text{內}} = \int_v \boldsymbol{f}\, dV \tag{39.27}$$

我們稱為 $\boldsymbol{F}_{\text{內}}$ 的力，事實上由材料內的應力決定。根據應力張量 S_{ij} 的定義（見第 31 章)，作用於一曲面元素 da 上的力 dF，其沿 x 方向的分量為

$$dF_x = (S_{xx}n_x + S_{xy}n_y + S_{xz}n_z)\, da \tag{39.28}$$

此處，$\boldsymbol{n}$ 為 da 的單位法向量。作用於小物塊上的 $\boldsymbol{F}_{\text{內}}$，其 x 分量便為 dF_x 沿該物塊表面的積分。將此代入 (39.27) 式結果的 x 分量，便得到

$$\int_A (S_{xx}n_x + S_{xy}n_y + S_{xz}n_z)\, da = \int_v f_x\, dV \tag{39.29}$$

我們得到一個面積分與體積分的關係式，這讓我們想起在電學裡的某些經驗。若是你忽略 (39.29) 式左邊每個 S 分量的第一個下標 x，則面積分看來如同「$\boldsymbol{S}$」·$\boldsymbol{n}$ 這個量對表面積的積分；「$\boldsymbol{S}$」·$\boldsymbol{n}$ 就像是某個向量沿表面積法線方向的分量。而這個面積分，由於高斯定律，可寫為「$\boldsymbol{S}$」散度的體積分。事實上，無論下標 x 是否在那兒，以上敘述都成立，因為那只不過是你從分部積分所得到的數學定理。換言之，我們可將 (39.29) 式改為

$$\int_v \left(\frac{\partial S_{xx}}{\partial x} + \frac{\partial S_{xy}}{\partial y} + \frac{\partial S_{xz}}{\partial z}\right) dV = \int_v f_x\, dV \tag{39.30}$$

現在，我們便可拋掉體積分，而寫出 $\boldsymbol{f}$ 的任一分量所滿足的微分方程式了，

$$f_i = \sum_j \frac{\partial S_{ij}}{\partial x_j} \tag{39.31}$$

這告訴我們，每單位體積的力與應力張量 S_{ij} 有關。

欲導出固體內運動的理論，方式如下。若我們由初始的位移量出發，例如為 $\boldsymbol{u}$ ，我們可以計算出應變張量 e_{ij} 。再用(39.12) 式，便可由應變算出應力。用(39.31) 式，又可由應力算得力密度 $\boldsymbol{f}$ 。知道了 $\boldsymbol{f}$ ，便可用 (39.26) 式算出材料的加速度 $\ddot{\boldsymbol{r}}$ ，而這便告訴我們，位移將會如何改變。將所有以上步驟放在一塊兒，便可得到嚇煞人的彈性固體運動方程。我們將針對均向材質，寫下結果。若你用(39.20) 式來代換 S_{ij} ，並將 e_{ij} 寫為 $\frac{1}{2}(\partial u_i/\partial x_j + \partial u_j/\partial x_i)$，就得到向量方程

$$\boldsymbol{f} = (\lambda + \mu)\boldsymbol{\nabla}(\boldsymbol{\nabla}\cdot\boldsymbol{u}) + \mu\nabla^2\boldsymbol{u} \tag{39.32}$$

事實上，你可看出，為何將 $\boldsymbol{f}$ 與 $\boldsymbol{u}$ 關連在一塊兒的方程式，必須是上述型式。力密度只能與位移向量 $\boldsymbol{u}$ 的二階導數有關。而 $\boldsymbol{u}$ 的二階導數中，哪些才是向量呢？其中之一為 $\boldsymbol{\nabla}(\boldsymbol{\nabla}\cdot\boldsymbol{u})$；這是個向量。另外的唯一可能性，便是 $\boldsymbol{\nabla}^2\boldsymbol{u}$ 。因此，一般的型式便為

$$\boldsymbol{f} = a\boldsymbol{\nabla}(\boldsymbol{\nabla}\cdot\boldsymbol{u}) + b\nabla^2\boldsymbol{u}$$

這恰好就是 (39.32) ，只是常數的定義不同罷了。你或許納悶，為何不該有第三項 $\boldsymbol{\nabla}\times\boldsymbol{\nabla}\times\boldsymbol{u}$ ，該項豈非向量嗎？沒錯。但請記得，$\boldsymbol{\nabla}\times\boldsymbol{\nabla}\times\boldsymbol{u}$ 等於 $\boldsymbol{\nabla}^2\boldsymbol{u} - \boldsymbol{\nabla}(\boldsymbol{\nabla}\cdot\boldsymbol{u})$，故它其實為前兩項的線性組合。將它加入其中，並不能產生新的效應。這個論證又一次說明了，均向材料只有兩個彈性常數。

欲得出材料的運動方程式，我們可令 (39.32) 式等於 $\rho\partial^2\boldsymbol{u}/\partial t^2$，再忽略掉每個部位都會受到的任何一種力，例如重力，則可以得到

$$\rho\frac{\partial^2\boldsymbol{u}}{\partial t^2} = (\lambda + \mu)\boldsymbol{\nabla}(\boldsymbol{\nabla}\cdot\boldsymbol{u}) + \mu\nabla^2\boldsymbol{u} \tag{39.33}$$

這看來像是之前在電磁學中的波動方程式，但還多出了一個複雜的項。對於彈性均勻、與位置無關的材料而言，我們可由底下方式看出上式通解的特性。記得，任意向量場均可分解爲兩向量的和：其中一個向量的散度爲零，另一向量的旋度爲零。換言之，我們可寫下

$$\boldsymbol{u} = \boldsymbol{u}_1 + \boldsymbol{u}_2 \tag{39.34}$$

此處，

$$\nabla \cdot \boldsymbol{u}_1 = 0, \qquad \nabla \times \boldsymbol{u}_2 = 0 \tag{39.35}$$

在 (39.33) 式中，將 u 代換爲 $u_1 + u_2$，我們得到

$$\rho\, \partial^2/\partial t^2[\boldsymbol{u}_1 + \boldsymbol{u}_2] = (\lambda + \mu)\, \nabla(\nabla \cdot \boldsymbol{u}_2) + \mu\nabla^2(\boldsymbol{u}_1 + \boldsymbol{u}_2) \tag{39.36}$$

對上式取散度運算可消去 u_1，

$$\rho\, \partial^2/\partial t^2(\nabla \cdot \boldsymbol{u}_2) = (\lambda + \mu)\, \nabla^2(\nabla \cdot \boldsymbol{u}_2) + \mu\nabla \cdot \nabla^2\boldsymbol{u}_2$$

又，算符 (∇^2) 與 ($\nabla\cdot$) 可交換，我們可將散度算符提出，而得到

$$\nabla \cdot \{\rho\, \partial^2\boldsymbol{u}_2/\partial t^2 - (\lambda + 2\mu)\, \nabla^2\boldsymbol{u}_2\} = 0 \tag{39.37}$$

另外，根據定義，$\nabla \times \boldsymbol{u}_2$ 爲零，括弧{ }內的旋度也爲零；總結之後，括弧內的式子必須爲零，即

$$\rho\, \partial^2\boldsymbol{u}_2/\partial t^2 = (\lambda + 2\mu)\, \nabla^2\boldsymbol{u}_2 \tag{39.38}$$

這就是波速爲 $C_2 = \sqrt{(\lambda + 2\mu)/\rho}$ 的波的向量波動方程式。由於 $\boldsymbol{u}_2$ 的

旋度爲零，這個波的運動不產生切變；它純粹爲壓縮波，聲波之類的波，這在前一章已討論過，而且聲速正是對應於 $C_{縱波}$。

同樣的，對 (39.36) 式取旋度運算，我們可證明 $\boldsymbol{u}_1$ 滿足方程式

$$\rho\,\partial^2\boldsymbol{u}_1/\partial t^2 = \mu\,\nabla^2\boldsymbol{u}_1 \tag{39.39}$$

這仍是個向量波動方程式，波速爲 $C_2 = \sqrt{\mu/\rho}$。因爲 $\boldsymbol{\nabla}\cdot\boldsymbol{u}_1$ 爲零，$\boldsymbol{u}_1$ 的位移並不產生密度改變；向量波 $\boldsymbol{u}_1$ 對應於前一章討論過的橫向波，也就是切變波，而且 $C_2 = C_{切變波}$。

若我們想得出一均向材料內的靜應力，則理論上，可令 $\boldsymbol{f}$ 爲零，或等於靜遍體力，如來自重力的 $\rho\boldsymbol{g}$，解出 (39.32) 式，便可得知應力分布。在此計算裡，需要考慮邊界條件，此條件由作用於大塊物體表面上的施力所決定。

這個問題比起電磁學中的對應問題要更複雜。會更複雜的原因，首先是，方程式本身便較難處理，其次，我們會感興趣的彈性體，外觀通常是相當複雜的。在電磁學裡，通常我們只解簡單的幾何形狀，如圓柱體、球體等等的馬克士威方程，這是因爲大多數的電器設備會製造成這些形狀。在彈性學裡則不然，我們要分析的物體通常具有複雜的外形，例如起重機鉤、車輛曲柄軸，或氣體渦輪機的轉輪。有時候，這些問題可使用前述的最小能量原理，以數值方法解出近似值。另一個辦法，便是以實驗的手段，用偏振光來量測物體模型的內應力。

做法如下：當一透明均向材料，例如透明的留塞特玻璃，承受應力時，它會具有雙折射性質。若你以偏振光照射這材料，其偏振面會產生旋轉，旋轉量由應力決定：因此，藉由測量旋轉量，即可測得應力。圖 39-6 顯示這個實驗的配置。圖 39-7 顯示，在應力下，量測複雜形狀的光彈性模型所得的照片。

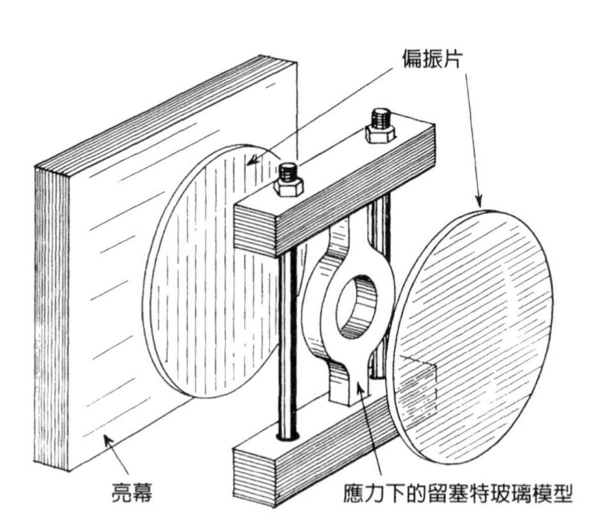

圖 39-6 以偏振光來量測材料的內應力。

圖 39-7 應力下的塑膠模型，以偏振方向互相交叉的兩偏振片夾於兩側，再以偏振光照射時所顯現的影像。（取自 F. W. Sears, *Optics*, Addison-Wesley Publishing Co., Reading, Mass., 1949。）

39-4 非彈性行為

到目前爲止，在我們的討論裡，一直假設應力與應變成正比；但一般而言，這並**不**成立。圖 39-8 顯示柔韌物體的典型應力—應變曲線。當應變小時，應力與應變成正比。然而最終，在某階段之後，應力與應變的關係便開始偏離開直線。對許多材料，也就是那些所謂的「易脆」物質而言，當應變略微超過曲線開始彎折的地方時，物體便會斷裂。一般而言，應力—應變關係還顯示出其他的複雜特性。例如，當你對一物體施加應變時，應力開始時或許會很高，之後逐漸隨時間減緩下來。另外，如果物體承受的應力到達高值、但還未超越「斷」點時，當你降低應變，應力會沿不同的曲線返回原點。這對應於輕微的遲滯效應（如同之前所談過的磁性材料

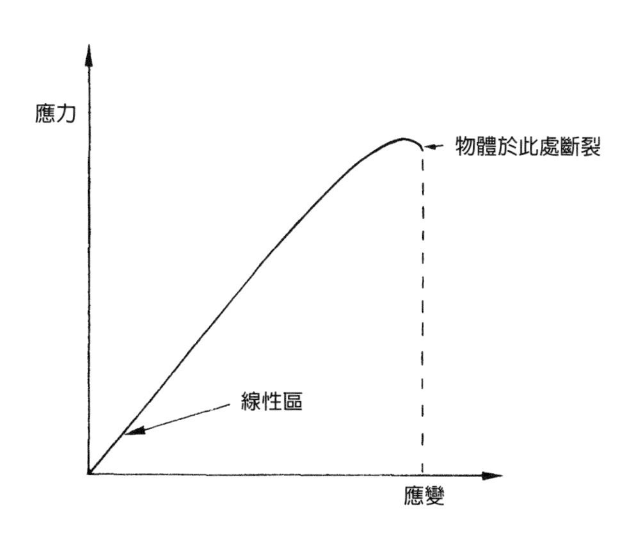

圖 39-8　在大幅度應變下，典型的應力—應變關係。

裡 B 與 H 的關係)。

令材質斷裂的應力，會隨材料種類不同，而有巨幅變化。某些材料，會在最大**張**應力超越某定值時而斷裂。另有某些材料，則在最大**切**應力超越某定值時而斷裂。以粉筆爲例，此材質在張應力下，要較在切應力下，脆弱許多。若你拉扯一隻用來寫黑板的粉筆的兩端，則粉筆會由垂直於拉扯方向的平面斷裂，如圖 39-9(a) 所示。它之所以會沿著與施力垂直的方向斷裂，是因爲粉筆只是一團粒子緊壓而成，因此極易扯斷。然而，該材質很難扭斷，這是因爲粒子會受到其他粒子的阻擋。你應該還記得，我們曾談及受到扭轉的條狀物，它整個是承受到切應變的。同時，我們也曾指出，切應力相當於彼此成 45 度的一組張應力及壓縮應力。由於以上原因，當你施力扭轉一隻粉筆時，它會沿著一複雜曲面斷裂，而且斷裂面始於與粉筆中心軸成 45 度的角度。圖 39-9(b) 顯示以扭轉方式造成斷裂的粉筆圖片。粉筆斷裂於材料的張應力爲最大時。

其他材料的行爲，也相當奇特且複雜。愈複雜的材料，行爲便愈有趣。若把一張聚偏二氯乙烯保鮮膜揉成一團，丟在桌上，它將會逐漸展開來，最終又回復爲平坦狀。起初，我們或許會認爲，該材料的慣性會試圖阻止它恢復原狀。然而，經過簡單的計算便會發現，此慣性的數量級過小，以致無法達到阻止的效應。似乎存在有兩種相互競爭的重要效應：材料內部有「某種東西」「記得」原先的形狀，而「試圖」恢復原狀；而另一種東西則「偏好」新造型，而「抗拒」恢復。

我們將不試圖描述保鮮膜內的形變機制，但你可由下列**模型**，大略瞭解上述效應是如何產生的。設想一材料，含有許多細長、有彈性但又強韌的纖維，材料中有許多空管，充滿某種黏稠液體。同時，假想空管之間有狹窄渠道相連，因而液體可由一空管逐漸滲透

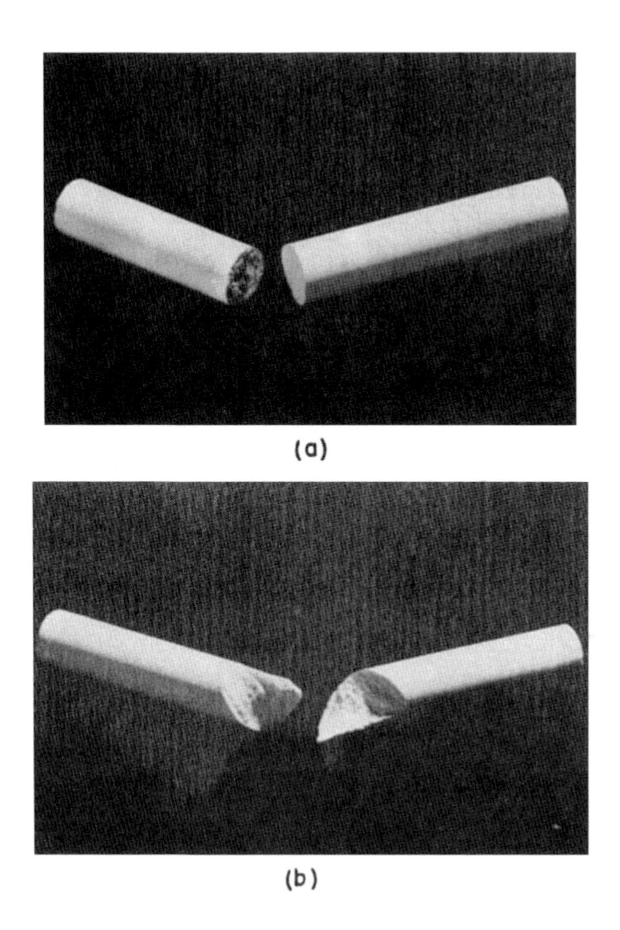

圖 39-9 (a) 由兩端扯斷的粉筆；(b) 因扭轉而斷裂的粉筆。

至另一空管。當我們揉搓該材料時，細長的纖維發生扭曲，某區域空管中的液體會因擠壓而排出，滲流至另一正發生展延變形的區域的空管內。當我們鬆手後，纖維會嘗試回復原狀。但要達成這個目標，它們必須能夠迫使液體重返原來位置；由於液體具有黏滯性，此過程極為緩慢。我們揉搓保鮮膜時，所施的力遠大於纖維所施的力。因此，揉搓變形進行得很快，但恢復過程則相當緩慢。毫無疑問的，保鮮膜的特殊行爲，是由堅韌的大分子以及可移動小分子共同造成。這個想法，也適用於底下的事實：材料在加熱後，恢復原狀的速度，要快於當材料處於冷卻狀態時，因爲熱能增加小分子的活動性（或減低黏滯性）。

雖然我們一直談論虎克定律如何會失效，但我們要指出，最有意思的，倒不是在應變過大時虎克定律會失效，而是爲何虎克定律通常是成立的。我們可藉由檢視材料內的應變能量，來獲致一些瞭解。說應力正比於應變，與說應變能量正比於應變平方是同一回事。設想我們有一條狀物體，且我們把它扭轉了微小角度 θ 。若虎克定律成立，應變能量將正比於 θ 的平方。設想我們將能量假設爲角度的任意函數，我們可將它寫爲對於零值角度展開的泰勒展開式

$$U(\theta) = U(0) + U'(0)\theta + \tfrac{1}{2}U''(0)\theta^2 + \tfrac{1}{6}U'''(\theta)\theta^3 \cdots \tag{39.40}$$

而力矩 τ 則爲 U 對角度的微分，我們應有

$$\tau(\theta) = U'(0) + U''(0)\theta + \tfrac{1}{2}U'''(0)\theta^2 + \cdots \tag{39.41}$$

現在，若我們將角度的零點定在**平衡**位置上，則第一項爲零。因此，剩下來的第一項與 θ 成正比，當角度夠小時，這一項將遠重要於 θ^2 項。（事實上，一般材料的內部具有足夠的對稱性，使得 $\tau(\theta) = -\tau(-\theta)$；$\theta^2$ 項將會爲零，因而偏離線性的原因實際上是來自於 θ^3 。然而，對於壓縮與拉張而言，並無理由一定如此。）我們在此所沒有解釋的是，一旦當高階項的重要性變大時，爲何材料通常會很快斷裂。

39-5 計算彈性常數

最後我們想說明，如何從我們對材料組成原子的某些知識出發，計算材料的彈性常數。我們將只考慮簡單的**離子**立方晶體，如氯化鈉的例子。當晶體承受應變時，它的體積或外形會發生改變。這個改變造成晶體位能的增加。想要計算應變位能的改變，我們需要知道每個原子移往何處。在複雜晶體裡，原子會在晶格內做非常複雜的重整，以求盡可能的降低總能量。這使得應變能量的計算非常困難。然而，在簡單立方晶體裡，很容易便可知道原子如何移動。晶體內部的變形，與晶體外部邊界的變形，會有幾何上的相似性。

我們可由下列方式計算立方晶格的彈性常數。首先，我們假設晶體內每對原子之間的力遵守某種定律。其次，我們計算，當晶體由原平衡形狀發生變形時的內能改變。這可以給出能量與應變之間的關係，其中含有各種應變的二次方項。將此關係式與 (39.13) 式做比較，我們便可在各項係數與諸彈性常數之間劃上等號。

在這個例子中，我們將假設簡單的力定律：兩相鄰原子間的力爲**連心**力（central force），也就是該力的方向是沿著兩原子之間的連線。我們預期離子晶體內的力是如上所述，因爲它們主要爲庫侖力。（一般而言，共價鍵的力較爲複雜，因爲它們可以施加側向推力在鄰近原子上，我們將不在這裡考慮這種複雜性。）同時，我們將只考慮每一原子與**最近**原子與**次近**原子之間的作用力。換句話說，在此近似下，我們將忽略所有原子與更遠原子之間的作用力。圖 39-10(a) 顯示在 xy 平面上，我們所考慮的作用力。同理，在 yz 及 zx 平面上，所有該類型的作用力也需要包含在計算內。

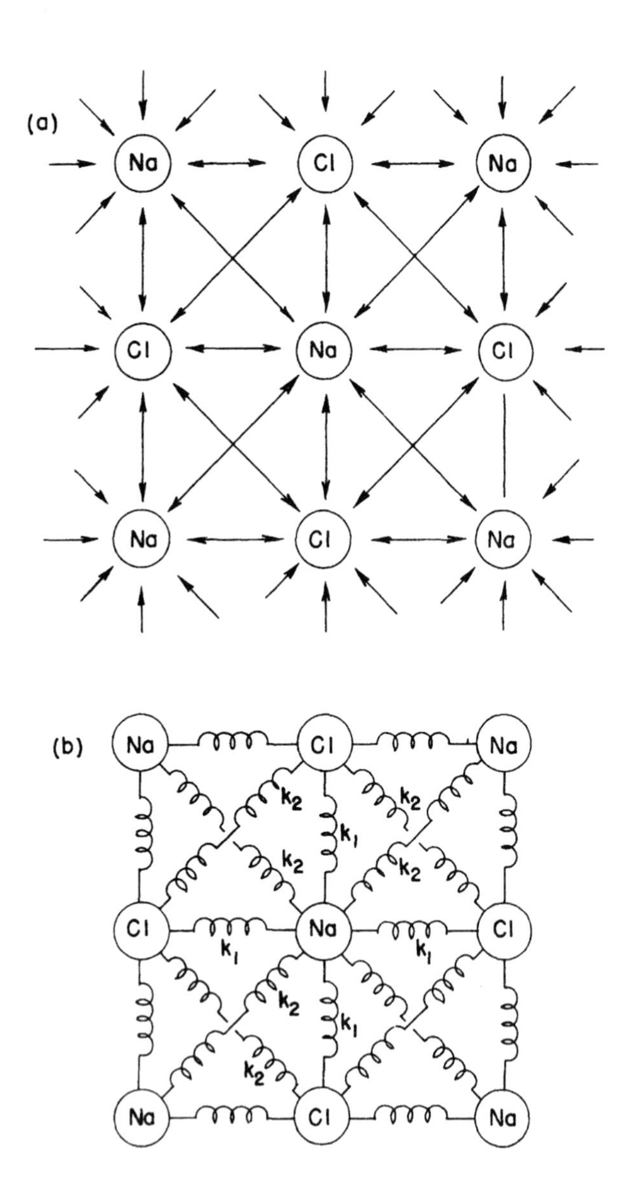

圖 39-10　(a) 我們所考慮到的原子間力；(b) 以彈簧連接原子的模型。

因爲我們欲計算的彈性係數，是那些只適用於小幅度應變的彈性係數，也就是說，我們只對正比於應變二次方的諸能量項有興趣，我們可想像每對原子之間的力與位移成線性關係。所以，我們可以想像每對原子之間有一線性彈簧相連，如圖 39-10(b) 所示。所有介於鈉原子與氯原子之間的彈簧，均具有相同的彈簧常數，稱爲 k_1。另外，介於兩個鈉原子之間以及介於兩個氯原子之間的彈簧，則可具有不同的常數，但爲了簡化討論起見，我們令這兩個常數相等，並稱爲 k_2。（在我們瞭解了如何計算之後，或許可以回過頭來，讓這兩個常數不相等，然後重新做計算。）

現在，設想晶體承受一均匀應變而發生扭曲，這個均匀應變可由應變張量 e_{ij} 來描述。一般而言，它將具有 x 、 y 及 z 相關的分量；但此處，我們僅考慮具有 e_{xx} 、 e_{xy} 及 e_{yy} 三個分量的應變，我們比較容易檢視。若選擇其中某個原子爲原點，則所有其餘原子的位移由 (39.9) 式給出：

$$\begin{aligned} u_x &= e_{xx}x + e_{xy}y \\ u_y &= e_{xy}x + e_{yy}y \end{aligned} \tag{39.42}$$

設想我們稱在 $x = y = 0$ 的原子爲「1 號原子」，而且 xy 平面上的鄰近原子代號如圖 39-11 所示。令晶格常數爲 a，則我們可得出 x 及 y 方向的位移 u_x 及 u_y，如表 39-1 所列。

於是，我們可以計算彈簧內儲存的能量，對每個彈簧而言，爲 $k/2$ 乘以展延量的平方。例如，在 1 號原子與 2 號原子間的水平彈簧，能量爲

$$\frac{k_1(e_{xx}a)^2}{2} \tag{39.43}$$

請注意到，在第一階的數量級上，2 號原子的 y 位移並沒有使 1 號原子與 2 號原子之間的彈簧長度產生改變。想得到對角線上一對彈

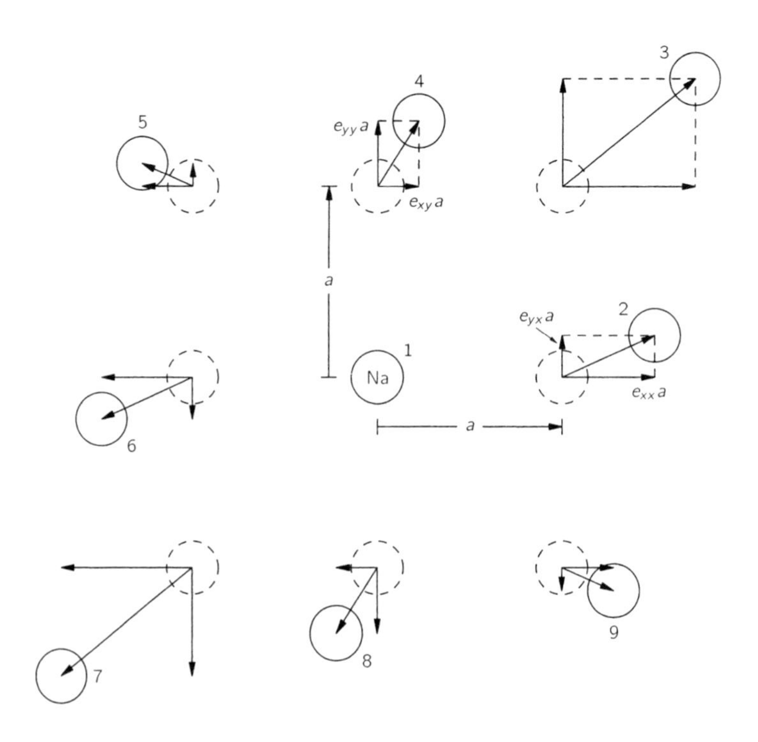

圖 39-11　1 號原子的最近原子與次近原子的位移（圖中的位移尺度被誇大了）。

簧的長度變化，例如，1 號原子與 3 號原子之間，我們需同時考慮水平與垂直位移的影響。對於偏離於原立方體的小幅位移而言，到 3 號原子的距離改變量，可寫爲 u_x 及 u_y 沿對角方向分量的和，即

$$\frac{1}{\sqrt{2}}(u_x + u_y)$$

使用表中所列的 u_x 及 u_y 值，我們獲得下列能量：

$$\frac{k_2}{2}\left(\frac{u_x + u_y}{\sqrt{2}}\right)^2 = \frac{k_2 a^2}{4}(e_{xx} + e_{yx} + e_{xy} + e_{yy})^2 \qquad (39.44)$$

表 39-1

原子	位置 x, y	u_x	u_y	k
1	$0, 0$	0	0	—
2	$a, 0$	$e_{xx}a$	$e_{yx}a$	k_1
3	a, a	$(e_{xx}+e_{xy})a$	$(e_{yx}+e_{yy})a$	k_2
4	$0, a$	$e_{xy}a$	$e_{yy}a$	k_1
5	$-a, a$	$(-e_{xx}+e_{xy})a$	$(-e_{yx}+e_{yy})a$	k_2
6	$-a, 0$	$-e_{xx}a$	$-e_{yx}a$	k_1
7	$-a, -a$	$-(e_{xx}+e_{xy})a$	$-(e_{yx}+e_{yy})a$	k_2
8	$0, -a$	$-e_{xy}a$	$-e_{yy}a$	k_1
9	$a, -a$	$(e_{xx}-e_{xy})a$	$(e_{yx}+e_{yy})a$	k_2

欲得出 xy 平面上所有彈簧的能量，我們需要八個如 (39.43) 及 (39.44) 的項的和。把這個能量稱爲 U_0，則有

$$\begin{aligned}U_0 = \frac{a^2}{2}\bigg\{&k_1e_{xx}^2+\frac{k_2}{2}(e_{xx}+e_{yx}+e_{xy}+e_{yy})^2\\&+k_1e_{yy}^2+\frac{k_2}{2}(e_{xx}-e_{yx}-e_{xy}+e_{yy})^2\\&+k_1e_{xx}^2+\frac{k_2}{2}(e_{xx}+e_{yx}+e_{xy}+e_{yy})^2\\&+k_1e_{yy}^2+\frac{k_2}{2}(e_{xx}-e_{yx}-e_{xy}+e_{yy})^2\bigg\}\end{aligned} \tag{39.45}$$

而要得出所有連接至 1 號原子的彈簧的能量，我們必須在 (39.45) 式中再加入一些項。這是因爲，即使我們只有應變的 x 及 y 分量，仍有部分能量是與不在 xy 平面上的次近原子有關。此額外能量爲

$$k_2(e_{xx}^2a^2+e_{yy}^2a^2) \tag{39.46}$$

(39.13) 式給出彈性常數與能量密度 w 的關連。前面所計算的能

量是伴隨著某一原子，或說得清楚一些，是每個原子所分享能量的**兩倍**，因為每個彈簧的一半能量分配給它所連接的兩個原子中的一個。由於每單位體積有 $1/a^3$ 個原子，w 及 U_0 的關係為

$$w = \frac{U_0}{2a^3}$$

要找出彈性常數 C_{ijkl}，我們只需將 (39.45) 式中的平方項展開，當然，還需加入 (39.46) 的項，並將 $e_{ij}e_{kl}$ 的係數與 (39.13) 式中相對應的係數做比較即可。例如，將 e_{xx}^2 與 e_{yy}^2 的項收集到一塊兒，得到下列因子：

$$(k_1 + 2k_2)a^2$$

所以

$$C_{xxxx} = C_{yyyy} = \frac{k_1 + 2k_2}{a}$$

剩下來的其他項則較複雜。因為我們無法區分，好比 $e_{xx}e_{yy}$ 與 $e_{yy}e_{xx}$ 這兩個項，我們的能量式子中，該類項的係數等於 (39.13) 式中對應兩項的和。在 (39.45) 式裡，$e_{xx}e_{yy}$ 的係數為 $2k_2$，所以我們得到

$$(C_{xxyy} + C_{yyxx}) = \frac{2k_2}{a}$$

然而，由於該晶體的對稱性，$C_{xxyy} = C_{yyxx}$，故得到

$$C_{xxyy} = C_{yyxx} = \frac{k_2}{a}$$

同樣的做法，我們也得到

$$C_{xyxy} = C_{yxyx} = \frac{k_2}{a}$$

最後，你會注意到，任何只含有一個 x 或 y 下標的項為零，如同稍

早我們根據對稱論證所做出的結論一樣。總結我們的結果如下：

$$\begin{aligned} C_{xxxx} &= C_{yyyy} = \frac{k_1 + 2k_2}{a} \\ C_{xyxy} &= C_{yxyx} = \frac{k_2}{a} \\ C_{xxyy} &= C_{yyxx} = C_{xyyx} = C_{yxxy} = \frac{k_2}{a} \\ C_{xxxy} &= C_{xyyy} = \text{etc.} = 0 \end{aligned} \tag{39.47}$$

我們已成功的將塊材彈性常數關連到原子的性質，即 k_1 及 k_2 常數。在以上的特例中，$C_{xyxy} = C_{xxyy}$。由計算過程中便可看出，其實對於立方晶體而言，這些項**永遠**相等，無論在能量式子裡，放入多少力的項，**只要**作用力的方向沿著兩原子間的連線，也就是，只要原子之間的作用力是如彈簧一般，不具有側向分量，不像懸臂樑那般即可（若是共價鍵，則會有側向分量）。

我們可與實驗測得的彈性常數比較，來檢驗以上結論。本章最後的表 39-2 中，我們給出幾種立方晶格的三項彈性係數的觀測值。★ 請注意到，一般而言，C_{xxyy} 及 C_{xyxy} 並不相等。理由是，在鈉、鉀等金屬裡，原子間力的方向，並非如上述模型所假設的沿兩原子連線。鑽石也不滿足連心力的定律，因鑽石中的力爲共價鏈力，具有特殊的方向性——鍵結之間的夾角喜好形成四面角。離子晶體，如氟化鋰、氯化鈉等等，則幾乎具有前述模型假設的所有物理性質，而表中資料顯示，C_{xxyy} 及 C_{xyxy} 兩常數幾乎相等。另外，對氯化銀而言，我們還不清楚，爲何它不滿足 $C_{xyxy} = C_{xxyy}$ 這個條件。

★原注：你經常會發現，文獻中使用了不同的記號。例如，人們通常將彈性常數寫為 $C_{xxxx} = C_{11}$、$C_{xxyy} = C_{12}$ 及 $C_{xyxy} = C_{14}$。

表 39-2 ★ **立方晶體的彈性模數（單位為 10^{12} 達因・公分 ^{2}）**

	C_{xxxx}	C_{xxyy}	C_{xyxy}
鈉	0.055	0.042	0.049
鉀	0.046	0.037	0.026
鐵	2.37	1.41	1.16
鑽石	10.76	1.25	5.76
鋁	1.08	0.62	0.28
氟化鋰	1.19	0.54	0.53
氯化鈉	0.486	0.127	0.128
氯化鉀	0.40	0.062	0.062
溴化鈉	0.33	0.13	0.13
碘化鉀	0.27	0.043	0.042
氯化銀	0.60	0.36	0.062

★取自 C. Kittel, *Introduction to Solid State Physics*, John-Wiley and Sons, Inc., New York, 2nd ed., 1956, p.93 。

第40章 乾水之流動

40-1　流體靜力學
40-2　運動方程式
40-3　穩定流動—白努利定理
40-4　環流
40-5　渦旋線

40-1 流體靜力學

液體的流動，尤其是水的流動，這樣的主題，人人都很感興趣。我們都記得，童年時期，在浴缸或爛泥坑裡玩水的往事。長大之後，我們則喜歡注視溪流、瀑布及旋渦，驚訝於水性不定、變化無端，與固體相比，簡直似有生命一般。在許多方面，流體的行為不可預期，卻很有趣，這便是這一章與下一章的主題。

當小孩試圖築壩圍堵街道上的潺潺流水，他會驚訝於水流是如此靈活，終能找到出口宣洩而去。這便是我們多年以來嘗試瞭解流體流動的歷史的縮影。我們一直企圖以將水流圍堵在有限範圍內，也局限在我們的認知領域中，藉由歸納描述液體流動的定律與方程式來加以瞭解。在這一章，我們將會討論這方面的努力。在下一章，我們將描述水流如何以特有的方式突破的圍限，逃離了我們為理解它所做的努力。

我們假設你已經知曉水的基本性質。流體與固體的基本差異，在於流體無法在一段長短不拘的時間內，**維持**切應變的存在。如果對流體施予切變，則會造成液體流動。黏稠的液體，好比蜂蜜，不像空氣或水那麼容易流動。液體流動難易的量度，便是黏滯性（viscosity）。在本章，我們僅考慮黏滯效應可忽略的情況。黏滯性所產生的效應，將在下一章探討。

首先，我們考慮**流體靜力學**（hydrostatics），即靜止流體的理論。當液體靜止時，將不會有切力的存在（黏性流體亦然）。流體靜力學的定律，便是說，液體內部的應力垂直於任意給定的平面。每單位面積所受的正向力，稱為**壓力**。由靜態液體中沒有切力的事實，可導出沿任意方向的壓應力均相等（見圖 40-1）。我們留給你

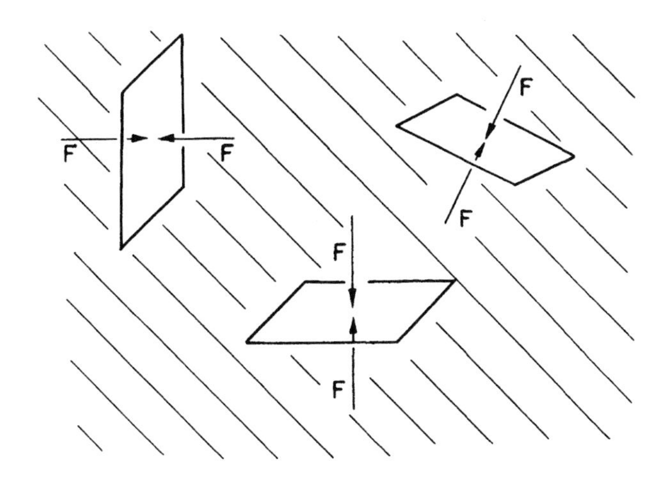

圖 40-1 在靜態液體中，任何平面上，單位面積所受的力均垂直於該平面，且力的大小與平面方向無關。

去享受證明下列事實的樂趣，也就是，當液體中任何平面上的切力爲零時，沿各方向的壓力必然相等。

液體中的壓力可隨地點而改變。例如，在地表的靜態液體，其壓力隨高度改變，因爲與液體本身的重量有關。若液體的密度 ρ 被視爲常數，而且在某任意選取的水平高度，其壓力值爲 p_0（見圖 40-2）。則高出此水平的 h 值處，壓力爲 $p = p_0 - \rho gh$，其中，g 爲每單位質量所受的重力。因此，下列組合

$$p + \rho gh$$

爲該靜態流體的常數。這結果對你而言是熟悉的，底下，我們將推導出更廣泛的結果，而上式便爲該結果的特例。

考慮一立方體積的水，由壓力所造成、作用於水的淨力爲多

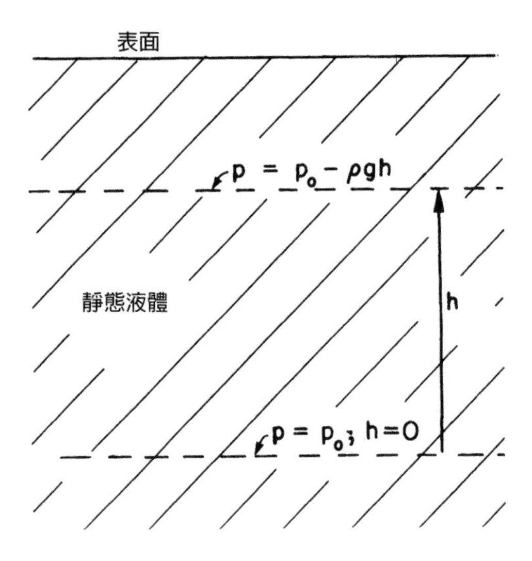

圖 40-2　在靜態液體中的壓力

少？由於在任一處的壓力與方向無關，單位體積所受的淨力若要不為零，則壓力必須隨位置而變化。設想壓力值沿著 x 方向改變，且我們選取座標軸分別平行於立方體三邊。在 x 處的表面上的壓力導致下列受力 $p\ \Delta x\ \Delta y$（見圖 40-3），而在 $x+\Delta x$ 處的表面上的壓力導致下列受力 $-[p+(\partial p/\partial x)\ \Delta x]\ \Delta y\ \Delta z$，因此，兩力的和為 $-(\partial p/\partial x)\ \Delta x\ \Delta y\ \Delta z$。若我們同樣考慮其他兩對平面的受力情形，則可得出，每單位體積所受的力為 $-\boldsymbol{\nabla} p$。如果還有其他種類的力，例如重力，則前述壓力必須與之平衡，才能得到靜態液體。

我們考慮一種情形，當此額外的力可以用位能來描述，例如在重力下的例子；我們令 ϕ 為每單位質量所具有的位能。（外力為重力時，ϕ 恰好是 gz。）則每單位質量所受的力，以位能表示，就是 $-\boldsymbol{\nabla}\phi$，而若 ρ 為流體的密度，則每單位體積所受的力為 $-\rho\boldsymbol{\nabla}\phi$。

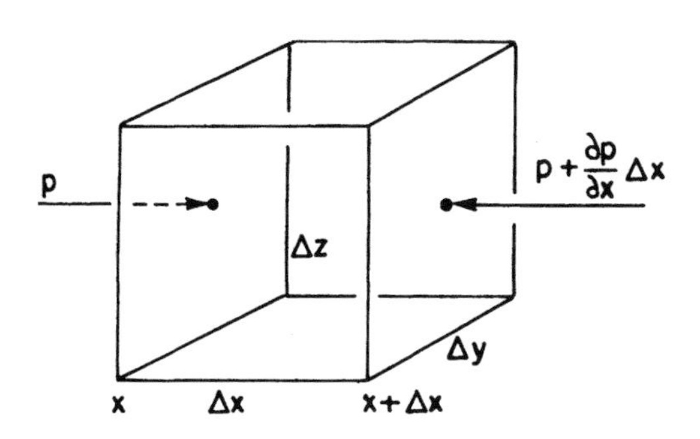

圖 40-3 壓力在一立方體上所造成的淨力，每單位體積為$-\nabla p$。

當平衡時，此單位體積的力，與前述每單位體積中壓力所造成的淨力必須互相抵消：

$$-\nabla p - \rho \nabla \phi = 0 \tag{40.1}$$

(40.1) 式就是流體靜力學的方程式。**一般**而言，該方程**無解**。若密度在空間的分布是以任意方式變化，則上述兩力無法保持平衡，即液體無法存在於靜止狀態。那麼，對流將會發生。這結論可由以上方程看出，因爲式中的壓力項爲純粹的梯度，而另一項，則因變數 ρ 的原故，不是純粹梯度。只有當 ρ 爲常值時，位能項才會簡化爲單純梯度。這時，方程式的解爲

$$p + \rho\phi = \text{常值}$$

可容許流體呈現靜態平衡的另一可能性，便是當 ρ 僅爲 p 的函數。然而，由於流體靜力學並不及流動的液體有趣，我們便就此打住，不再多談。

40-2 運動方程式

首先，我們將以純抽象的理論性方式，討論流體運動，之後，才考慮幾個特殊例子。想要描述流體運動，我們必須給出它在各點的性質。例如，在不同點上，水（我們暫且以「水」稱呼流體）的**速度**也各不相同。欲描述流動特性，我們必須給出任意時間在各點的三個速度分量。若我們能找出決定速度的方程式，便可知曉流體在任何時間的運動情形。

然而，速度並非流體所擁有的唯一性質。我們之前不久，才剛討論過**壓力**隨位置的變化。而且還有這兩者之外的變數。例如隨位置變化的**密度**函數。此外，一流體還可爲導電體，能攜帶電**流**，電流密度 $\boldsymbol{j}$ 在大小及方向上都會隨位置而變化。具有的**溫度**值也可各處不同，或帶**磁場**等等。因此，想要描述一流體的完整性質，所需的場的數目，將由問題的複雜度決定。有些有趣的現象，發生於當電流與磁性共同主導一流體的特性時；這種主題稱爲**磁流動力學**（magnetohydrodynamics），是目前極爲引人矚目的領域。然而，我們將不考慮這些較複雜的情況，因爲縱使在複雜度較低的層級上，也有足以引人入勝的現象，而且這些較爲基礎的問題已夠複雜的了。

我們將考慮無磁場、無電導的情況，也不去煩惱溫度，我們將假設，密度與壓力完全決定了溫度的分布。事實上，我們將假設密度爲常值，進一步減低我們討論工作的複雜性，我們想像該流體本質上爲不可壓縮的。換言之，我們假定壓力的變化非常小，以致於所造成的密度改變可忽略。若非如此，那麼我們將遇到某些超越討論範圍的現象，例如聲波或震波的傳播。之前，我們已對聲波及震波做某種程度上的探討，因此，我們將假設密度 ρ 爲常值，藉由這種方式，把此處所考慮的流體動力學與這些現象分隔開來。同時，要判斷 ρ 為常值的近似是否良好，並不困難。我們可以認定，當流速遠小於流體內的聲波速率時，我們便不需要擔憂密度的變化。水流之所以逃脫我們對於瞭解它所做的努力，並非與上述常值密度的近似有關。造成這種逃脫的複雜因素，將留待下一章討論。

在一般性流體理論裡，首先，必須要有流體的**狀態方程式**，將壓力關連至密度。在我們目前所做的近似中，此狀態方程式僅是

$$\rho = \text{常值}$$

這便是我們的變數所滿足的第一條方程。下一個關係式表達出物質守恆——若物質由某處流走，則該處剩下的物質必然會變少。若流體速度為 $\boldsymbol{v}$ ，則在單位時間內，流經某平面上一單位面積的物質數量，為 $\rho\boldsymbol{v}$ 垂直於平面的分量。在電學裡，我們也曾有過類似的關係式。由電學，我們知曉此量的散度，等於單位時間內密度的遞減率。同理，下列方程

$$\boldsymbol{\nabla}\cdot(\rho\boldsymbol{v}) = -\frac{\partial\rho}{\partial t} \tag{40.2}$$

給出流體的質量守恆律；這就是流體動力學的**連續性方程式**。由於我們做了不可壓縮流體的近似， ρ 為常值，故連續性方程式簡化為

$$\boldsymbol{\nabla}\cdot\boldsymbol{v} = 0 \tag{40.3}$$

因而，流體速度 $\boldsymbol{v}$ ，具有零值散度，如同磁場 $\boldsymbol{B}$ 一般。（流體動力學方程，經常看來類似電動力學方程；這便是為何我們先探討電動力學的原因。某些人持不同的意見；他們認為，應該先學習流體動力學，之後便較容易瞭解電學。事實上，電動力學較流體動力學要單純容易多了。）

再其次，我們將由牛頓定律，即速度如何因外力而改變，導得下一個方程。流體體積元素中的質量乘以其加速度，應等於此元素所受的力。取此元素為單位體積，將每單位體積所受的力寫為f，則有

$$\rho \times (\text{加速度}) = \boldsymbol{f}$$

我們將力密度拆為三項。我們已考慮過單位體積中壓力變化所造成的淨力，也就是$-\boldsymbol{\nabla} p$。另外，又有超距作用的「外」力，例如重力或電力。當外力為守恆力，且每單位質量具有的位能為ϕ時，給出力密度$-\rho\boldsymbol{\nabla}\phi$（若外力不守恆，我們將以$\boldsymbol{f}_{外}$來代表每單位體積所受的外力。）然後，還有每單位體積所受的「內」力，此力的來源，是由於**流動**液體能承受切應力的緣故。這稱為黏性力，我們將寫為$\boldsymbol{f}_{黏}$。因此，我們的運動方程式為

$$\rho \times (\text{加速度}) = -\boldsymbol{\nabla} p - \rho\boldsymbol{\nabla}\phi + \boldsymbol{f}_{黏} \tag{40.4}$$

在本章，我們將假設液體極為「稀薄」，意思即是，黏滯性不重要，所以上式中的$\boldsymbol{f}_{黏}$可省略。當此黏滯項省略時，我們所做的近似適用於描述某理想物質，而非眞實液體。馮諾伊曼（John von Neumann, 1903-1957，原籍匈牙利的美國數學家）非常清楚，當上式的黏滯項不被考慮或納入考慮時，所得出的結論相去甚遠。他也知道，直到1900年，人們在流體動力學上所得到的進展，主要只是在忽略黏滯項的近似下，解一個漂亮的**數學**問題罷了，實質上則幾乎與眞實流體全然無關。他將分析這類數學問題的理論學者，稱為研究「乾水」的人。這類分析，遺漏了流體所具有的**重要**特性。由於在本章裡，我們的計算也沒有計入此重要性質，故本章使用的標題為〈乾水之流動〉。我們將**眞實**液體的討論擱至下一章再談。

當我們忽略了$\boldsymbol{f}_{黏}$，則(40.4)式裡已經有了我們預期的各項，只有加速度仍付之闕如。你或許誤以爲，流體粒子加速度的公式應該很單純，因爲很顯然的，若$\boldsymbol{v}$爲流體內某處的一個流體粒子的速度，則加速度應不外是$\partial \boldsymbol{v}/\partial t$。**其實不然**——由於某個奇特的原因。導數$\partial \boldsymbol{v}/\partial t$爲速度$\boldsymbol{v}(x, y, z, t)$在空間某**固定點**對時間的變化率，而我們所眞正需要的，是流體內**特定部分**的速度變化率。

想像我們將一滴水染了顏色，而後注意其移動情形。在一小時段Δt內，此水滴將移至不同的位置。若水滴沿著圖40-4所示的路徑移動，則在Δt內，它可由P_1移至P_2。事實上，它將沿x方向移動$v_x\,\Delta t$的量，沿y方向移動$v_y\,\Delta t$的量，沿z方向移動$v_z\,\Delta t$的量。我們可以看出，若$\boldsymbol{v}(x, y, z, t)$爲流體粒子在原先$t$時刻時於$(x, y, z)$處的速度，則**同一**個粒子在稍後的$t + \Delta t$時刻，速度應爲$\boldsymbol{v}(x + \Delta x, y + \Delta y, z + \Delta z, t + \Delta t)$，且

$$\Delta x = v_x\,\Delta t, \qquad \Delta y = v_y\,\Delta t, \quad \text{以及} \quad \Delta z = v_z\,\Delta t$$

由偏微分的定義，回想從前的(2.7)式，我們得到下列正確至第一

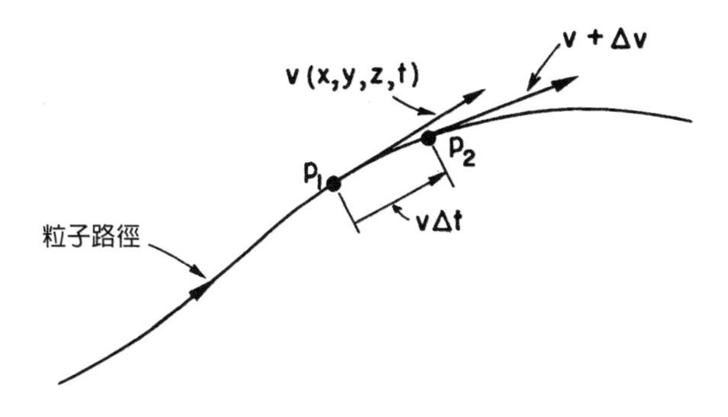

圖40-4 流體內一粒子的加速情況

階展開的式子：

$$\begin{aligned}\boldsymbol{v}(x+v_x\,\Delta t,\,y+v_y\,\Delta t,\,z+v_z\,\Delta t,\,t+\Delta t)\\ = \boldsymbol{v}(x,y,z,t)+\frac{\partial\boldsymbol{v}}{\partial x}v_x\,\Delta t+\frac{\partial\boldsymbol{v}}{\partial y}v_y\,\Delta t+\frac{\partial\boldsymbol{v}}{\partial z}v_z\,\Delta t+\frac{\partial\boldsymbol{v}}{\partial t}\Delta t\end{aligned}$$

故加速度 $\Delta v/\Delta t$ 為

$$v_x\frac{\partial\boldsymbol{v}}{\partial x}+v_y\frac{\partial\boldsymbol{v}}{\partial y}+v_z\frac{\partial\boldsymbol{v}}{\partial z}+\frac{\partial\boldsymbol{v}}{\partial t}$$

從符號上，我們可將上式的 $\boldsymbol{\nabla}$ 視為向量，記為

$$(\boldsymbol{v}\cdot\boldsymbol{\nabla})\boldsymbol{v}+\frac{\partial\boldsymbol{v}}{\partial t} \tag{40.5}$$

注意到，縱使當 $\partial v/\partial t=0$，也就是，**在某給定點**的速度不隨時間改變時，仍可存在有不為零值的加速度。例如，以常值速率循環流動的水流，便具有非零值的加速度，即使在一給定點的速度並不隨時間改變。理由當然是，原先位於循環圓圈上某處的某特定部分的水，其速度在不久之後便會改變方向，因為具有向心加速度的緣故。

我們的乾水理論，只剩下數學需要考慮了；將 (40.5) 式的加速度，代入 (40.4) 式的運動方程，並找出解。我們得到

$$\frac{\partial\boldsymbol{v}}{\partial t}+(\boldsymbol{v}\cdot\boldsymbol{\nabla})\boldsymbol{v}=-\frac{\boldsymbol{\nabla}p}{\rho}-\boldsymbol{\nabla}\phi \tag{40.6}$$

此處，黏滯性已受忽略。藉由下列來自向量分析的恆等式

$$(\boldsymbol{v}\cdot\boldsymbol{\nabla})\boldsymbol{v}=(\boldsymbol{\nabla}\times\boldsymbol{v})\times\boldsymbol{v}+\tfrac{1}{2}\boldsymbol{\nabla}(\boldsymbol{v}\cdot\boldsymbol{v})$$

我們可將運動方程式改寫。若我們**定義** v 的旋度為一新的**向量場** $\boldsymbol{\Omega}$，

$$\boldsymbol{\Omega} = \nabla \times \boldsymbol{v} \tag{40.7}$$

則前向量恆等式可寫爲

$$(\boldsymbol{v} \cdot \nabla)\boldsymbol{v} = \boldsymbol{\Omega} \times \boldsymbol{v} + \tfrac{1}{2} \nabla v^2$$

(40.6) 的運動方程成爲

$$\frac{\partial \boldsymbol{v}}{\partial t} + \boldsymbol{\Omega} \times \boldsymbol{v} + \frac{1}{2} \nabla v^2 = -\frac{\nabla p}{\rho} - \nabla \phi \tag{40.8}$$

你可檢驗方程式兩邊的各分量爲相等，並利用 (40.7) 式，而證實 (40.6) 與 (40.8) 兩式是相等的。

向量場 Ω 稱爲**渦旋度**（vorticity）。若渦旋度處處爲零，我們稱此流動爲**無旋**流。在第 3-5 節時，我們曾定義一向量場的**環流量**。流體中，沿著某封閉迴路的環流量，爲流體的流速在某給定時刻，沿該迴路的路徑積分：

$$(\text{環流量}) = \oint \boldsymbol{v} \cdot d\boldsymbol{s}$$

對於一無限小的迴路，每單位面積的環流量，根據斯托克斯定理（Stokes' theorem），等於 $\nabla \times \boldsymbol{v}$。所以渦旋度 Ω 便是環繞單位面積（垂直於 Ω 的方向）的環流量。根據前述結果，當你放一小塊髒汙（**並非**無限小的點）此液體內的任意處，則它將以 Ω/2 的角速度旋轉。試試看你是否能證明此事。你也可檢驗，當一桶水置於旋轉臺上時，Ω 等於水的局部角速度的兩倍。

若我們只對速度場有興趣，我們可將壓力項由方程式中消除掉。對 (40.8) 式兩邊取旋度，並記得 ρ 爲常值，且任何梯度的旋度均爲零，使用 (40.3) 式，得

$$\frac{\partial \boldsymbol{\Omega}}{\partial t} + \boldsymbol{\nabla} \times (\boldsymbol{\Omega} \times \boldsymbol{v}) = 0 \tag{40.9}$$

此方程式，與底下方程

$$\boldsymbol{\Omega} = \boldsymbol{\nabla} \times \boldsymbol{v} \tag{40.10}$$

及

$$\boldsymbol{\nabla} \cdot \boldsymbol{v} = 0 \tag{40.11}$$

完整描述了速度場 $\boldsymbol{v}$。由數學觀點而言，若我們知道某時刻的 Ω，則我們就可以知道速度向量的旋度，而我們又知道該向量的散度恆爲零，由這些物理情況，可決定在各處的 $\boldsymbol{v}$ 值。（這如同在磁學中的情形，在那裡，我們有 $\boldsymbol{\nabla} \cdot \boldsymbol{B} = 0$ 及 $\boldsymbol{\nabla} \times \boldsymbol{B} = \boldsymbol{j}/\epsilon_0 c^2$。）所以，已知 Ω，就可決定 $\boldsymbol{v}$，正如已知 $\boldsymbol{j}$，便決定了 $\boldsymbol{B}$。再者，知道了 $\boldsymbol{v}$，(40.9) 式便給出 Ω 的變化率，由這個值，我們就可得出在下一時刻的新的 Ω 值。接著，再一次使用 (40.10) 式，又可找出新的 $\boldsymbol{v}$ 值等等，不斷的重複相同步驟。因此，你當已看出，上述的方程組已構成一完整的機制，容許我們計算環流行爲。請注意，上述的計算程序只給出速度場而已；所有有關壓力的資訊都已捨棄了。

我們現在指出上述方程式給出的一個特殊後果。若在任意時刻 t，各處均有 $\Omega = 0$，則 $\partial\Omega/\partial t$ 也爲零，因此，在 $t + \Delta$ 時刻，Ω 也是處處爲零。我們得出了方程式的一個解，即該流動永遠是無旋流。若起始的流動不含旋轉，則該流動永遠不會旋轉。那麼，需要解出的方程式就只是

$$\boldsymbol{\nabla} \cdot \boldsymbol{v} = 0, \qquad \boldsymbol{\nabla} \times \boldsymbol{v} = 0$$

看來就像是靜電場或靜磁場在眞空中的方程式。我們稍後將回至此方程，並用以檢視某些特殊問題。

40-3 穩定流動—白努利定理

現在，我們要回到運動方程式，(40.8) 式，但把情形限制在流動爲「穩定」的情形。穩定流動，意指流體中無論何處的流速，均不隨時間改變。在某處的流體，雖被新的流體所取代，而流動情形則同原先一樣。速度分布的圖看起來永遠不變，即 $\boldsymbol{v}$ 爲靜向量場。如同在靜磁學裡，我們曾畫過「磁力線」一般，我們現在可以沿流體速度的切線方向連接成曲線，如圖 40-5 所示。這些曲線稱爲**流線**（streamline）。對穩定流動而言，很明顯的，這些便是流體粒子的實際移動路線。（在不穩定的流動中，流線圖樣會隨時間而變化，因此在某瞬間時刻的流線圖樣並不代表流體粒子的行進路徑。）

穩定流動不意謂著無所事事，流體裡的原子會不停移動，並改

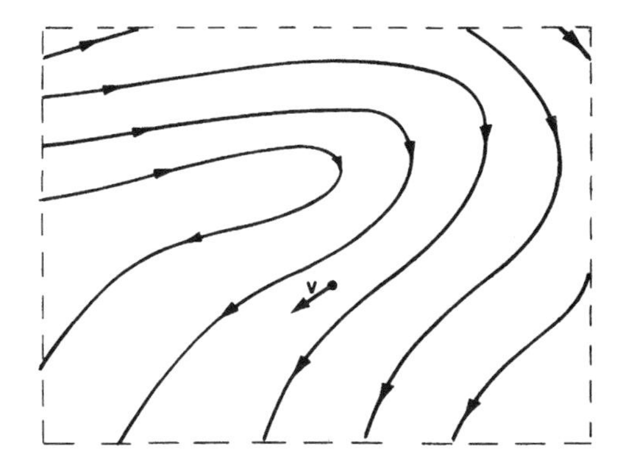

圖 40-5 穩態流體流動下的流線情形

變速度。穩定流動只是意指$\partial \boldsymbol{v}/\partial t = 0$。故若我們將運動方程與 $\boldsymbol{v}$ 做內積，則 $\boldsymbol{v} \cdot (\boldsymbol{\Omega} \times \boldsymbol{v})$ 項將消失不在，我們只剩下

$$\boldsymbol{v} \cdot \nabla \left\{ \frac{p}{\rho} + \phi + \frac{1}{2} v^2 \right\} = 0 \tag{40.12}$$

以上方程說明，**沿著流速方向做一小小位移**，括弧內的數值將不會改變。而在穩定流動中，所有位移均沿流線發生，所以 (40.12) 式告訴我們，對一流線上的各點而言，

$$\frac{p}{\rho} + \frac{1}{2} v^2 + \phi = \text{常數值(流線)} \tag{40.13}$$

這便是**白努利定理**（Bernoulli's theorem）。對不同流線而言，上式中的常數值可以不同；我們只知道，沿**某給定流線**，(40.13) 式的左邊不會改變。附帶說明，對於穩定的**無旋**運動而言，因 $\boldsymbol{\Omega} = 0$，運動方程式 (40.8) 式給出下列關係式：

$$\nabla \left\{ \frac{p}{\rho} + \frac{1}{2} v^2 + \phi \right\} = 0$$

因此，

$$\frac{p}{\rho} + \frac{1}{2} v^2 + \phi = \text{常數值(各處)} \tag{40.14}$$

此式正如同 (40.13) 式，**除了本式**的常數**在整個流體各處都有相同的值**。

白努利定理事實上只不過是能量守恆的敘述罷了。使用像這類守恆定理，無須眞正詳細解出方程式，便可提供許多有關流動的資訊。因白努利定理是如此重要與簡單，我們將以不同於方才正式導法的另一種方式，再一次推導。

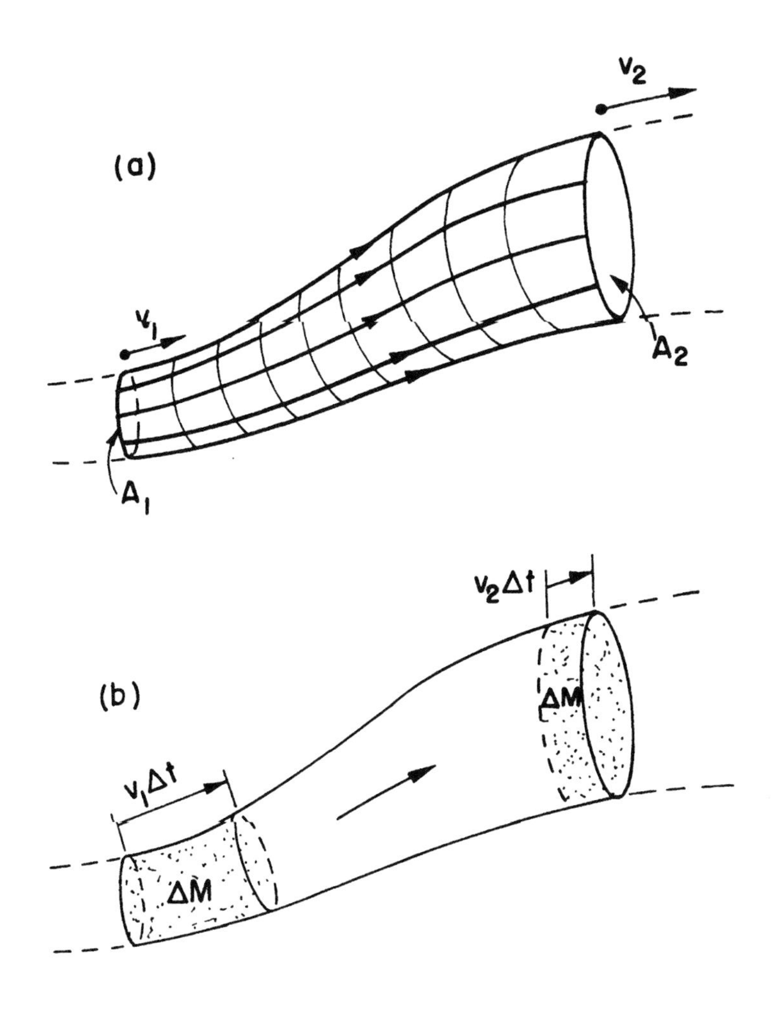

圖 40-6 流管內的流體運動

設想一叢彼此相鄰的流線，如圖 40-6 所示，形成一流管。由於管壁本身均由流線組成，不會有流體進出此管壁。令流管一端的面積爲 A_1，流速爲 v_1，流體密度爲 ρ_1，位能爲 ϕ_1。流管另一端，則對應有 A_2、v_2、ρ_2 及 ϕ_2。在一小段時間間隔 Δt 之後，A_1 處的流

體移動了 $v_1\ \Delta t$ 的距離，而在 A_2 的流體則移動了 $v_2\ \Delta t$ 距離（圖 40-6(b)）。根據**質量**守恆，由 A_1 進入的質量，必定等於由 A_2 離去的質量。這兩端的質量變化必須相等：

$$\Delta M = \rho_1 A_1 v_1\, \Delta t = \rho_2 A_2 v_2\, \Delta t$$

所以有下列等式

$$\rho_1 A_1 v_1 = \rho_2 A_2 v_2 \tag{40.15}$$

上式告訴我們，若 ρ 爲常數，則速度與流管的面積成反比。

現在，我們來計算液體壓力所做的功。作用於由 A_1 進入管道的液體的功爲 $p_1 A_1 v_1 \Delta t$，而由 A_2 離去液體所釋出的功則爲 $p_2 A_2 v_2 \Delta t$。因此，作用於 A_1 及 A_2 之間的液體的功爲

$$p_1 A_1 v_1\, \Delta t - p_2 A_2 v_2\, \Delta t$$

這結果必須等於一小塊流體質量 ΔM 由 A_1 移至 A_2 的過程中所增加的能量。換言之，

$$p_1 A_1 v_1\, \Delta t - p_2 A_2 v_2\, \Delta t = \Delta M(E_2 - E_1) \tag{40.16}$$

此處，E_1 爲流體在 A_1 處每單位質量擁有的能量，而 E_2 爲在 A_2 處每單位質量擁有的能量。又每單位流體質量所擁有的能量爲

$$E = \tfrac{1}{2}v^2 + \phi + U$$

此處，$\frac{1}{2}v^2$ 爲每單位質量的動能，ϕ 爲每單位質量的位能，而 U 爲兩者之外的能量，代表流體每單位質量的內能。此內能可對應，例如，可壓縮流體的熱能或化學能。每個能量項都可隨位置變化。將以上能量式代入 (40.16) 中，我們得

$$\frac{p_1A_1v_1\,\Delta t}{\Delta M}-\frac{p_2A_2v_2\,\Delta t}{\Delta M}=\frac{1}{2}v_2^2+\phi_2+U_2-\frac{1}{2}v_1^2-\phi_1-U_1$$

但我們已知 $\Delta M=\rho Av\,\Delta t$，所以得到

$$\frac{p_1}{\rho_1}+\frac{1}{2}v_1^2+\phi_1+U_1=\frac{p_2}{\rho_2}+\frac{1}{2}v_2^2+\phi_2+U_2 \qquad (40.17)$$

這便是白努利定理，只是增加了額外的內能項罷了。若液體爲不可壓縮的，則上式兩邊的內能項相等，我們便又得到 (40.14) 式，沿給定流線成立的結果了。

我們現在考慮一些簡單特例，只需用白努利積分，便可描述流體的流動情形。設想水自一水槽底部附近的開口流出，如圖 40-7 所

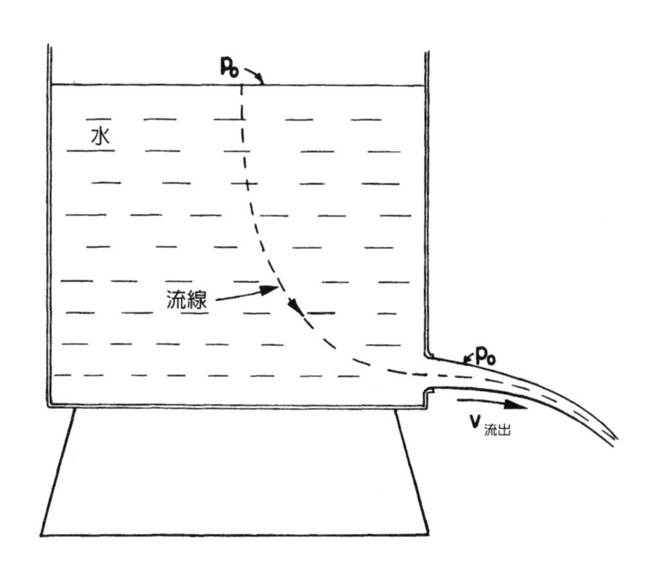

圖 40-7 水槽的洩流

示。我們假設開口處的流速 $v_{流出}$ 遠大於水槽頂端的流速；換言之，我們想像水槽的直徑非常大，以致可忽略水平面的下降。（或者，若是有需要，我們可進一步做更精確的計算。）水槽頂端的壓力爲 p_0，即大氣壓，在底端噴流側的壓力也是 p_0。現在，考慮一流線，如圖中所示，寫下其對應的白努利方程。令在水槽頂端處的 v 爲零，並令該處的重力位能 ϕ 爲零。在底部出口處，速度爲 $v_{流出}$，位能 $\phi = -gh$，故有

$$p_0 = p_0 + \tfrac{1}{2}\rho v_{流出}^2 - \rho gh$$

也就是

$$v_{流出} = \sqrt{2gh} \tag{40.18}$$

此速度，恰好等於某落體經過 h 的垂直距離後所獲得的速度。這並不令人驚訝，因爲在出口的水所獲得的動能，應該等於在頂端的水所損失的位能。然而，切莫誤以爲，可將此速度乘以出口面積，而得到水槽的流體流率。當水由出口噴出時，流速的方向並非全然彼此平行，而是具有指向噴流中心軸的速度分量，也就是噴流會往中心軸靠近。當噴流略微離開噴口後，收斂方才結束，速度才彼此平行。因此，總流率爲流速乘以收斂結束處的面積。事實上，若開口的邊緣相當銳利，則噴流收斂後的面積，爲開口面積的 62%。此有效洩流面積與洩流管道的外形有關，實驗所測得的收縮截面已編列成表，稱爲**射流係數**（efflux coefficient）表。

若排水管是插入水槽內，如圖 40-8 所示，那麼我們可以用非常漂亮的方式證明，其射流係數恰好爲 50%。在這裡，我們僅提示如何證明。我們已使用能量守恆得出速度，即 (40.18) 式，但尚有動量守恆律應予考慮。因爲噴出流體帶走了動量，因此，必定存在有

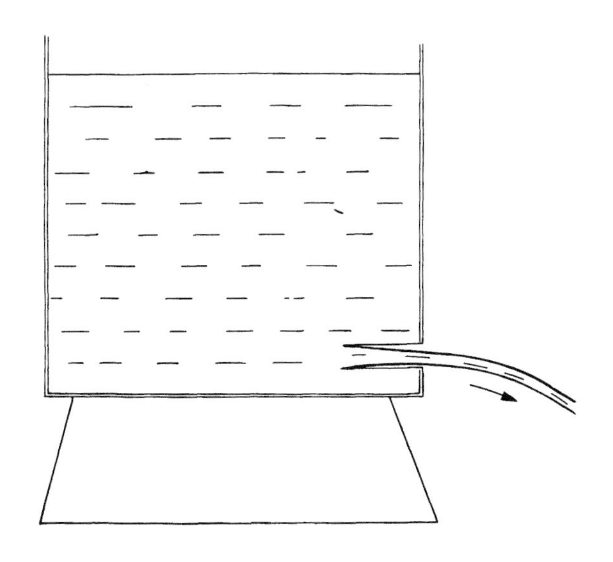

圖 40-8　若排水管插入水槽內，噴流最終將收斂至開口一半的面積。

一力作用於排水管的截面上。此力自何而來呢？它必定來自槽壁上的壓力。當排水孔很小，且與槽壁保持距離時，槽壁附近的流速也會很小。因此，在每個平面上的壓力都幾乎等於靜態液體的靜壓，即 (40.14) 式。所以，在槽內任意一點的靜壓，必須等於其對面槽壁上一點的壓力，正對排水管的槽壁則**除外**。若我們計算出此壓力在排水管裡所造成的動量流出，便可證明對應的射流係數爲 1/2 。然而，此方法無法應用在圖 40-7 所示的排水口情況，因爲，在靠近排水處，流速會沿槽壁增加，這將造成壓力下降，而使本計算失效。

再接著談另一個例子——截面大小呈現變化的水平管子，如圖 40-9 所示，液體由一端進入，另一端離去。由能量守恆，也就是白努利公式，知道在流速較高的狹窄處，壓力較低。我們很容易以實

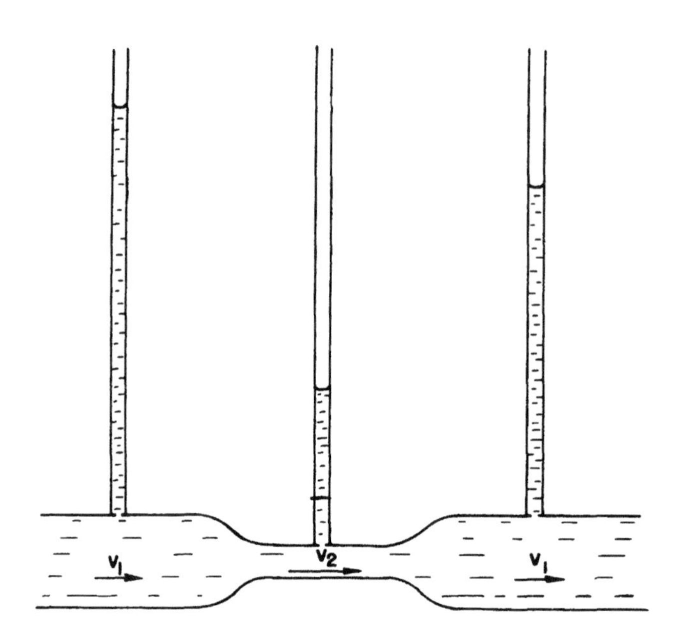

圖 40-9　流速最高處，壓力為最低。

驗來證實這個效應，即在流管的不同截面處，接上幾個裝水的垂直細管，細管與流管的接口必須夠小，方不影響原來的水流。則流體的液壓值，可以藉由量測垂直細管裡的液面高度來決定。結果發現在狹窄截面處的液壓，較兩側爲低。且若穿過狹窄處之後，流管截面積回復爲原先大小，則液壓也會回升。根據白努利公式，位於狹窄處下游的液壓，應等於其上游的液壓，但實際上發現，下游液壓要小許多。與預測不符的原因，是因爲我們忽略了會產生摩擦的黏性力，而該作用力會使得沿管子的液壓下降。但即使將這效應計入，在狹窄處的液壓（因此處的流速增加）仍明顯低於其兩側的值，如同白努利所預測的。速率 v_2 必須大於 v_1，才能使相同的水量通過流管裡狹窄之處。因此，液體由寬闊處來至狹窄處時，必須

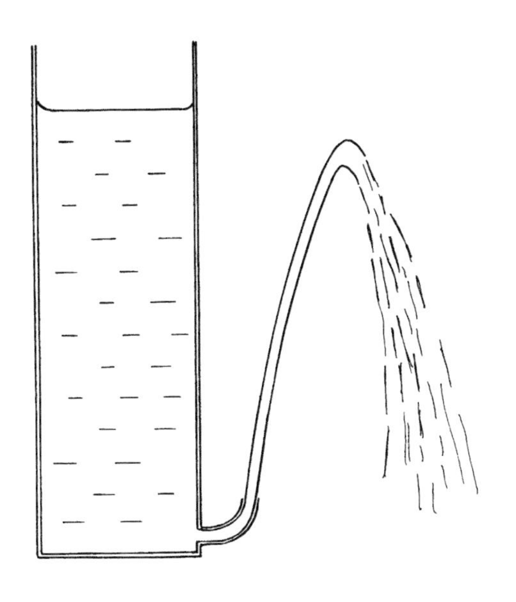

圖 40-10 v 不等於 $\sqrt{2gh}$ 的實驗證明

增加其速度。而產生加速度的作用力，則來自液壓的下降。

我們還可由另一個簡單的實驗，檢驗前述的結論。設想水槽的排水管裝置如圖 40-10 所示，由管內朝上方排水。若射流速度恰好爲 $\sqrt{2gh}$，則排出的水，應到達與水槽內水面相同的高度。但實驗上顯示，排水高度略低於此期望値。因此，雖然我們的預測大致不差，但再一次的，由於黏性摩擦效應未考慮在能量守恆公式內，造成了能量損失。

你是否曾用雙手拿著靠得相當近的兩張紙，然後試著把它們吹開？試試看。結果它們反而會靠**在一起**。原因當然是，通過兩張紙之間狹隘區域的空氣，比起經過紙張外面有**較高的**速率。兩張紙之間的壓力比大氣壓**還低**，所以它們會彼此靠近，而不是分開。

40-4 環 流

在上一節的開頭，我們就已提到，若我們考慮沒有環流的不可壓縮液體，則流體滿足下列兩個方程：

$$\nabla \cdot \boldsymbol{v} = 0, \qquad \nabla \times \boldsymbol{v} = 0 \tag{40.19}$$

這兩個式子與眞空裡的靜電或靜磁方程式完全相同。無電荷時，電場的散度爲零，另外，靜電場的旋度則永遠爲零。無電流時，靜磁場的旋度爲零，另外，磁場的散度則永遠爲零。因此，(40.19) 式的解，與靜電中 $\boldsymbol{E}$ 場方程式，或靜磁中 $\boldsymbol{B}$ 場方程式的解相同。事實上，由於與靜電學問題相似，我們可以說，流體流過球體側的問題，已在第 12-5 節解過了。靜電類比告訴我們，答案爲一均勻電場與一電偶極場的和。而電偶極場則要調整，讓流體垂直於球面的速度分量爲零。同樣的，流體通過圓柱側邊的問題，也可將一均勻場與一適中的線偶極重疊，而得出解。此解適用於極遠處的流速爲常值，不僅大小是如此，方向也是。圖 40-11(a) 顯示該解的狀況。

另一種可能圍繞圓柱體的流動狀況，便是在遠處的液體沿圓弧環繞該圓柱。故整體流動爲層層相圍的同心圓柱，如圖 40-11(b) 所示。雖然**在液體內**的 $\nabla \times \boldsymbol{v}$ 處處爲零，整體流動仍爲環狀。如何才能辦到，有環流存在，但卻沒有旋度呢？圓柱周圍之所以有環流存在，是因爲沿著任何**包圍**圓柱的迴圈，計算 $\boldsymbol{v}$ 的線積分，發現其結果不爲零。同時，沿著任何**不**含圓柱的迴圈，計算 $\boldsymbol{v}$ 的線積分，發現其結果爲零。從前，在計算電線周圍的磁場時，也曾出現同樣情形。在電線外的磁場 $\boldsymbol{B}$ 的旋度爲零，但沿著任意包含電線的迴路，計算 $\boldsymbol{B}$ 的線積分時，答案卻不爲零。環繞圓柱的無旋環流的速度

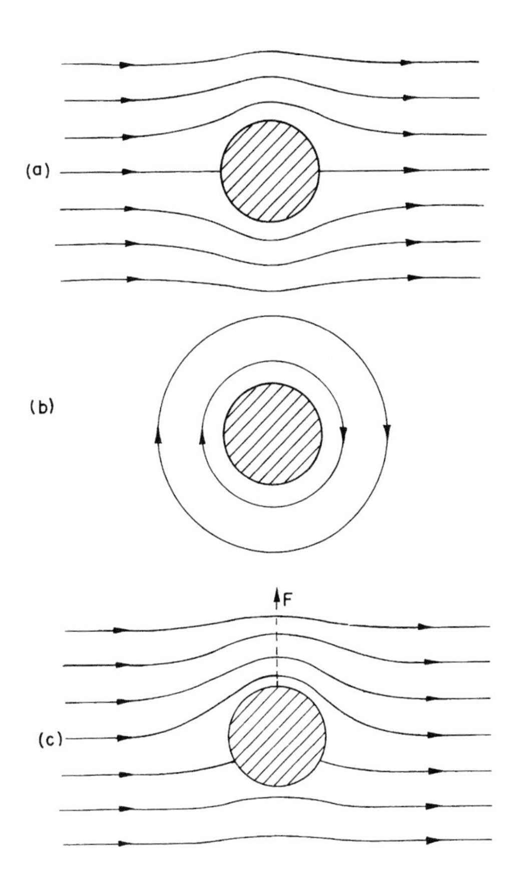

圖 40-11 (a) 理想液體由圓柱兩側流過。(b) 圍繞圓柱體的環流。(c) 將 (a) 與 (b) 疊加的結果。

場，與電線周圍的磁場分布完全相同。當選取的圓形迴路，其圓心與圓柱中心重疊時，速度的線積分爲

$$\oint v \cdot ds = 2\pi r v$$

對無旋流，此積分值與 r 無關。令此常數為 C，則我們有

$$v = \frac{C}{2\pi r} \tag{40.20}$$

此處，v 為切線方向的速度，而 r 則為到中心軸的距離。

我們很容易藉由實驗，觀測到繞著孔洞四周的環流情形。找一個透明圓柱形水槽，底部中央具有一個排水孔。將水槽放滿水，用棍棒攪動，使水產生環流，再移去排水孔塞子。你便可以得到圖40-12的漂亮效應。（其實你已經在浴缸裡，看過許多次類似的現象！）雖然開始時，你給了水一些角速度 ω，由於黏性力的緣故故，不久後，該轉速便會消失不見，水就成為無旋流，但仍有環流存在於排水孔周圍。

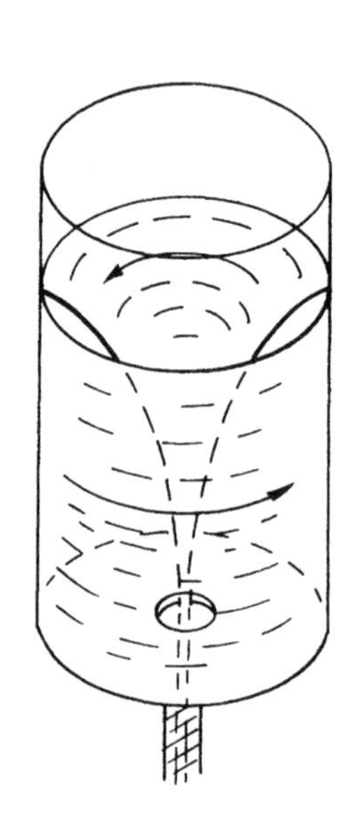

圖 40-12　具有圓形排水孔的水槽，排水時的環流情形。

由理論，還可以計算出水液內圍曲面的形狀。當水粒子往內移動時，它的速度會隨之增加。由 (40.20) 式，切線方向的速度以 $1/r$ 的關係變化——這只是角動量守恆的結果，正像滑冰者將雙臂往內收的效果一般。忽略切線方向的運動，液體有沿徑向流往中央孔洞的運動；而由 $\nabla \cdot \boldsymbol{v} = 0$，可知徑向速度正比於 $1/r$。因此，總速度便以 $1/r$ 的形式增加，而水流便沿阿基米德螺旋移向中央。又因空氣與水的界面上承受的壓力爲大氣壓，因此，由 (40.14) 式，必然有底下性質：

$$gz + \frac{1}{2}v^2 = \text{常值}$$

但 $\boldsymbol{v}$ 正比於 $1/r$，所以界面的形狀爲

$$(z - z_0) = \frac{k}{r^2}$$

有一件有趣的事，雖然**一般而言並不成立**，只在不可壓縮的無旋流才成立，那就是，若已有一解，再又有第二解，則兩者的和亦爲一解。這原因是由於 (40.19) 爲線性方程式的緣故。而完整的流體動力學方程組，(40.9)、(40.10) 及 (40.11) 式並非線性的，這便給出了天壤之別。但是，對於圍繞著圓柱體的無旋流，我們則可將圖 40-11(a) 的流型，與圖 40-11(b) 的流型重疊一塊兒，而得出如同圖 40-11(c) 所示的新流型。圓柱上方的流速會高於下方流速。因此，**上方的**液壓會**低**於下方的液壓。因此，當我們將圓柱周圍的環流，**與**一淨水平流動組合一塊兒時，圓柱將感受一**垂直方向的力**，稱爲**升力**。當然，若沒有環流，則根據我們的「乾」水理論，物體將不會受到任何淨力的作用。

40-5 渦旋線

對於不可壓縮的液體，我們曾寫下了下列方程組，無論渦旋度是否存在，均可適用：

$$\text{I.}\quad \nabla\cdot\boldsymbol{v} = 0$$

$$\text{II.}\quad \boldsymbol{\Omega} = \nabla\times\boldsymbol{v}$$

$$\text{III.}\quad \frac{\partial\boldsymbol{\Omega}}{\partial t} + \nabla\times(\boldsymbol{\Omega}\times\boldsymbol{v}) = 0$$

這些方程式的物理涵義，曾由亥姆霍茲（Hermann von Helmholtz, 1821-1894，德國理論物理學家）以三個定理加以描述。首先，設想在流體內，我們欲畫出**渦旋線**（vortex line），而非流線。所謂渦旋線的意義，指的是場線，方向與 $\boldsymbol{\Omega}$ 相同，而在任一區域的密度則正比於 $\boldsymbol{\Omega}$ 數值的大小。由 II 可知，$\boldsymbol{\Omega}$ 的散度**恆**為零（回想第 3-7 節提過，旋度的散度恆為零）。因此，渦旋線如同磁力線，它們既沒有開始，也沒有結束，而傾向於形成迴路。亥姆霍茲以下列方式，用文字敘述來描述 III：渦旋線會**隨流體移動**。這意謂著，若你將渦旋線處的流體粒子加以標示，例如塗上顏色，則當流體移動時，這些彩色粒子會隨之移動，且標示出渦旋線所在的新位置。無論液體原子如何移動，渦旋線必然跟進。這便是上述流力定律的描述。

這也提示如何解出流力問題。給定了初始的流型，例如每一點的 $\boldsymbol{v}$，則可計算 $\boldsymbol{\Omega}$。由 $\boldsymbol{v}$，你可計算出稍晚之時的渦旋線位置，因為渦旋線以速度 $\boldsymbol{v}$ 移動。由新的 $\boldsymbol{\Omega}$ 值，便可透過 I 及 II 計算出新的 $\boldsymbol{v}$ 值。（這正如當電流已知時，就可以算出 $\boldsymbol{B}$ 值。）若已知某瞬間的流型，原則上，便可算出未來任何時刻的流型。所以，便有了非黏滯流體的通解。

我們要教你們如何去瞭解亥姆霍茲的敘述，也就是 III ，即使只是部分瞭解。事實上，這只是角動量守恆律應用於流體罷了。設想流體內一個小圓柱狀部分，中心軸與渦旋線平行，如圖 40-13(a) 所示。在稍晚時刻，這部分的流體會移至他處。且方向也可能已產生改變，例如，如圖 40-13(b) 所示。若直徑變小，則長度將變長，

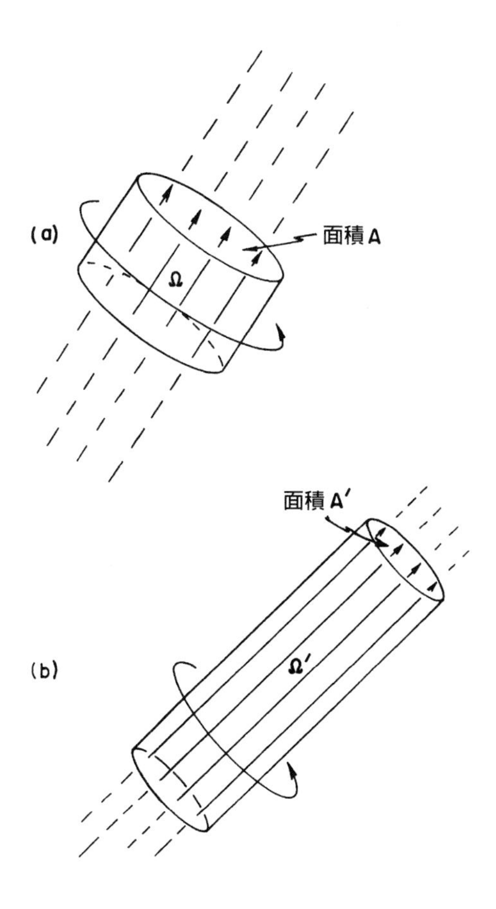

圖 40-13　(a) 在 t 時刻的一群渦旋線；(b) 原渦旋線在稍晚時刻 t' 的情形。

以保持總體積不變（因爲我們假設了液體是不可壓縮的）。同時，因渦旋線永遠與該部分的液體在一塊兒，由於截面積減少的緣故，渦旋線的密度將會增加。渦旋度 $\mathbf{\Omega}$ 與圓柱面積 A 的乘積將維持爲常數，因此，根據亥姆霍茲的敘述，我們會有

$$\Omega_2 A_2 = \Omega_1 A_1 \tag{40.21}$$

現在，由於黏滯度爲零，圓柱體表面（或**任意**幾何形體，就此而言）所受的任何作用力，均與該表面垂直。來自壓力差的作用力，可造成該部分液體由一處移至他處，或造成其外形的改變；但因缺乏**切向**力的緣故，**圓柱內流體角動量**的大小則無法改變。該小圓柱體內，液體的角動量，等於轉動慣量 I 乘以液體角速度，而角速度與渦旋度 $\mathbf{\Omega}$ 成正比。就圓柱體而言，轉動慣量與 mr^2 成正比。因此，由角動量守恆，我們有下列結論：

$$(M_1 R_1^2)\Omega_1 = (M_2 R_2^2)\Omega_2$$

但因質量相同，$M_1 = M_2$，而面積則與 R^2 成正比，所以我們再一次得到 (40.21) 式。亥姆霍茲的敘述，也就是與 III 等價的敘述，其實是在說，在無黏滯性時，液體元素角動量爲定值的後果。

以圖 40-14 的簡易裝置，可以很漂亮的示範如何產生一移動渦旋，並觀察其現象。那是直徑爲兩英尺寬的「鼓」，厚度也是兩英尺，可將一片橡膠皮套在圓柱形「盒子」的開口上而製成。把鼓橫向放置，其「底面」爲堅硬的面，挖有 3 英寸圓孔。若你在橡膠皮鼓面處，以手迅急煽風，則由圓孔處會送出一渦旋環。雖然該渦流無法目視，你仍可藉由它將 10 或 20 英尺外的燭火吹熄而得知其存在。另外，由吹熄時間與煽動時間兩者間的時差，亦可判斷「某物」正以某速度在行進。若想要清楚呈現，則可先將一些煙霧送入盒

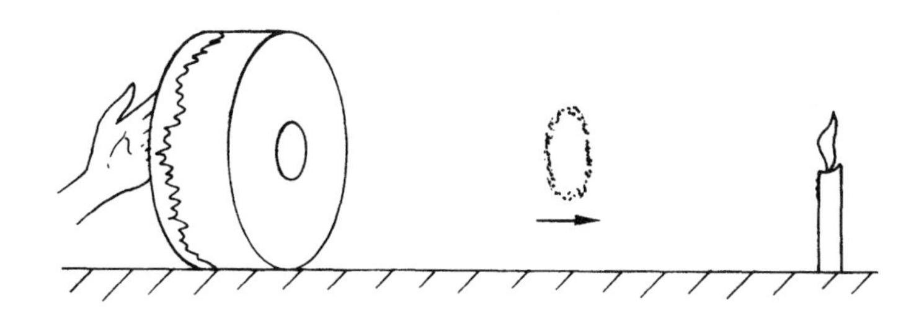

圖 40-14 製造會移動的渦旋環

內。則你將看見「煙圈」形態的渦旋環。

煙圈是一束環面形狀的渦旋線集合而成，如圖 40-15(a) 所示。由於 $\boldsymbol{\Omega} = \boldsymbol{\nabla} \times \boldsymbol{v}$，這些渦旋線也代表呈環流的 $\boldsymbol{v}$，如圖(b) 部分所示。我們可由下列理由，瞭解煙圈往前向移動的原因：煙圈**底端**的環流速度延伸至煙圈頂端，而表現出前向的流動。又，因 $\boldsymbol{\Omega}$ 線與流體一塊兒移動，故它們便以速度 $\boldsymbol{v}$ 往前行進。（當然，煙圈頂端的環流速度 $\boldsymbol{v}$，決定了底端渦旋線的前進運動。）

在此，我們必須指出一個嚴重的問題。我們曾說，根據 (40.9) 式，若 $\boldsymbol{\Omega}$ 的初始值爲零，它將永遠爲零。這結論顯示了「乾」水理論的重大缺陷，因爲它意謂著，一旦 $\boldsymbol{\Omega}$ 爲零值，它便**恆**爲零值，便永遠無法以任何方式**產生**渦旋度。然而，在上述以鼓示範的簡易實驗裡，即使原先的空氣是靜止不動的，我們還是能製造出渦旋環。（顯然，在我們煽動空氣之前，盒子內各處，均爲 $\boldsymbol{v} = 0$，$\boldsymbol{\Omega} = 0$。）另外，我們都知道，用一根船槳，便能在湖水內攪出旋渦，產生渦旋度。因此，我們必須進入「濕」水理論，才能完整瞭解流體的行爲。

乾水理論另一個錯誤的表徵，便是我們在流體與固體的界面處對於流動所做的假設。當我們討論流經圓柱體的水流時，例如在圖

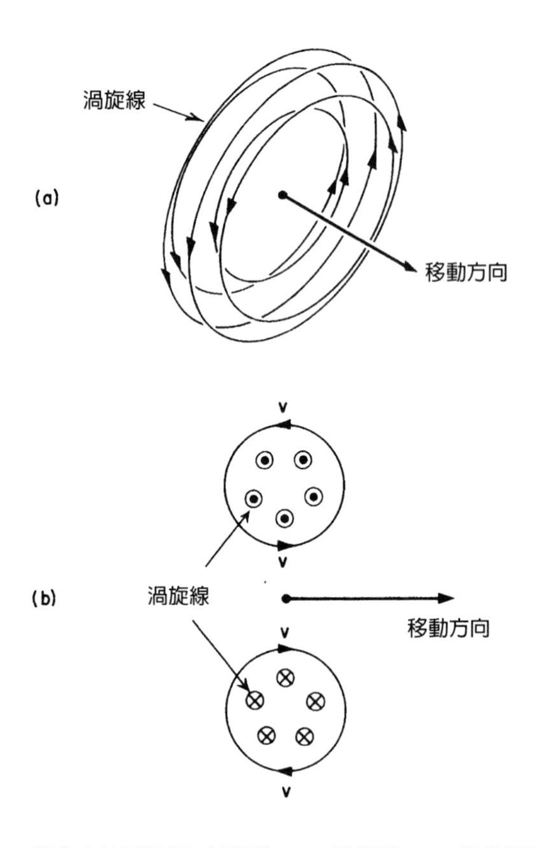

圖 40-15　移動中的渦旋環（煙圈）。(a) 渦旋線。(b) 渦旋環的截面。

40-11 中，我們容許液體滑過固體表面。也就是，在我們理論裡，固體表面處的流體可以有任意的速度，端視此流動是如何產生而定，我們並未考慮流體與固體之間的任何「摩擦」。然而，根據實驗結果，在固體表面處，眞實流體的速度恆爲零值。因此，我們在圓柱體問題所得到的解，無論是否有環流，都是不正確的，和該理論對產生渦旋度所犯的錯誤一樣。

在下一章，我們將告訴你較爲正確的理論。

第41章 濕水之流動

■ 41-1 黏滯性
41-2 黏滯流動
41-3 雷諾數
41-4 流經圓柱體的流動
41-5 趨近零黏度
41-6 庫埃特流

41-1 黏滯性

在前一章裡，我們已討論了水的行爲，但忽略了黏滯現象。現在，我們要將黏滯效應**包含**在內，重新檢視流體的現象。我們將檢視流體的**真實行為**。我們將定性描述在各種不同情形下流體的眞實行爲，讓你可對這個主題獲得一些瞭解。雖然，你將見到一些複雜的方程式，聽到一些複雜的敘述，但這些並非我們希望你在此處就弄懂的。這一章的目的，在於給你一些「文化素養」，讓你對眞實世界的運作有些概略的認識。眞正在此應當弄懂的，是待會兒即將談到的黏滯性的簡單定義。剩下的材料，只是具有娛樂的功用罷了。

在前一章，我們已發現，流體運動定律爲下式所概括：

$$\frac{\partial \boldsymbol{v}}{\partial t} + (\boldsymbol{v} \cdot \boldsymbol{\nabla})\boldsymbol{v} = -\frac{\boldsymbol{\nabla} p}{\rho} - \boldsymbol{\nabla}\phi + \frac{\boldsymbol{f}_{黏}}{\rho} \qquad (41.1)$$

在「乾」水的近似下，上式的最後一項被忽略掉，因而所有的黏滯效應也被忽略。而且，有時候，我們還額外加上不可壓縮液體的假設；這便給出了額外的方程式

$$\boldsymbol{\nabla} \cdot \boldsymbol{v} = 0$$

上述最後一項近似通常是合理的，尤其是當液體流速遠低於聲速時。但在實際流體中，我們幾乎不可能忽略稱爲黏滯性的內摩擦；許多有趣的現象，都可歸究於此性質存在的緣故。例如，在乾水裡，我們曾提到，環流永遠不會改變——因此，起始時若無環流存在，則將永無環流存在。然而，液體中的環流現象，卻是日常可見

的。我們必須修正原有的理論不可。

我們由一個重要的實驗事實開始。之前，當我們解出乾水流經或環繞圓柱體的問題，也就是所謂的「勢流」時，我們毫無理由要求界面處的切向流速必得爲零；只有法向分量必須爲零。我們並未考慮固體與液體之間可能有切力的存在。事實上，雖然並非如同不辯自明般的明顯，在所有實驗中檢視到的結果在在表示，**固體表面的流速確切為零**。毫無疑問的，你一定注意到，風扇葉片上沾有一層薄薄的灰塵，而在風扇運轉、攪動空氣之後，這層灰塵仍停留在葉片上。甚至，在風洞實驗所使用的巨型風扇上，也可觀察到相同效應。爲何塵埃不會給氣流吹落呢？這是由於，即便風扇葉片是以高速切過空氣，在葉片表面處，空氣相對於葉片的速度降爲零。因此，極小的塵埃將不受空氣擾動的影響。* 所以，我們必須修正理論，以求它符合下列實驗事實：也就是在任何普通流體中，固體界面處的分子速度爲零（相對於界面）。◆

原先，我們曾以下列事實做爲液體的特徵，即當你施加切應力於其上時，無論應力爲多小，液體必然會順服於該切力。也就是，液體會流動。在靜態的情況，不會有切力存在。但在液體到達平衡狀態之前，只要你持續對它施力，可以有切力存在。**黏滯性**描述的是，移動流體內所存在的切力。欲測量運動中流體內的應力，我們考慮下面的實驗。設想有兩塊固體平板之間充滿水，如圖 41-1 所

*原注：你**能夠**把**大的**灰塵顆粒由桌面吹走，但吹**不**走小粒塵埃。大灰塵顆粒的厚度會延伸至氣流處。

◆原注：你可想到在何種情形下這敘述並不成立，例如玻璃，理論上玻璃是「液體」，但顯然它可沿著鋼板表面滑動。所以此敘述必然會在某條件下失效。

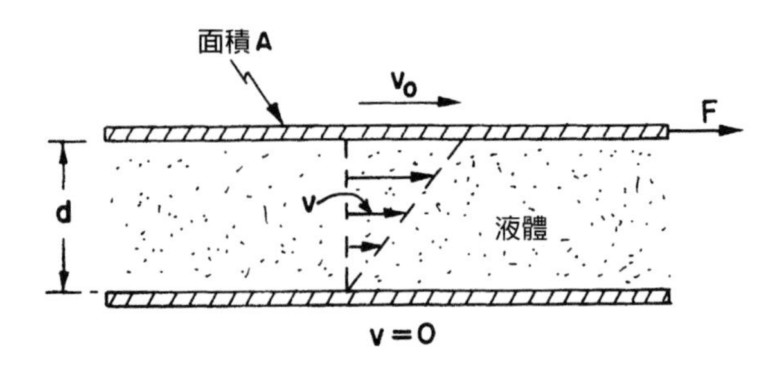

圖 41-1 在兩平行板面之間的黏滯曳力

示，我們保持第一面平板固定不動，另一片則平行於第一面，且以緩速 v_0 移動。若你測量為了保持上方平板移動所需的力，你將會發現，該力正比於平板面積以及 v_0/d，其中 d 為兩平板之間的距離。因此，切應力 F/A 正比於 v_0/d：

$$\frac{F}{A} = \eta\frac{v_0}{d}$$

式子中的比例常數 η，便稱為**黏滯係數**。

若我們的情況較此為複雜，則可考慮水裡的一小塊平整長方體單元，且該單元的表面與流向平行，如圖 41-2 所示。則橫跨於該單元上的應力為

$$\frac{\Delta F}{\Delta A} = \eta\frac{\Delta v_x}{\Delta y} = \eta\frac{\partial v_x}{\partial y} \tag{41.2}$$

此處，$\partial v_x/\partial y$ 為第 39 章所定義的切應變的**變化率**，因此，對液體而言，切應力正比於切應變的**變化率**。

在一般狀況下，我們寫為

$$S_{xy} = \eta\left(\frac{\partial v_y}{\partial x} + \frac{\partial v_x}{\partial y}\right) \tag{41.3}$$

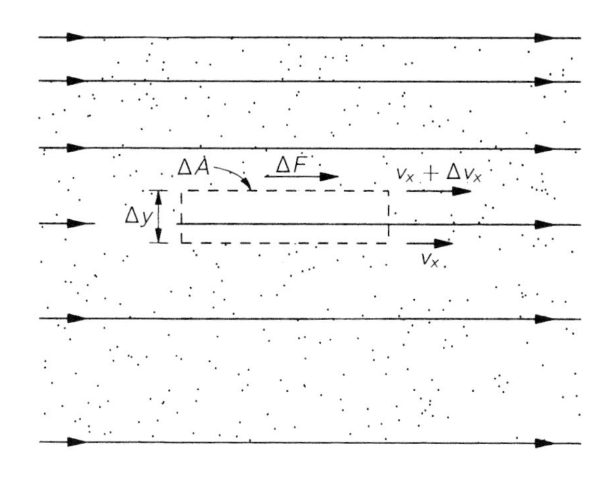

圖 41-2 黏性流體內的切應力

若是均勻旋轉的流體，則$\partial v_x/\partial y$與$\partial v_y/\partial x$正負號相反，而且S_{xy}爲零，就如所預期的，在均勻旋轉的液體中，不應有應力存在。（在第39章中，我們在定義e_{xy}時，也曾遭遇到類似的狀況。）另外，也可比照前式，寫下S_{yz}及S_{zx}。

底下將舉例說明如何應用以上的概念，我們考慮兩個同軸圓柱殼體之間的液體運動。令內圓柱體的半徑爲a，其周邊速度爲v_a，外圓柱體的半徑爲b，其周邊速度爲v_b。如圖41-3所示。我們可以問，兩殼體之間，流速分布爲何？爲回答此問題，我們先設法找出一個公式，可描述距離中心軸r處的流體的黏性切力爲何。由本問題的對稱性可知，我們可假設流體爲沿切向移動，且流速大小就只是r的函數；即$v = v(r)$。若我們注視水中半徑r處的某斑點，它的座標隨時間變化如下

$$x = r\cos\omega t, \qquad y = r\sin\omega t,$$

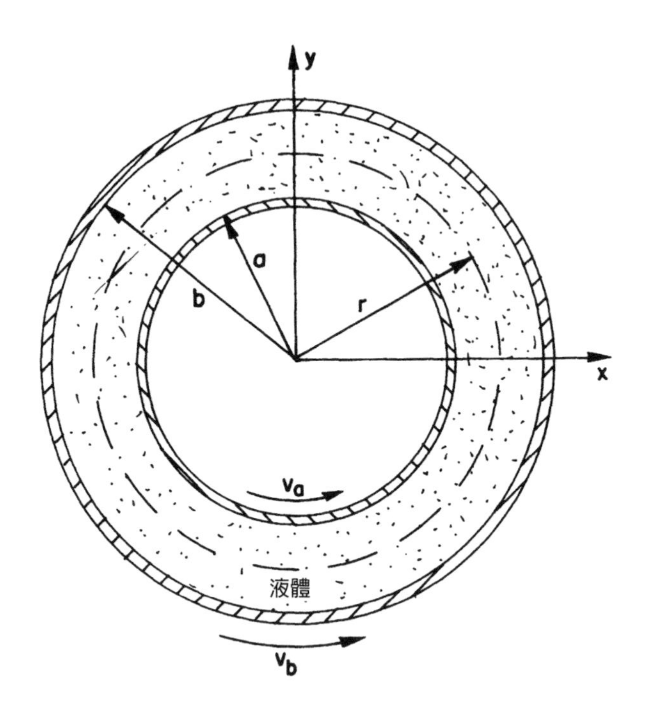

圖41-3　兩個同軸、但角速度不同的圓柱，其間所含液體的流動情形。

此處，$\omega = v/r$。因此，該斑點的速度具有如下的 x 及 y 分量

$$v_x = -r\omega \sin \omega t = -\omega y \quad 以及 \quad v_y = r\omega \cos \omega t = \omega x \tag{41.4}$$

由 (41.3) 式，我們有

$$S_{xy} = \eta \left[\frac{\partial}{\partial x}(x\omega) - \frac{\partial}{\partial y}(y\omega) \right] = \eta \left[x \frac{\partial \omega}{\partial x} - y \frac{\partial \omega}{\partial y} \right] \tag{41.5}$$

當該點位於 $y = 0$ 時，$\partial\omega/\partial y = 0$，且 $x\ \partial\omega/\partial x$ 即等於 $r\ d\omega/dr$。因此，在該點，有

$$(S_{xy})_{y=0} = \eta r \frac{d\omega}{dr} \tag{41.6}$$

（此式給出 S 正比於 $\partial\omega/\partial r$，是很合理的；當 ω 不隨 r 改變時，液體呈現均勻轉動，則不會有應力存在。）

我們所算出的應力為切向切力，此值對於圓柱殼體而言為常值。我們可以得到，在半徑 r 處**橫跨於圓柱殼面**上的**力矩**，為切應力乘以矩臂 r，再乘以面積 $2\pi rl$（l 是圓柱長度），我們得到

$$\tau = 2\pi r^2 l(S_{xy})_{y=0} = 2\pi\eta l r^3 \frac{d\omega}{dr} \tag{41.7}$$

由於液體的運動為穩定狀態，沒有產生任何角加速，因此施加於 r 與 $r + dr$ 之間圓柱殼層內液體上的淨力矩必然為零；也就是，在 r 處的力矩與在 $r + dr$ 處的力矩，必然為大小相等、但方向相反，兩者平衡相消。因此，τ 應與 r 無關。換言之，$r^3\, d\omega/dr$ 等於某常值，好比說是 A，而有

$$\frac{d\omega}{dr} = \frac{A}{r^3} \tag{41.8}$$

將上式積分，我們發現，ω 與 r 的關係如下：

$$\omega = -\frac{A}{2r^2} + B \tag{41.9}$$

其中的常數 A 及 B，將由下列兩個邊界條件決定，即在 $r = a$ 處，$\omega = \omega_a$，在 $r = b$ 處，$\omega = \omega_b$。我們得到

$$\begin{aligned} A &= \frac{2a^2b^2}{b^2 - a^2}(\omega_b - \omega_a) \\ B &= \frac{b^2\omega_b - a^2\omega_a}{b^2 - a^2} \end{aligned} \tag{41.10}$$

因此，便給出 ω 與 r 的函數關係，由該函數可算出 $v = \omega r$。

若想計算力矩，可透過 (41.7) 及 (41.8) 兩式：

$$\tau = 2\pi\eta lA$$

也就是

$$\tau = \frac{4\pi\eta la^2b^2}{b^2 - a^2}(\omega_b - \omega_a) \tag{41.11}$$

該力矩正比於兩圓柱殼體的相對角速度。有一種測量黏滯係數的典型儀器，便是根據前述原理設計的。把其中一個圓柱體，例如外殼體，置於轉軸之上，但由一彈簧拉住，以測量該殼體所受的力矩，而內殼體則以等角速度轉動。黏滯係數即可由 (41.11) 式決定出來。

由定義，可知 η 的單位爲牛頓・秒／公尺^2。對於 20℃的水，

$$\eta = 10^{-3} \text{ 牛頓・秒／公尺}^2$$

通常，更方便的做法是使用**比黏度**（specific viscosity），定義爲 η 除以密度 ρ。則對水及空氣而言，它們的值大略爲相同的數量級：

$$\begin{aligned} &20℃\text{的水} && \eta/\rho = 10^{-6}\text{ 公尺}^2\text{／秒} \\ &20℃\text{的空氣} && \eta/\rho = 15 \times 10^{-6}\text{ 公尺}^2\text{／秒} \end{aligned} \tag{41.12}$$

黏滯係數通常與溫度密切相關。例如，當水只略高於冰點時，η/ρ 值爲 20℃時的 1.8 倍。

41-2 黏滯流動

我們現在討論黏滯流動的一般理論，至少，是人類現在所知最廣義的理論。我們已知，切應力分量正比於各速度分量的空間導

數，如$\partial v_x/\partial y$或$\partial v_y/\partial x$。然而，在一般**可壓縮**流體的情形下，應力中還含有另一項，與流速的其他導數有關。因此，一般式子為

$$S_{ij} = \eta\left(\frac{\partial v_i}{\partial x_j} + \frac{\partial v_j}{\partial x_i}\right) + \eta'\,\delta_{ij}(\nabla\cdot\boldsymbol{v}) \tag{41.13}$$

此處，x_i為直角座標x、y或z三者之一，v_i是速度分量之一。（此處，δ_{ij}為克氏尋同符號，當$i = j$時，其值為1，當$i \neq j$時，其值為0。）上式中的額外項，將$\eta'\nabla\cdot v$加入至應力張量的所有對角元素S_{ii}。若液體不可壓縮，$\nabla\cdot v = 0$，此額外項將消失不見。因此，該項與壓縮時產生的內力有關。因此，需要兩個常數來描述流體，正如我們曾經用兩個常數，來描述均勻的彈性固體一樣。η係數稱為**第一黏滯係數**或「切變黏滯係數」，而新係數η'則稱為**第二黏滯係數**。

現在，我們要決定每單位體積的黏性力$\boldsymbol{f}_{黏}$，以代入(41.1)式，得出真實流體的運動方程式。液體中的一個小立方體積元素所受的作用力，為此立方體六個面所受作用力的總和。將它們兩兩合併考慮，一對表面所受作用力的淨差，由應力的導數所決定，也因此是由速度的二階導數所決定。這是很好的結果，因為，運動方程中，每個項都是以速度表示，因而便給出了速度場的向量方程。沿著直角座標x_i，每單位體積黏性力的分量為

$$\begin{aligned}(f_{黏})_i &= \sum_{j=1}^{3}\frac{\partial S_{ij}}{\partial x_j}\\ &= \eta\sum_{j=1}^{3}\frac{\partial}{\partial x_j}\left\{\eta\left(\frac{\partial v_i}{\partial x_j} + \frac{\partial v_j}{\partial x_i}\right)\right\} + \frac{\partial}{\partial x_i}(\eta'\nabla\cdot\boldsymbol{v})\end{aligned} \tag{41.14}$$

通常，黏滯係數隨位置的變化並不大，而可忽略。因此，上式每單

位體積的黏性力，僅含有速度的二階導數。在第 39 章中，我們曾看到，在一向量方程式裡所能出現的二階導數，最一般的形式，只能是拉普拉斯項 ($\nabla \cdot \nabla v = \nabla^2 v$) 與散度梯度 ($\nabla(\nabla \cdot v)$) 這兩項的和。(41.14) 式，正好便是這兩項的和，其中各項的係數分別爲 η 及 $\eta + \eta'$。我們有

$$f_{黏} = \eta \nabla^2 v + (\eta + \eta') \nabla(\nabla \cdot v) \tag{41.15}$$

不可壓縮的情形下，$\nabla \cdot v = 0$，因此，每單位體積的黏性力僅是 $\eta \nabla^2 v$。這便是許多人所用的黏性力項；但是，若你想要計算流體內聲波的吸收，你將會需要第二項。

我們現在可以寫下眞實流體所遵守的完整運動方程式了。將 (41.15) 式代入 (41.1) 式中，得到

$$\rho \left\{ \frac{\partial v}{\partial t} + (v \cdot \nabla) v \right\} = -\nabla p - \rho \nabla \phi + \eta \nabla^2 v + (\eta + \eta') \nabla(\nabla \cdot v)$$

看來挺複雜的。但大自然之道，在此處正是如此。

若我們如同之前的做法，引入渦旋度，$\Omega = \nabla \times v$，則可將上式寫爲

$$\rho \left\{ \frac{\partial v}{\partial t} + \Omega \times v + \frac{1}{2} \nabla v^2 \right\} = -\nabla p - \rho \nabla \phi + \eta \nabla^2 v + (\eta + \eta') \nabla(\nabla \cdot v) \tag{41.16}$$

此處，我們仍假設，體積力的項僅來自於保守力，例如重力。要瞭解黏滯項的效應，讓我們檢視不可壓縮液體的例子。對 (41.16) 式取旋度，得到

$$\frac{\partial \Omega}{\partial t} + \nabla \times (\Omega \times v) = \frac{\eta}{\rho} \nabla^2 \Omega \tag{41.17}$$

這很像 (40.9) 式，但等式右邊出現了新的項。之前，當等式右邊為零時，我們根據亥姆霍茲定理，渦旋度隨流動一塊兒移動。現在，在等式右邊，我們雖有了一極複雜的非零項，但此項則給出很單純的物理後果。如果我們暫時忽略掉 $\nabla \times (\boldsymbol{\Omega} \times \boldsymbol{v})$ 這一項，就會得到**擴散方程式**。新項意謂著，渦旋度 $\boldsymbol{\Omega}$ 將在流體內**擴散**。若渦旋度分布上呈現一高梯度值，則渦旋度將擴散至鄰近區域。

正是該項，造成了煙圈在行進途中厚度漸增。另外，若你將一「透明」渦旋（使用前章所描述的裝置，產生「無煙霧」氣環）送入煙霧中，也可清楚觀察到渦旋度擴散的現象。當渦旋由煙霧中再度出現時，會帶有部分煙霧，而你將可看到中空的煙圈。而且，部分 $\boldsymbol{\Omega}$ 將往外擴散進入煙霧中，同時，整體渦旋以原方向繼續前進。

41-3 雷諾數

現在，我們要描述，由於前述新渦旋度項的效應而造成流體在流動特性上的改變。我們將仔細檢視兩個問題。首先，便是流經圓柱體的流動，在前一章中，我們曾以非黏滯流動理論解過這個問題。事實上，直至今日，人類只有在少數特例下，能夠解出黏滯性流力方程。因此，底下我們所談論的，有些是由實驗得知的，假設這些實驗符合 (41.17) 式所描述的模型。

數學問題如下：我們想找出不可壓縮的黏性流體，經過圓柱體的流動情形的解，此處的圓柱體直徑為 D。流動情形由 (41.17) 式與

$$\boldsymbol{\Omega} = \nabla \times \boldsymbol{v} \tag{41.18}$$

以及下列兩條件所決定，即在遠距離的流速為某給定值，例如 V

（平行於 x 軸），及圓柱體表面的流速為零。也就是，當

$$x^2 + y^2 = \frac{D^2}{4}$$

時，

$$v_x = v_y = v_z = 0 \tag{41.19}$$

這便完全給定了需要求解的數學問題。

若你察看以上的方程組，你可看出，該問題共有四個不同的參數：η、ρ、D 及 V。你或許會認為，我們將需要針對一系列不同的 V、D 等參數值，做個別的計算。事實上並非如此。所有可能的不同解，只與單一個參數的各個數值相對應。這是我們對於廣義的黏滯流動問題，所能斷言的一個相當重要的定論。要瞭解此結論為何成立，首先請注意到，黏滯性與密度，僅以比值形式出現於方程式裡，也就是 η/ρ，即**比**黏度。這將獨立參數的個數降為三個。現在，設想我們以本問題中唯一出現的長度物理量，即圓柱直徑 D，來量測其他所有的長度：也就是我們將 x、y、z，代換為新變數 x'、y'、z'：

$$x = x'D, \qquad y = y'D, \qquad z = z'D$$

則 D 由 (41.19) 式中消失。同樣道理，若我們以 V 來量測所有的速度，也就是，令 $v = v'V$，我們便消除了 V，而在遠距離處，我們有 $v' = 1$。又因我們選定了長度及速度的單位，我們時間的單位便也給定了，為 D/V；所以應該令

$$t = t'\frac{D}{V} \tag{41.20}$$

使用以上新變數，(41.18) 式的導數便由 $\partial/\partial x$ 改變為 $(1/D)\ \partial/\partial x'$，等等；因此，(41.18) 式變成了

$$\boldsymbol{\Omega} = \boldsymbol{\nabla} \times \boldsymbol{v} = \frac{V}{D} \boldsymbol{\nabla}' \times \boldsymbol{v}' = \frac{V}{D} \boldsymbol{\Omega}' \tag{41.21}$$

我們 (41.17) 主方程式則變成

$$\frac{\partial \boldsymbol{\Omega}'}{\partial t'} + \boldsymbol{\nabla}' \times (\boldsymbol{\Omega}' \times \boldsymbol{v}') = \frac{\eta}{\rho V D} \nabla'^2 \boldsymbol{\Omega}'$$

所有的常數結合成了單一因子，根據習慣，該因子寫為 $1/\mathcal{R}$：

$$\mathcal{R} = \frac{\rho}{\eta} V D \tag{41.22}$$

若我們約定，以上所有方程式的各項均以新單位來表示，則可省略新記號上的一撇。最終，便有了底下的方程組

$$\frac{\partial \boldsymbol{\Omega}}{\partial t} + \boldsymbol{\nabla} \times (\boldsymbol{\Omega} \times \boldsymbol{v}) = \frac{1}{\mathcal{R}} \nabla^2 \boldsymbol{\Omega} \tag{41.23}$$

及

$$\boldsymbol{\Omega} = \boldsymbol{\nabla} \times \boldsymbol{v}$$

且需滿足底下兩條件：當

$$\boldsymbol{v} = 0$$

時，

$$x^2 + y^2 = 1/4 \tag{41.24}$$

以及，當

$$v_x = 1, \qquad v_y = v_z = 0$$

時，

$$x^2 + y^2 + z^2 \gg 1$$

就物理觀點而言，上述結論非常有趣。它意謂著，例如，若我們解出對應某速度 V_1 及某圓柱直徑 D_1，而後又問另一種流體流經另一直徑爲 D_2 圓柱體的情形，則當 V_2 爲某適當值，使得雷諾數（Reynolds number）不改變時，流動情形會與原先相同，也就是，當

$$\mathcal{R}_1 = \frac{\rho_1}{\eta_1} V_1 D_1 = \mathcal{R}_2 = \frac{\rho_2}{\eta_2} V_2 D_2 \tag{41.25}$$

對於兩種具有相同雷諾數的狀況而言，其流動情形將「看起來」一樣，當我們以適當尺寸的 x'、y'、z' 及 t' 描述時。這是很重要的定論，因爲，這意謂著，我們並不需要眞正製造出一架飛機來測試，便可決定出流經機翼的空氣行爲。我們可以製造出模型飛機，並選擇某個給出相同雷諾數的速度，進行測量即可。正是這個原理，使得我們可以將小比例飛機的「風洞」測量結果，或比例模型船的「試驗槽」測量結果，應用在眞實物體上。然而，務必記得，這個原理只適用在流體壓縮性可忽略的情形。否則，將會出現另一個新的量——聲速。此時，不同情況下的流動情形若要能夠互相對應，則必須具有相同的 V 對聲速的比值，此比值稱爲**馬赫數**（Mach number）。因此，當速度接近或高於聲速時，兩種不同情況下的流動，**馬赫數**與**雷諾數都**必須相同，才會有相同的情形。

41-4 流經圓柱體的流動

讓我們回到流經圓柱體的低速（幾乎爲不可壓縮）流的問題。我們將定性描述眞實流體的流動情況。關於這樣的流動，我們可能有許多問題想知道，例如，圓柱體所感受的曳力爲何？

在圖 41-4 中，我們將圓柱體所感受到的曳力對 $\mathcal{R}$ 作圖；當所有其他參數都固定時，$\mathcal{R}$ 正比於流體速度 V。實際上，我們畫的函數是所謂的**曳力係數** C_D，爲無單位的數值，定義爲曳力除以 $\frac{1}{2}\rho V^2 Dl$，此處，D 爲直徑，l 爲圓柱長度，ρ 爲液體密度：

$$C_D = \frac{F}{\frac{1}{2}\rho V^2 Dl}$$

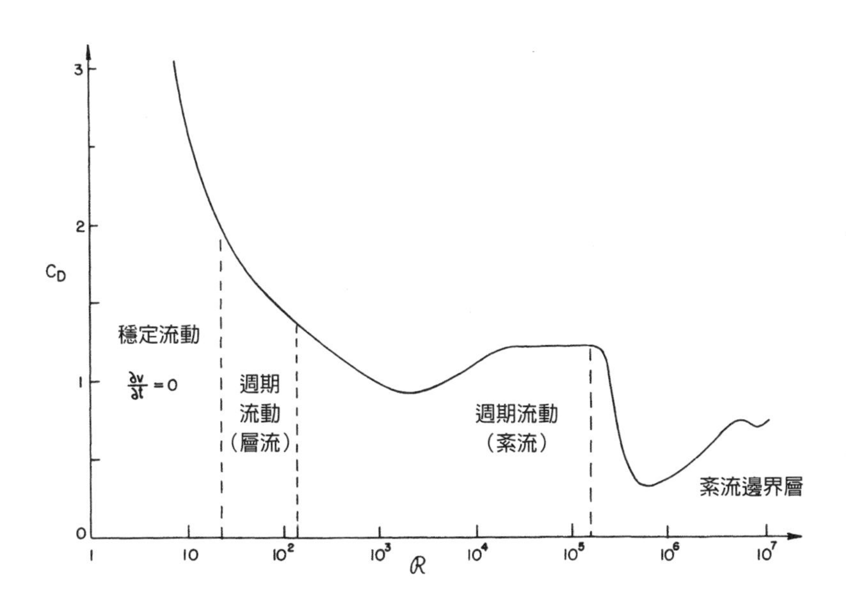

圖 41-4　圓柱體的曳力係數 C_D 對雷諾數作圖

曳力係數函數的變化方式頗爲複雜，給了我們一些暗示，意謂著流體中，有某些有趣、複雜的事情正發生著。

我們底下將描述，在各個不同雷諾值範圍的流動性質。首先，當雷諾數極低時，流動情形極爲穩定；也就是，任一處的速度均爲常值，不隨時間變化，流體則繞過圓柱體行進。然而，實際上的流線（flow line）分布，並非早先所談的勢流。它們是不同方程式的解。當速度極低，或者相當於黏滯性極高，以致流體稠似蜂蜜時，則慣性項可忽略，流動可由下列方程來描述：

$$\nabla^2 \boldsymbol{\Omega} = 0$$

此方程最早由斯托克斯（George G. Stokes, 1819-1903，英國數學家暨物理學家）所解出。他也解出障礙物爲球體的問題。若你有一小小球體，在低雷諾數的條件下，於液體中移動，則它所需要的曳力等於 $6\pi\eta aV$，此處，a 爲球體半徑，而 V 爲其速度。這公式相當有用，因爲它給出了在給定曳力下微小塵埃顆粒（或其他可近似爲球體的粒子）在液體中移動的速度，像是在離心、或沈澱、或擴散時的情形。在低雷諾數值的範圍，也就是當 $\mathcal{R}$ 小於 1 時，**圓柱體**周圍的流線分布情況，如圖 41-5 所示。

若我們增加流體速度，使雷諾值略大於 1，則將發現不同的流動情形。在球體後方，會出現環流，如圖 41-6(b) 所示。至今仍不能確知，在最低雷諾數值時，此環流是否依然存在，或只有當雷諾數大於某臨界值時，此環流才突然出現。以往，人們認爲此環流隨速度變化，而呈連續性的逐漸增長。但今日，人們相信，它是突然出現的，之後，環流才隨 $\mathcal{R}$ 值變化而增長。無論何者爲是，在 $\mathcal{R}$ 值介於 10 到 30 之間時，流動情形確實帶有不同的特徵：圓柱體後方，出現了一對渦旋。

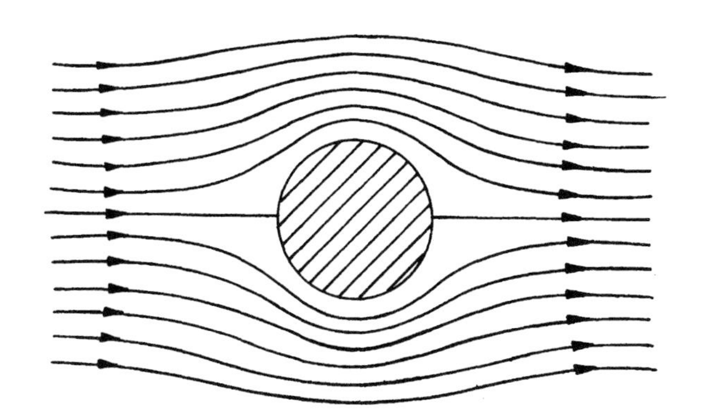

圖 41-5 繞過圓柱體的黏滯流動（低速時）

雷諾數大約到達 40 的時候，流動型態又有了改變。在流動特徵上，突然出現了全面性的變化。發生的改變是，圓柱體後方，兩渦旋中之一，因過於狹長，而由原位置斷裂、出走，沿著溪流順勢而下。因此，圓柱體後方的流體，便打轉兒形成新的渦旋。渦旋的斷裂出走，是在兩側輪替產生，其瞬時之間所呈現的流動情形，大約如同圖 41-6(c) 所示。這一連串的渦旋，稱爲「卡門渦旋列」(Kármán vortex street)。它們在 $\mathcal{R} > 40$ 時，必然會出現。在圖 41-7，我們顯示了這類流動型態的照片。

圖 41-6(c) 的流動型態，與圖 41-6(a) 或 41-6(b) 相差很大，使得這兩類幾乎可說是屬於不同範疇的流動形式。在圖 41-6(a) 或(b)，速度爲常數，但在圖 41-6(c) 中，任一點的速度均隨時間而變化。在 $\mathcal{R} = 40$ 以上時，流力方程的解並非穩態解，我們在圖 41-4 中以虛線標出此邊界。對於這些高值的雷諾數，流速分布雖然隨時間改變，但此種改變是以一種**規則的**、週期方式發生。

對於渦旋的產生，我們可以有下列的物理瞭解。我們知道，流

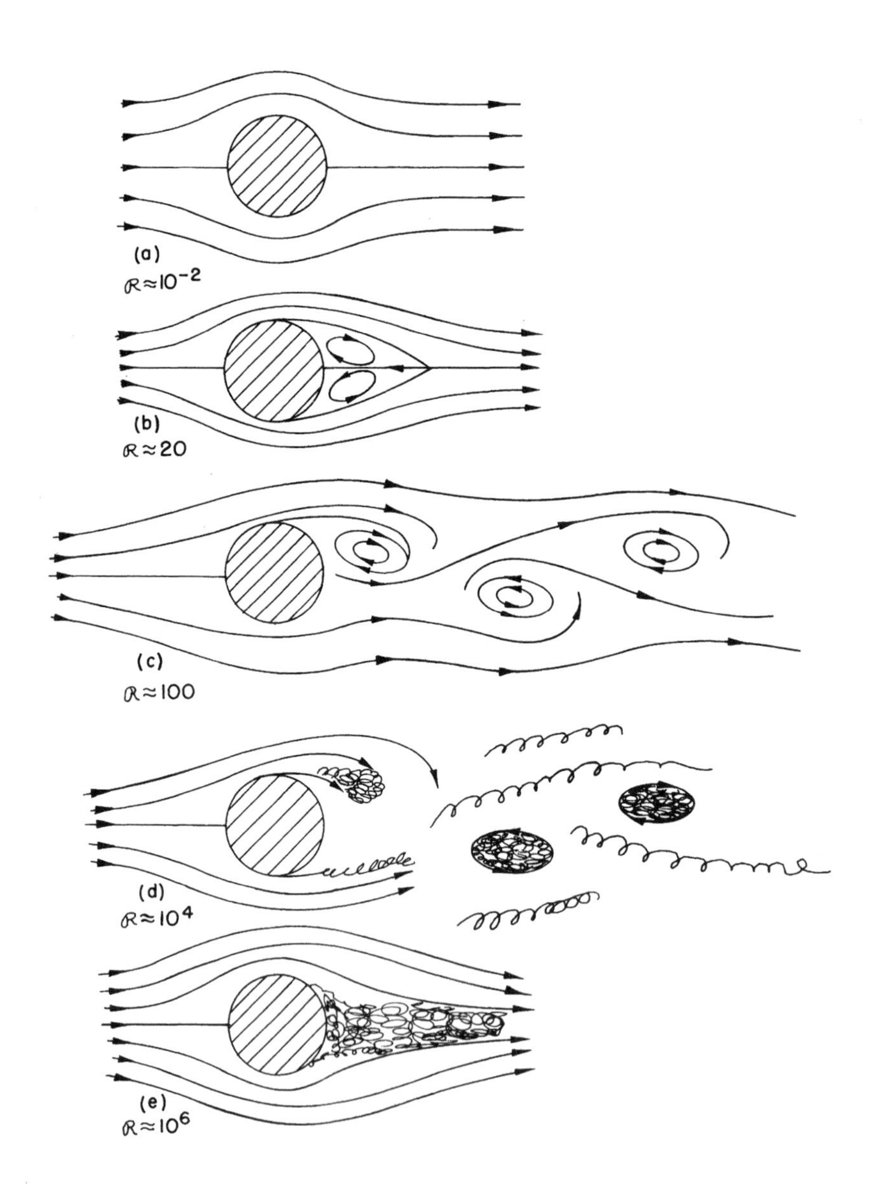

圖 41-6　不同雷諾數值下，經過圓柱體的流動情形。

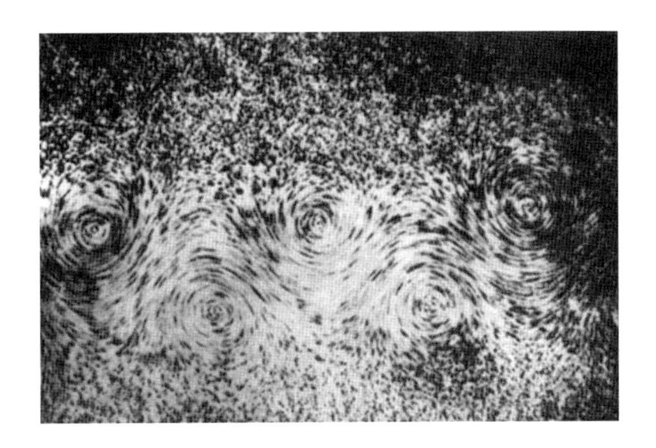

圖 41-7 照片顯示，圓柱體後方「渦旋列」的情形，由卜然托（Ludwig Prandtl ，德國科學家）所攝。

體速度在圓柱表面處必須為零，而後，隨其至表面處的距離而急速增加。由於局部流速做如此急遽的變化，便產生了渦旋。當流體整體的流動為緩慢時，流體表面附近所產生的渦旋，有足夠的時間擴散出去，長成為較大型的渦旋。當主流的流速或 $\mathcal{R}$ 值繼續增加到更高時，以上的物理描述，應該有助於我們瞭解流動型態的新特色的出現。

當速度愈來愈高時，渦旋愈來愈缺乏足夠的時間擴散至較大的範圍。在雷諾數到達數百之前，渦旋開始集中於一帶狀區域，如圖 41-6(d) 所示。此區域內，流動情形是不規則的，一團混沌。此區域稱為**邊界層**，而且，在 $\mathcal{R}$ 值繼續升高時，此不規則流動的區域會往上游方向發展增大。在紊流（turbulent）區裡，速度的分布毫無規則，極為「雜亂無章」；而且流動型態不再是二維平面式的，而是在三個維度方向上都有翻轉打滾現象發生。另外，在此紊流形式上，再疊加上原有的規則、輪替式的運動型態。

當雷諾數再向上提高時，紊流區域會持續沿上游方向發展，直到它到達流線離開圓柱體之處，對於流體的 $\mathcal{R}$ 值高至 10^5 時來說。流動情形如圖 41-6(e) 所示，我們就有了一層所謂的「紊流邊界層」。同時，曳力也大幅下降，如圖 41-4 所示。在此區域，曳力事實上隨流速增加而**下降**。同時，也似乎不見週期性的存在。

如果雷諾數又更高時，會如何呢？當我們進一步增加流速時，障礙體尾端的紊流區域會增長，而且曳力也隨之增加。最新的實驗顯示，對應的 $\mathcal{R}$ 值高至約 10^7 時，尾流處會出現新的週期性，原因可能是整個紊流做來回振盪的運動，或者是某種新渦旋產生了，並同時發生了雜亂無章的不規則運動。當中細節尚需澄清，相關的實驗仍在進行之中。

41-5 趨近零黏度

我們要指出，以上所描述的各種流動情形中，沒有一種是類似前一章所找到的勢流之解。乍看之下，這挺令人驚訝的。畢竟，$\mathcal{R}$ 是正比於 $1/\eta$。因此，當 η 趨近於零時，相當於 $\mathcal{R}$ 趨近於無窮大。而若我們令 (41.23) 式中的 $\mathcal{R}$ 為無限大，則等式右邊將消失，我們即得到上一章的方程式。然而，你很難相信，在 $\mathcal{R} = 10^7$ 時已有高度紊流現象的流動型態，會趨近於由「乾」水方程式所解出的平滑流動型態的解。為何當我們趨近於 $\mathcal{R} = \infty$ 時，(41.23) 式所描述的流動，會與一開始便設 $\eta = 0$ 所得出的解完全相異呢？這個答案相當有趣。請注意到，(41.23) 式右邊的項，為 $1/\mathcal{R}$ 乘以一個**二階導數**。此導數的階數高過方程中的任何其他導數。事實上，雖然 $1/\mathcal{R}$ 係數非常的小，但在鄰近固體表面的區域，$\boldsymbol{\Omega}$ 的變化極為劇烈。而這些劇烈變化給出巨值的二階導數，壓過了很小的 $1/\mathcal{R}$ 係數，使得兩者的乘積值**沒有趨近於零**。因此，該方程式在 $\mathcal{R}$ 值為無窮大極限下的解，並不會對應於在方程中捨棄 $\nabla^2\boldsymbol{\Omega}$ 項的解。

你可能好奇，想知道「究竟紊流的微觀結構為何？它如何可以維持結構的存在呢？又，在圓柱邊緣所產生的渦旋度，如何可深入至他處而製造出如此眾多的雜訊呢？」答案也是相當有趣。渦旋度有放大自己的傾向。若我們暫時忘卻渦旋度的擴散特性，以及此特性造成渦旋度密度被稀釋的效應，則根據流動法則（之前曾提過），渦旋線會與流體一塊兒以 $\boldsymbol{v}$ 的速度移動。我們可想像一些 $\boldsymbol{\Omega}$ 線，由於 $\boldsymbol{v}$ 的複雜分布，而扭曲、轉折。這會將渦旋線彼此拉近，並混合在一塊兒。原先結構單純的渦旋線，將會打結並拉攏在一起。因此，渦旋度的強度會增加，一般而言，它所表現出來高高低低的不規則性，也會增加。因此，三維中的渦旋強度會因為液體受扭曲折轉而增加。

你或許又要問：「究竟在何種情況下，勢流才是有效的理論？」首先，在紊流區域之外、渦旋度尚未擴散進入的區域內，勢流為有效的理論。藉由製造出特殊流線型的物體，我們可以將紊流區域盡量局限在極小範圍內；例如，經過仔細設計的機翼，在其四周的空氣流動，便幾乎是眞正的勢流。

41-6 庫埃特流

我們可以藉由實驗顯示，流經圓柱體的持續變化的複雜流動型態，並非特有的現象，實際上，一般而言，可以有各式各樣的流動型態發生。

在第1節裡，我們已經算出兩個圓柱殼體之間的流動型態，現在，我們可將這些結果與實際情形做一比較。若在兩圓柱體之間注入油，並加進鋁粉，讓它們懸浮其中，則可觀察流動現象。若我們將外圓柱緩慢轉動，並不會產生稀奇的流動型態；如圖 41-8(a) 所示。也可以反過來，將內圓柱體做緩慢旋轉，同樣不會見到奇特現象產生。然而，若我們將內圓柱體以較高的轉速轉動，則有奇怪的現象出現了。流體會形成水平帶狀的結構，如圖 41-8(b) 所示。然而，當外圓柱體以相似較高的速度旋轉，並保持內圓柱體爲靜止不動時，前述效應則不會出現。爲何在轉動外圓柱與轉動內圓柱的兩種情形之間，產生的效應居然相異呢？畢竟，根據第 1 節所導出的流型，這應該只和 $\omega_b - \omega_a$ 有關啊。

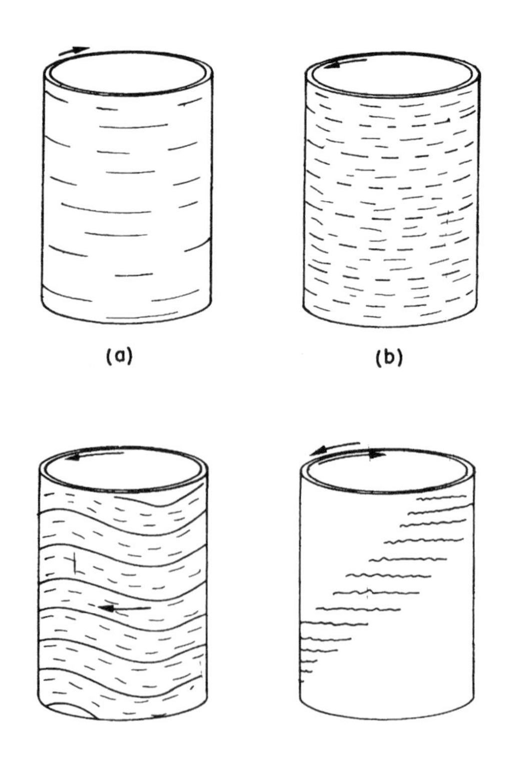

圖 41-8　在兩個透明旋轉圓柱體之間的液體流動情形

我們檢視圖 41-9 所繪的截面，便可知道答案。當液體內層部分的移動快於外層時，它們會傾向於**往外**移出，因爲它們所承受的離心力，大過它們所承受的將它們固定於原處的壓力。但內層液體又不可能整個移出，因爲前方有外層液體阻擋的緣故。所以，它們只好化整爲零，如圖 41-9(b) 所示。這正如同某房間內，底部有熱空氣一般，會發生對流現象。反之，當內圓柱體保持爲靜止狀態，而外圓柱體以高速旋轉時，離心力將引發壓力呈梯度變化，以保持液體各部分的平衡狀態，見圖 41-9(c)（如同熱空氣處於房間頂部一般）。

讓我們再進一步增加內圓柱的轉速。起初，帶狀區域的總數會隨之增加。突然之間，你會發現，帶狀區域變成了波浪起伏的形狀，如圖 41-8(c) 所示，波浪環繞著圓柱體行進。這些波浪的速度極易測得，當轉速很高時，波速趨近於內圓柱轉速的 1/3 ，但還沒有任何人能解釋爲何是這樣。這可是一項挑戰。 1/3 是一個簡單的數值，但卻無法解釋其由來。事實上，人們對於造成波浪結構的整體機制，尚未能徹底瞭解；而這只不過是較爲單純的穩定層流而已。

若我們現在同時開始旋轉外圓柱體，但是往反向旋轉，則上述流型將逐漸遭破壞掉。我們將得到波浪區與寧靜區交錯出現，如圖 41-8(d) 所示，並形成螺旋結構。但是，在所謂「寧靜」區裡，流動情形其實是相當不規則的；事實上，該區域完全是由紊流組成。而波浪區也已表現出某種程度的紊流型態。若圓柱體再進一步提高轉速，則整體流動就變成了混沌的紊流了。

在這個簡單的實驗裡，我們見識到了許多極爲不同的有趣流動現象，然而，它們只對應於我們簡單方程裡的不同 $\mathcal{R}$ 值而已。在旋轉圓柱實驗裡，我們看到了，許多效應都曾在流經圓柱體的流動問

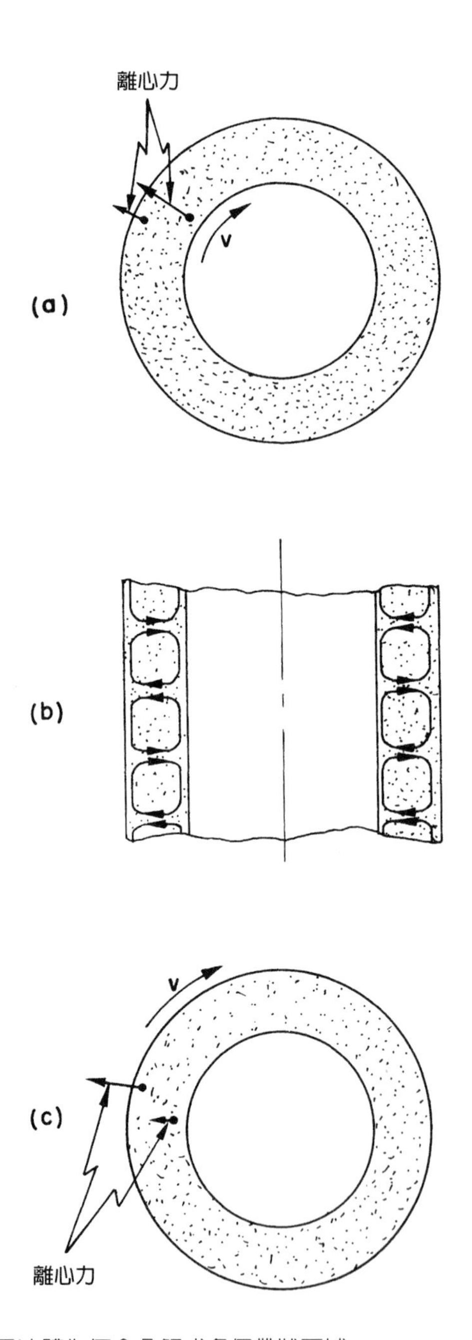

圖 41-9　顯示流體為何會分解成多個帶狀區域

題中見過；首先，便是穩定流動；其次，是隨時間變化，但變化方式爲規則、平順的流動型態；最後，則是完全雜亂無章法的流動型態。所有這些現象，都能在以下例子中見到，也就是在靜止無風時，由香菸升起的一縷煙所呈現的各種變化。首先是平順穩定的煙柱上升，然後煙柱開始分散開來，形成一系列的小股扭曲煙團，最終，形成了毫無規則、攪和在一起的煙雲。

由以上的討論，我們可歸納如下的結論：僅需 (41.23) 的單純方程組，便可給出這般複雜的現象。所有的解都是來自同一方程，只是 $\mathfrak{R}$ 值不同罷了。我們無須懷疑，這種種現象是否表示該方程組並不完整，尚有某些項仍未包含在內。眞正的困難在於，除了極小的雷諾數的情形外，我們今日仍未有足夠的數學能力去解該方程式，當然，這指的是完全黏滯流動的情形。雖然我們寫下了方程式，並不意謂著，我們已把液體流動問題中的神祕面紗與魔力除去了。

如果僅含有單一參數的簡單方程，便可給出如此多變的解，那麼，想想更複雜的方程式，又該含有多麼豐富的現象！或許，星雲的渦旋，以及恆星與星系的凝結、旋轉及爆炸等現象，都可歸於一簡單流力方程對幾乎純質氫原子氣團的描述之內。有些人對物理帶有莫名其妙的恐懼，經常說，你無法以方程式描述生命現象。好啦，或許我們能辦到呢。事實上，我們可能已近似的有了這麼一個方程式，就在我們寫下以下這個量子力學方程的時候

$$H\psi = -\frac{\hbar}{i}\frac{\partial\psi}{\partial t}$$

我們現在已經看到，方程式的單純外貌，常讓我們輕易疏忽掉，其對應的解所可包含的複雜現象。由於我們對簡單方程式可涵蓋廣闊範圍這件事的無知，於是經常斷言，只有上帝，而非數學方程，可以解釋宇宙的複雜。

我們已寫下水流的運動方程。藉由實驗，我們找出一組有用的概念及近似，用以討論該方程的解——渦旋列、紊流尾流、邊界層。然而，有時候我們卻會面臨到，把類似的方程用在較不熟悉的狀況，而且無法對此狀況做任何實驗，便只好用粗糙、不完善的雜亂章法，試圖決定究竟該方程式的解會有哪些新特徵出現，或是新形式產生。例如，我們在研究太陽時所使用的氫原子氣團方程，目前所給出的描述，是不具有黑子、表面沒有米粒組織、沒有日珥、沒有日冕的太陽。然而實際上，所有這些現象都已含在方程式內；只是我們還沒有辦法找到含有這些現象的解罷了。

當無法在其他行星上找到生命時，會有一些人感到失望。但我不會，我只想藉由星際探險，再一次的被提醒，並爲之高興、驚奇，只是幾個簡單的科學原理，居然可以產生如此多樣及新奇的現象。想要檢驗科學，便是去檢驗它的預測能力。若你從未來過地球，你是否能夠預測到地球上會有暴風雨、火山、大海上的波濤、極光，以及絢爛的落日？若我們能得知在每個已死亡行星上的過往之事，那將會是多令人感動的一課啊！這八或十個星球，通通來自相同的塵雲，各自凝結爲星體，而且都遵守相同的物理定律。

在人類智識再度覺醒而創下高峰的下一個偉大紀元，或許會發展出某種方法，可用來獲得對方程式的**定性**瞭解。今日，我們還做不到，我們還不能由水流方程式，看出其中所含的諸般現象，例如，在兩轉動圓柱體之間的液體，可表現出如同理髮店門口旋轉圓柱的紊流結構。今日，我們也無法看出，薛丁格方程是否含有青蛙、音樂作曲或者道德寓意，還是它不可能含有以上諸般現象。我們也無法斷言，是否需要超越這些方程的某種存在，例如上帝，才能解釋這各種現象產生的原因。因此，我們可以選擇堅信這兩種之中任何一派的意見，而無對錯可言。

第42章 彎曲時空

■
42-1 二維的彎曲空間
42-2 三維空間的曲率
42-3 我們的空間是彎曲的
42-4 時空幾何
42-5 重力與等效原理
42-6 重力場中的時鐘走速
42-7 時空的曲率
42-8 彎曲時空中的運動
42-9 愛因斯坦的重力論

42-1 二維的彎曲空間

根據牛頓的理論：萬物之間都有吸引力，強度跟兩物體之間的距離平方成反比；任何物體對力的反應則是加速度，而加速度跟所施加的力之大小成正比。

這兩個理論也就是牛頓的萬有引力定律與運動定律。我們知道這兩個定律講的，就是物質世界裡我們常見到的一切運動的原因，諸如撞球、行星、衛星、星系的運動等等。

愛因斯坦對重力定律有不同的解釋，依照他的理論，空間與時間必須合在一塊考量，構成所謂的時空，而此時空在巨大的質量附近會因而**彎曲**。這個彎曲，可不是牽涉在內的當事者蓄意，或是有什麼原因讓它改了道。對當事者來說，它走的仍是跟平常一樣筆直的「直線」，但是落到旁觀者眼裡就不是那麼回事了。這是一個非常非常複雜的觀念，在這最後一堂課裡，我們要把這個觀念好好解釋一下。

我們這堂課的主題本來應該分成三部分，其一是重力的影響，其二是關於我們已經研討過的時空觀念，最後才牽涉到時空彎曲的觀念。不過我們一開始就要把這個主題簡化，暫時先不去談重力，也略去時間方面的考量，而直接去探討彎曲空間。其他部分我們隨後也會談到，不過目前我們得先把全副心思集中在彎曲空間上，搞清楚彎曲空間到底是什麼意思，以及更確切的說，愛因斯坦到底是要用它來幹什麼？

不過即使問題已經簡縮到這麼小，要一下子直接用三維空間來考量，還是相當困難。所以我們又再退而求其次，把問題縮減到二維空間裡，來看看「彎曲空間」是什麼意思。

爲了要瞭解二維的彎曲空間，我們還必須先有個認識，就是住在這種空間中，視野極爲有限。爲了符合實情，我們只得運用想像力，假設有一隻沒有長眼睛的蟲，像圖 42-1 所示，住在一個平面上。牠只能夠在該平面上移動，因而全然沒有機會或方法得知「外面的世界」(牠當然也沒有我們人類的想像力)。

我們當然是要以比喻來作解釋。因爲**我們**住在一個三維的世界裡，而我們無法在熟悉的三維之外，憑空想像出另外一維來，所以我們只好用類比的方式，想出答案來。就好像我們是住在一個平面上的蟲，雖然平面之外另有空間，但卻因爲感官上的不足，無緣從觀感去認識。所以我們只得先從蟲的觀感研討起，記得牠必須待在自己的平面上，絕對無法離開。

另外一個也是屬於蟲住在二維空間的例子，是我們假設牠住在一個球的表面上。我們想像牠能夠在球面上到處走動，就像圖 42-2 所畫的一樣。但是牠卻完全不能往「上」、往「下」、或是往「外」看。

接著我們要考慮的**第三**隻動物，牠依然是隻同樣的蟲。也正如同第一隻蟲一樣，住在一個平面上。只是牠的這塊平面有點奇特，平面上的溫度並非到處相同。還有這蟲本身以及牠所持有的直尺，

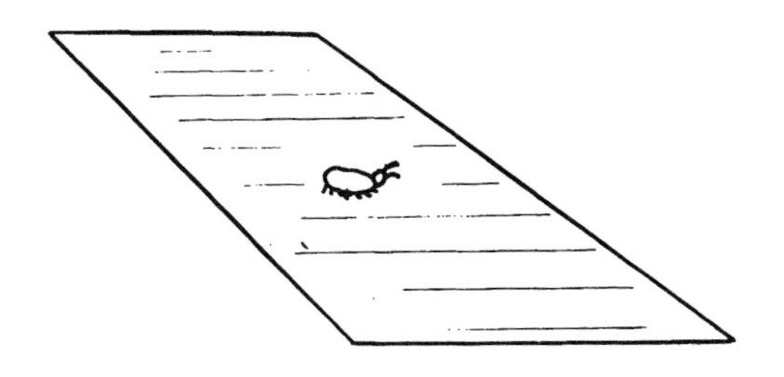

圖 42-1 平面上的一隻蟲

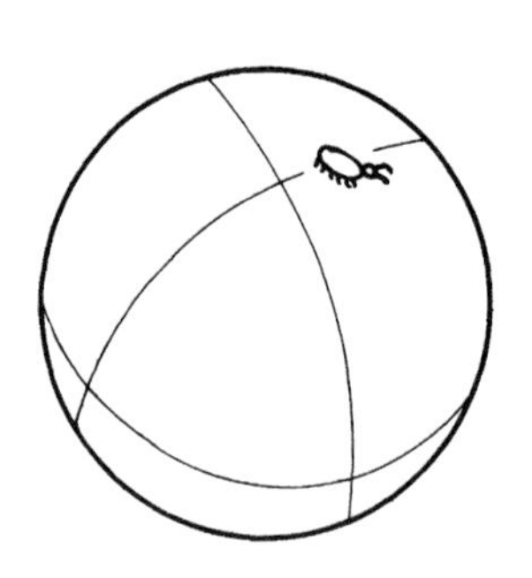

圖 42-2　球面上的一隻蟲

都是由同樣的物質構成，一加熱就會膨脹。任何時候只要牠用直尺去測量東西，這根直尺就會隨著被測地點的溫度而自動調整長度，熱脹冷縮。而且當這隻蟲把任何東西擺放在平面上時，包括牠自己、牠的直尺、以及其他任何東西，一切都會按照當地的溫度即刻自動膨脹或收縮。也就是每樣東西都會熱脹冷縮，並且每樣東西的膨脹係數都完全相同。

這第三隻蟲的家，我們簡稱爲「熱板」。這個熱板也是滿特別的，中心部分溫度較低，愈往邊緣走，溫度就愈高（見圖 42-3）。

現在我們得想像，這幾隻蟲開始上課念幾何學。雖然根據我們

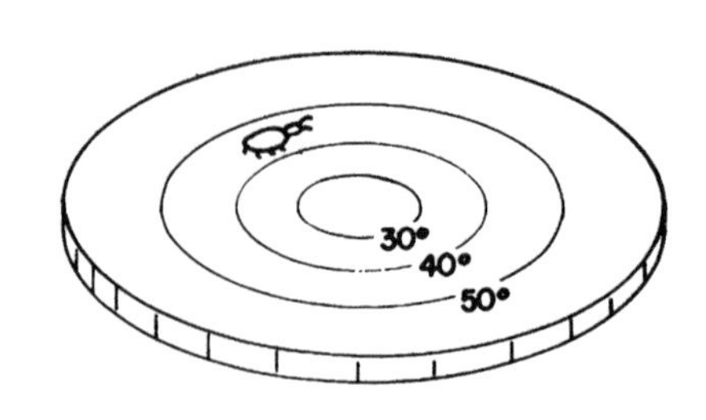

圖 42-3　熱板上的一隻蟲

的假設，牠們都是瞎子，完全看不見「外面」的世界。但是牠們有腿、有觸鬚，並且個個能幹非常，牠們能畫線條，能製造直尺，並用直尺來量長度。

首先，我們假定牠們從最簡單的幾何概念開始，就是學畫直線，當然直線的幾何學定義不外是兩點之間最短的線。如圖42-4所示，我們的第一隻蟲很快就學會了畫很好的直線。

那麼，在球面上的第二隻蟲如何呢？牠按照定義所說，在兩點之間很滿意的畫了一條「直線」，如圖42-5所示，因爲**對牠**來說，

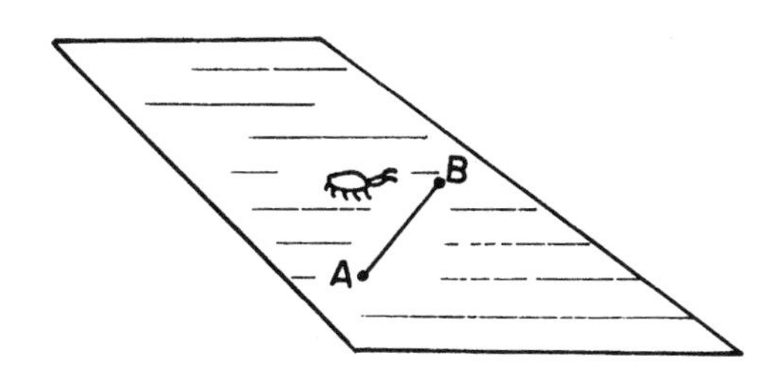

圖42-4　在平面上畫「直線」

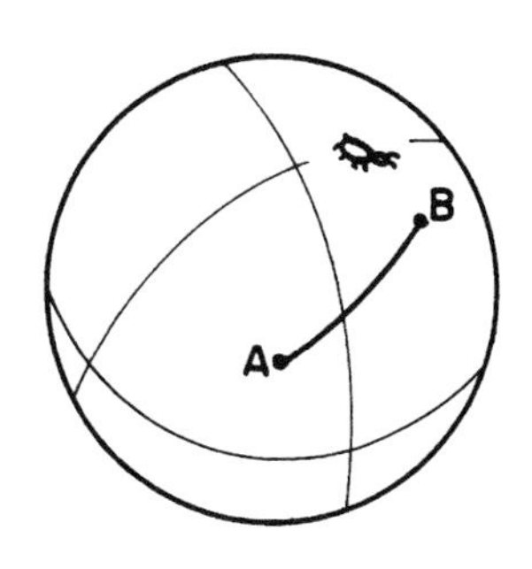

圖42-5　在球面上畫「直線」

那是那兩點之間最短的距離，完全符合直線的要求。然而在我們看來，那根本不是一條直線嘛！但是由於這隻蟲不能離開球面，當然也就不可能發現，兩點之間「眞的」還有一條更短的線。不過牠只知道**在牠的世界裡**，任何連接這兩點的線都比牠的那根「直線」長。所以我們也就不得不任由牠去，把兩點之間最短的圓弧當直線看待了！（當然此處所謂最短的圓弧，就是通過這兩點的大圓的弧。）

最後在圖42-3裡的第三隻蟲，也會畫出我們看起來是曲線的「直線」來，就好像圖42-6裡所顯示的一樣，*A*與*B*之間的最短距離由這隻蟲量來，居然是條曲線。爲什麼會這樣呢？

因爲當牠量到熱板上溫度較高的部分時，牠的直尺發生了膨脹（這是從我們全知的觀點來看），所以當牠用一根直尺的長度，做爲單位來量*A*與*B*之間的距離時，同樣的距離量出的單位數，在較熱的地方就會少些。**對牠**來說，這條線是直的沒錯，牠萬萬不會料到，有陌生的三維空間世界的高人在場，會選擇另一條量起來反而長了些的線爲「直線」！

經過這樣子的解釋之後，我們希望你現在總該瞭解，此後的一切分析，永遠是站在特殊表面上的那隻蟲的觀點，而非**我們**的看

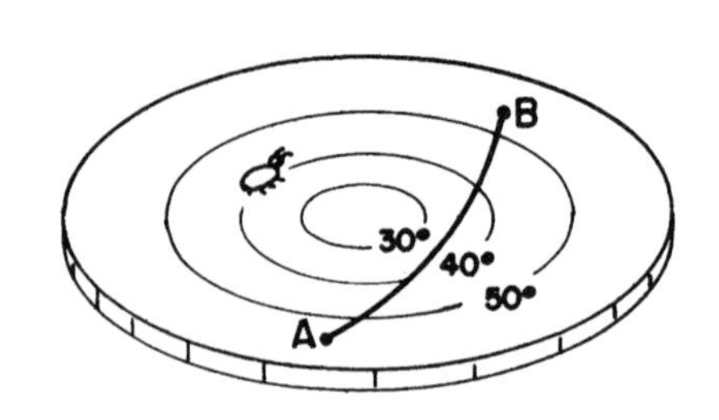

圖42-6　在熱板上畫「直線」

法。有了這層認識之後，讓我們繼續來看，蟲的幾何學還有些什麼奇怪現象。

讓我們假設，這幾隻蟲都學會了如何畫兩條互相垂直的線。（你可以去想想，牠們究竟該怎樣去畫這兩條線。）然後，我們那第一隻蟲（在正常平面上的那一隻）發現了一個有趣的事實，當牠從 *A* 點畫了一條 100 英寸長的直線，然後向右拐個直角，畫了另一條長 100 英寸的直線之後，同樣再向右拐個直角，又另畫一條長 100 英寸的直線，最後等拐了第三個直角，畫了第四條長 100 英寸的直線後，牠發現這最後一條直線的終點，剛好就是原來開始的起點 *A* ，就像圖 42-7(a) 所表示的一樣。這是屬於這隻蟲的二維平面世界的特質，牠的幾何學中的事實。

接著牠又發現了另一件有趣的事情，那是如果牠任意畫了三條直線，圍成一個三角形，其中三個內角之和總是等於 180 度，也就是兩個直角之和。請見圖 42-7(b)。

然後這隻蟲發現了圓。什麼是圓呢？圓可以用如下的方法畫出來：你只要從同一個點，朝四周不同方向畫上許許多多直線，再在每根線上找出一個點來，跟原點都保持一定的距離。最後再把這些線上諸點連接起來，就大功告成了。請見圖 42-7(c)。（當我們定義這些細節時，必須非常小心，因為我們還得確定，待會兒其他的蟲也能夠做類似的事。）當然它跟我們一般熟悉的圓規畫法或繩墨畫法，道理沒有什麼不同。無論如何，那隻蟲學會了畫圓。

然後有一天，這隻蟲想到要量一量圓周長度，於是牠大大小小量了好幾個圓之後，發現了一個很棒的關係，那就是不管圓是大是小，圓周長永遠是半徑 r 長度的一定倍數（當然所謂半徑，就是中心到圓周曲線的距離）。那個圓周長度對半徑的一定比率約等於 6.283 ，這個數值是個定值，跟圓的大小無關。

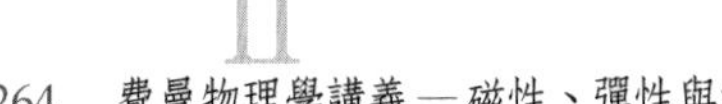

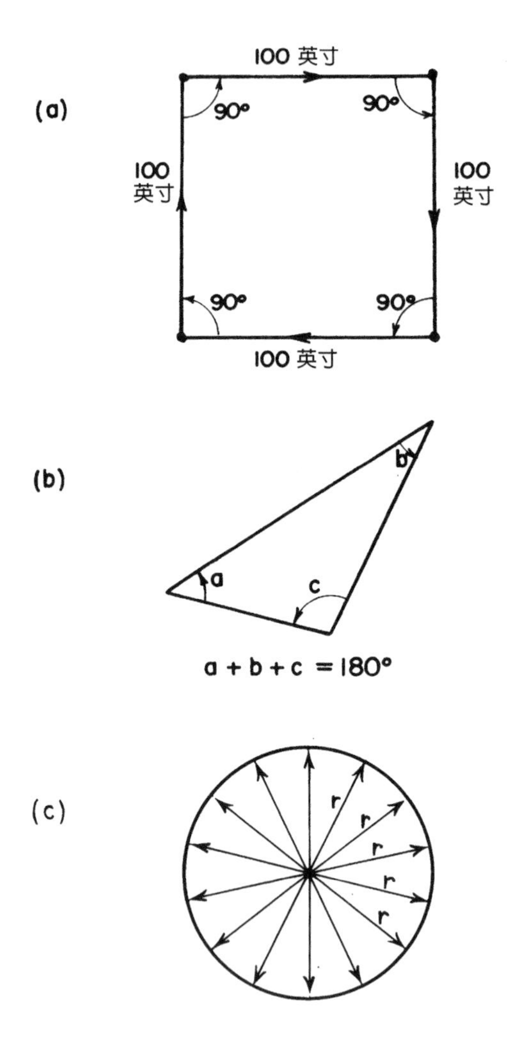

圖 42-7　平坦空間內的正方形、三角形、圓

現在讓我們看看，其他兩隻蟲對於**牠們的**幾何學有什麼發現。首先我們且看那隻球面上的蟲正試著畫一個正方形，結果是怎樣呢？如果牠依照我們上面所給的畫正方形的方法，牠會認為這方法

大有問題，因爲牠畫出來的圖形就跟圖42-8所示的相似，終點 *B* 永遠跟起點 *A* 岔開，不在同一點上，所以根本不成一個四方形，更說不上是正方形了。大家不妨找個球來，在球的表面上畫一番試試。

而住在熱板上的那隻蟲，情況也很相像。如果牠在熱板上用牠那把熱脹冷縮的直尺，畫出直交的四條「等長度的直線」，結果就是圖42-9所顯示的樣子。

現在假定我們這幾隻蟲，各自都有一位歐幾里得級的幾何大師在身旁，告訴牠們幾何學的內容「應該」如何如何，大師每教導牠

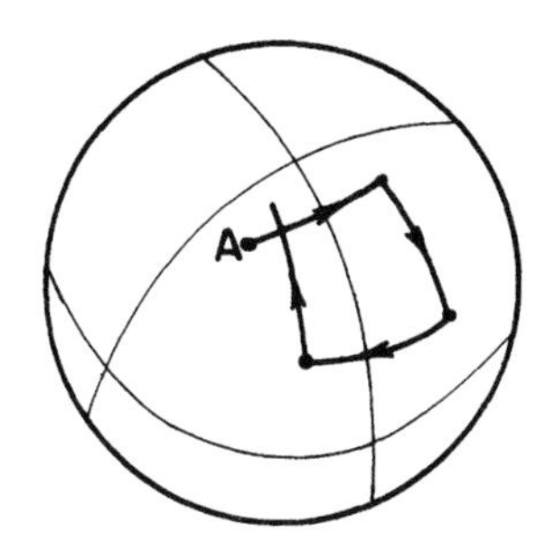

圖42-8 在球面上畫「正方形」

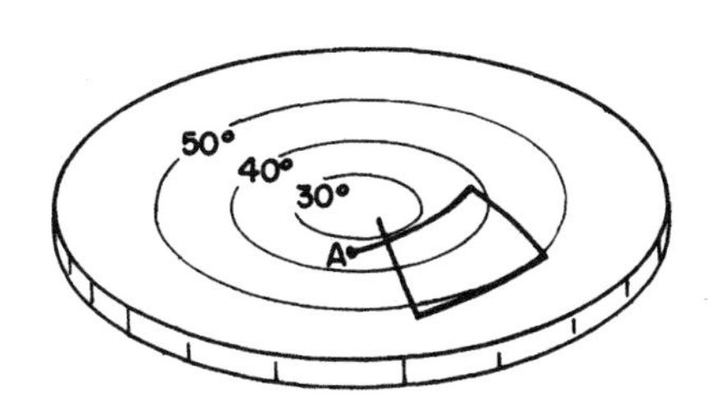

圖42-9 在熱板上畫「正方形」

們一件事情，牠們都做成**小**尺寸的模型，並且粗略的量度了一番。但是等到牠們仔細去畫超大尺寸的正方形時，才發現有些地方不太對勁了。

重點是，牠們只需用到**幾何測量**就可以發現空間上不尋常的問題。我們可以把**彎曲空間**定義為：具有不同於期望中平面幾何學性質的空間。若是以例子來說明的話，那麼在球面上跟熱板上的蟲的幾何學，就是彎曲空間的幾何學。在這麼簡單的例子裡面，我們就能發現歐氏幾何學與事實乖違；甚至在二維空間裡，就能證明我們這個世界是彎曲的。基於同樣道理，蟲為了證明牠是否住在一個圓球上，並不一定非得繞著圓球走完一圈才算數。而且如果那確實是個平面，或是一個非常大的球面，那麼蟲終其一生也走不出個所以然來。但是牠卻可以簡單的在地上畫個正方形，就能找出答案來啦！不過，若是畫的正方形尺寸不是很大，就必須畫得非常非常精確，才派得上用場，要是自知精確度不是頂好，那麼就只有把尺寸盡可能放大來彌補囉。

接下來讓我們看看平面上的三角形，三內角之和應該等於 180 度。我們住在球面上的小朋友，會發現這條定理不對，牠甚至發現三角形的**三個內角可以都是直角**！圖 42-10 所顯示的就是這樣的一個三角形：假定我們那隻蟲從球的北極出發，順著一條直線走到球的赤道，在那兒做一個直角右轉，然後筆直前進，走一段跟前面那段距離相等的路，然後再做一個直角右轉，再走一段距離相等的路，牠就剛好回到原先的出發點：北極。

所以對這隻有過這趟旅遊經驗的蟲來說，三角形的三個內角毫無疑問的可以都是直角，也就是加起來等於 270 度。牠倒是發現，三角形三內角之和**總是**大於 180 度。事實上，三內角之和比 180 度多出來的部分（如上例就是 90 度），跟三角形的尺寸大小成正比。

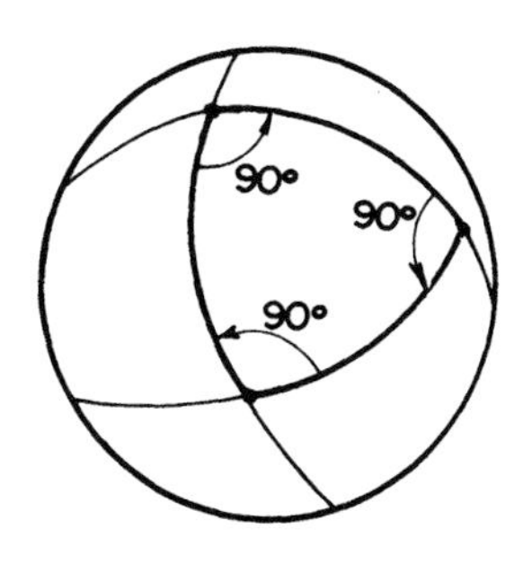

圖42-10 在球面上，「三角形」可以是由三個直角構成。

換句話說，如果所畫的三角形非常之小，則牠的三內角之和只比180度大一丁點而已，隨著三角形的尺寸變大，兩者之差就變得愈來愈大。熱板上的蟲也會發現，牠們的三角形有類似的問題。

接著讓我們瞧瞧其他兩隻蟲畫的圓，牠們也用同樣的方法畫圓，並在畫好之後去量圓周的長度。如圖42-11所示，在球面上生活的蟲，依照上述方法畫了圓後，發現圓周的長度比半徑乘上2π的積要**短了些**。（我們因拜三維空間之賜，一眼就能看出來蟲所認為的「半徑」是彎曲的，因而事實上比那個圓的眞正半徑要**長了一些**。）

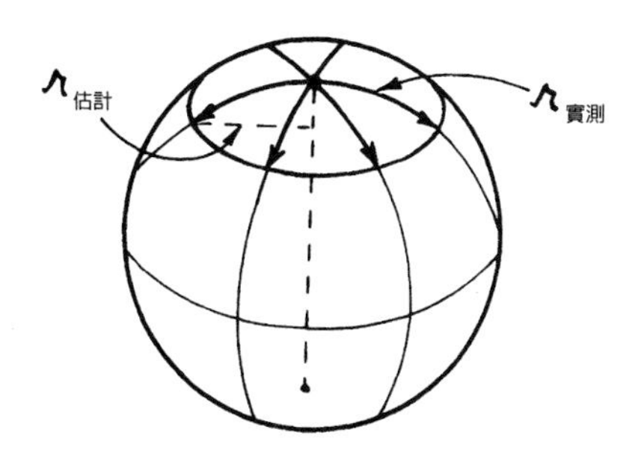

圖42-11 在球面上畫圓

記得那隻球面上的蟲曾經學過歐氏幾何學，牠量出圓周長後，把圓周長 C 除以 2π，去估計半徑的長度，亦即：

$$r_{\text{估計}} = \frac{C}{2\pi} \tag{42.1}$$

然後牠發現這個計算出來的估計值，比實際去測量出來的半徑長度短些，爲了研究其中原委，牠把兩者的差距定義爲「多出來的半徑」（excess radius），寫下來就是：

$$r_{\text{實測}} - r_{\text{估計}} = r_{\text{多出來}} \tag{42.2}$$

然後牠去找出多出來的半徑與圓的大小之間有關係。

我們在熱板上的蟲也發現相似的現象，假定牠依照圖 42-12 所顯示的步驟，畫了一個以冷點爲中心的圓周。如果我們仔細看牠一步步操作，就會注意到，牠的直尺在中心點附近較短，待牠逐漸量到外圍時，直尺變得較長，牠當然渾然不覺。蟲量圓周時，直尺總是較長的，所以牠發現半徑的實測值，比依照公式（$C/2\pi$）計算出來的估計半徑要長了些。熱板上的蟲也被「多出來的半徑的效應」所煩惱。並且牠同樣發現，熱板上多出來的半徑也跟圓的大小有關。

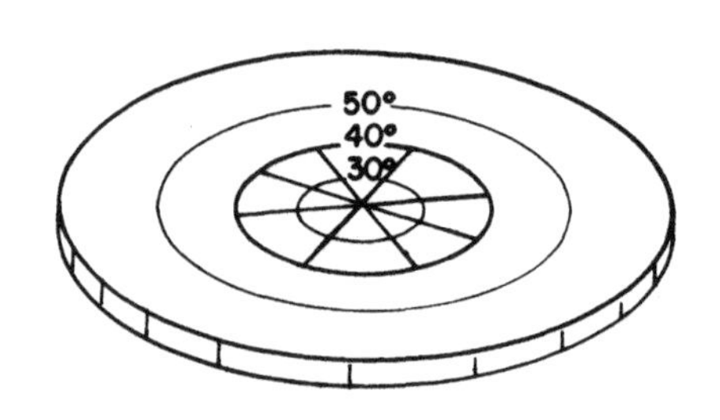

圖 42-12　在熱板上畫圓

說到這兒，我們可以進一步**定義**「彎曲空間」爲：凡是類似這種幾何學誤差會發生的地方，諸如三角形的三內角和不等於 180 度啦、圓周長不等於半徑的 2π 倍啦、以及畫正方形時收不了口等等。你們也可以想想其他的現象。

以上我們舉了兩個不同的彎曲空間例子：一個是球面，一個是熱板。但是有一件非常有趣的事是，如果我們把熱板上溫度隨距離的變化，弄得恰到好處的話，上面的**幾何**現象就會跟球面上的完全相同。你說妙不妙哉！我們可以使熱板上的蟲測得的幾何，跟球面上蟲測得的幾何完全一樣。你們中間一定有不少人喜愛幾何學、對解幾何題有興趣，我們接著就要告訴你如何做到這樣。只要你假設直尺的長度（由於靠溫度決定，因此是溫度的函數）與「距熱板中心的距離平方乘上某個常數，再加 1 之後得到的數値」成正比，你會發現，熱板上的幾何，跟球面上的幾何，所有細節* 都完全一樣。

當然除了這兩種彎曲空間之外，還有許多其他種類的幾何學，譬如說，我們可以去探討一隻住在一個梨形物表面的蟲，牠的世界裡的各種幾何現象。梨形物上的曲率，有的地方大，有的地方小，以致於上面的蟲在畫尺寸相同的小三角形時，其三內角之和超出 180 度的數値，各處並不一樣。換句話說，彎曲空間不必處處同調一致。一般來說，這些不規則的曲率，都可以在一個平面的熱板上，用適當的溫度分布模擬出來。

我們還應該指出一點，在不同的彎曲空間裡也會發生另一種反向的差異。比如，三角形尺寸夠大時，三內角之和可以**小於** 180

*原注：除了無限遠的那一點以外。

度。聽起來似乎不可能，事實上一點也不困難，最容易看得出來的是把熱板上的溫度分布顚倒過來，讓熱板中心的溫度變得最高，外緣部分則離中心距離愈遠，溫度愈低。如此一來，熱板上的幾何異常情況，就跟我們前面所描述的剛好相反。

其實我們也可以利用純幾何的方法達到同樣的目的，用一個如圖 42-13 所示的馬鞍形表面的二維幾何。讓我們想像在這樣的表面上，先選出一個中心點來，然後把和這中心點等距離的許多點連接起來，成為一個「圓」。這個圓等於是上下振盪遊走的曲線，呈現所謂的貝殼效應。因而它的周長一定會比由公式 $2\pi r$ 計算出來的大。所以這回所用的半徑長度 r，比 $C/2\pi$ 要來得小。亦即多出來的半徑變成負值的了。

前面所討論的梨形面、球面、中冷外熱的熱板等，都是所謂**正**曲率的曲面，而馬鞍形表面及中熱外冷的熱板，則是**負**曲率曲面。一般說來，在二維的世界，曲率也可各處不同，其中有些是正曲率，有些則是負曲率。總而言之，在我們提到某處空間彎曲時，就是指該處的幾何性質不遵守歐氏幾何學的定則，跟後者有了出入。而曲率的大小，例如定義為多出來的半徑之類的，則可能隨處變

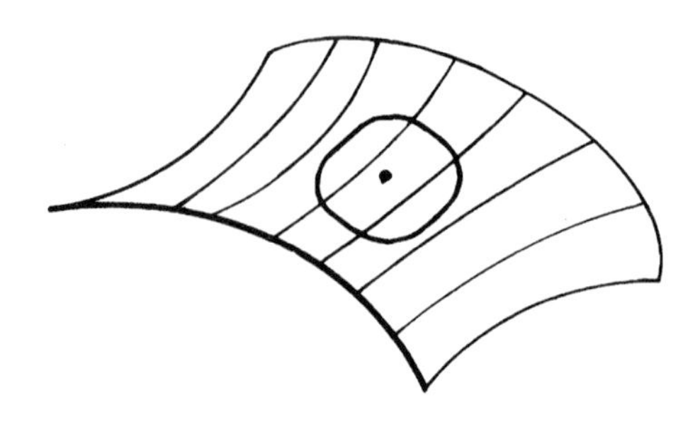

圖 42-13　馬鞍形狀表面上的「圓」

化，各不相同。

這兒我們應該指出來，根據我們對曲率所下的定義，一個如圖42-14所示的圓柱或圓筒的表面，反而不是彎曲的，你說奇怪不奇怪？在圓筒表面上爬行的蟲發現，舉凡前面提過的三角形啦、正方形啦、以及圓啦，不論大小，所具有的一切幾何學性質都猶如它們是畫在平面上一樣。

我們很容易就看出其中端倪來，知道它不過是把平面捲了起來而已，任何幾何圖形都跟在平面上一樣。所以住在圓筒上的蟲，（假定牠只做些小區域的活動，不曾去環遊圓筒一圈的話，）是不可能發覺牠的空間是捲曲的。因此，純以技術觀點來衡量，我們認爲這隻蟲住的空間**不是**彎曲的。

我們所談論的曲率，比較正確的說法，應該限於**內在曲率**

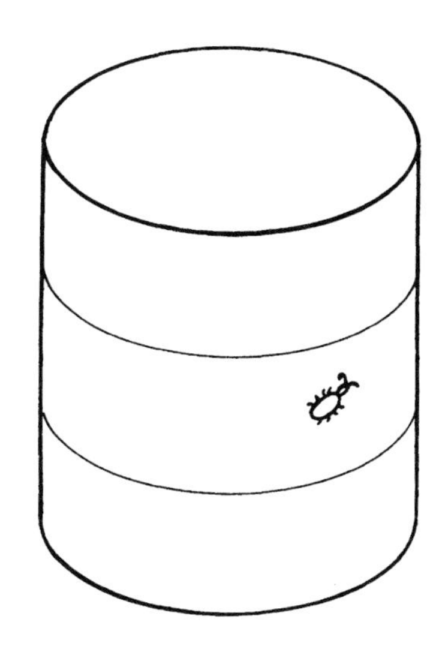

圖42-14 零內在曲率的二維空間

(intrinsic curvature),它的定義是:靠局部區域的測量就可發現的曲率。(因此圓筒按此定義,它的內在曲率就是零。)愛因斯坦說我們的空間是彎曲時,話裡也包含著這層意思。

不過討論到現在,我們的彎曲空間還只限於二維,接下來我們得進一步討論,三維的彎曲空間又是怎麼樣一回事。

42-2 三維空間的曲率

你我就住在三維空間裡,現在我們來看看彎曲的三維空間這觀念究竟是什麼。你大概會問:「我們該如何才能想像空間會拐彎呢?」答案是我們的確無法想像空間會彎曲,原因是光靠想像還不夠。(也許沒法想得太多,反而是一件好事,這樣我們才不至於跟現實完全脫節。)不過我們仍然能夠不跑出三維的世界,就**定義**出空間的曲率。前面所討論的二維空間,不過是一場熱身練習,證明我們不需要從更高維度的外邊「往裡瞧」,依然能夠描述與定義曲率。

我們可以師法住在球面上跟熱板上的兩位仁兄,利用極為類似的方法,來決定我們的世界是否彎曲。我們也許還無法分辨球面與熱板之間有何不同,但是它們兩個與平坦空間或普通平面,是絕對混不到一塊去的。怎麼分辨呢?很簡單,我們隨便畫一個三角形,然後仔細量它的三個內角度數;或者畫一個大的圓,然後仔細測量它的周長與半徑;或者去各處畫一些正確的正方形,或是去做一個立方體出來,然後小心仔細的檢驗幾何性質,看看是否有任何異於常態的地方。只要有所發現,我們就可以說:那個異常的地方,空間是彎曲的。

如果我們畫的三角形,三個內角度數加起來超過180度,那麼這個三角形所在的空間一定是彎曲的。如果我們畫的大尺寸的圓,經仔細測量後發現：半徑長度與圓周長除以 2π 之後的值，明顯不同，那就可以說，這個圓所在的空間是彎曲的。

你會注意到，在三維的世界裡，情況遠比二維世界複雜得多。二維空間的任何一點上，可以有一定大小的曲率。但是到了三維空間，同一點上的曲率可以有**好幾個分量**。譬如說，我們在三維空間的某一平面上畫一個三角形，即使三角形在這平面上的位置不動，但隨著該平面旋轉了不一樣的方向，各內角的測量值就可能不同。

或者以畫圓爲例。假定我們先畫了一個圓，且發現它的半徑跟 $C/2\pi$ 之間有差距，所以它有多出來的半徑。然後像圖 42-15 所顯示的，我們可以另外畫一個圓，跟原先那個圓垂直，這個新圓多出來的半徑不見得一定要跟第一個圓多出來的半徑相同。事實上，很可能是，第一個圓多出來的半徑是正值，而與它垂直的第二個圓多出來的半徑卻是負值。

也許你想到了一個比較好的方法：是否我們可以加以簡化，省略那些囉哩八唆的瑣碎平面玩意兒，直接就利用一個**球**來測試三維

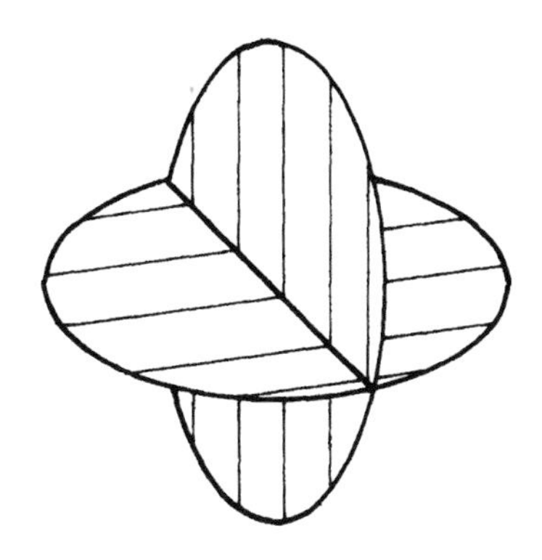

圖 42-15　不同方向的圓，可能各有不同的多出來的半徑。

空間是否彎曲呢？我們可以指定這個球的表面，是由和空間中的一定點（即球心）等距離的無數點所構成。我們可以在球表面上畫滿非常細小的正方格子，然後把它們一一加起來，求得整個球的面積。根據歐氏幾何學，球表面積 A 等於 4π 乘以半徑 r 的平方，所以「估計半徑」就定義為 $\sqrt{A/4\pi}$ 。另外，我們也可以把球挖一個洞，直接去測量從球面到球心的距離。

比較這兩個半徑數值，把實測半徑減去估計半徑，差值就叫做多出來的半徑

$$r_{\text{多出來}} = r_{\text{實測}} - \left(\frac{\text{實測表面積}}{4\pi}\right)^{1/2}$$

多出來的半徑可拿來當三維空間中，很讓人滿意的曲率量度指標。它的最大優點在於它本身為全方位的，不像畫三角形或圓，有方向上的問題。

但是球的多出來的半徑也有缺點，它無法完全表達出它所代表空間的特性來。它告訴我們的是，那個三維世界的所謂**平均曲率**。由於它是把各種曲率全給混在一起了，只是一個籠統的平均值，因此難以從它清楚看出，究竟在幾何學上出了什麼樣的毛病？如果你只得到這樣一個數值，根本無法判定那個空間內的各種幾何學性質，因為你無從判斷不同方向的圓各具有什麼特性。如果真要能夠既完全、又明確的定義出任何一點的彎曲性質來，我們需要六個「曲率數」。當然，數學家知道如何寫出這一組六個數來。將來有一天，你可能從某一本數學書裡讀到這些曲率數既高等、又優美的形式。不過，你最好先大概知道你想要寫出來的究竟是什麼。以我們目前大部分主要的目的來研判，平均曲率已足以滿足需求了。*

42-3 我們的空間是彎曲的

現在該是最主要的問題上場的時候了。那就是：我們實際生存的這個三維世界是彎曲的嗎？

自從我們有了足夠的想像力，瞭解到空間會有彎曲的可能時，人類好奇的天性很自然的想要知道，這個眞實世界是否眞是彎曲的。過去有許多人試著去直接測量，但是都沒有發現任何差異。一直要等到愛因斯坦在研究重力的立論過程裡，發現空間**確實是**彎曲的。接下來我們將要告訴你，愛因斯坦的定律是有關曲率大小的，並且還要告訴你一點點歷史，就是愛因斯坦當年是如何發現這檔子事的。

根據愛因斯坦的說法，空間是彎曲的，曲率的來由是物質。（由於物質也是重力的來源，所以重力跟空間彎曲有關，我們會在這一堂課稍後談到。）爲了把事情簡化一些，在此必須先做一項假設：物質是連續不斷分布的，只是各處密度不同而已。◆

★原注：我們還應該順便再加上一點，也是跟完整性有關的事：如果你希望把熱板模型的彎曲空間，從二維擴充到三維來應用時，你還必須想像，那一把直尺的長度不只是跟它量度的地點有關，而且還跟擺放的方向有關。我們前面的討論，實際上已經採用了一個廣義化的步驟：我們假設直尺的長度僅只跟地點有關，方向上則無關，亦即不管它兩端分指的是南北、東西或上下，都假設它沒有任何差異。在我們用熱板模型來解釋任何三維彎曲空間時，這是應該考量的重點之一，雖然在二維時被我們省略，但卻不可不知。

◆原注：如果物質是集中在幾個點上的話，沒有人知道該拿它怎麼辦，即使愛因斯坦也不例外。

愛因斯坦的曲率定則是這樣的：如果在一個內含物質的空間裡，我們劃分出一個球形來，此球體積不大，以致其中物質分布均勻，各處密度都等於 ρ。那麼在這樣的條件下，該球**多出來的半徑**便會跟球內的質量大小成正比。依照多出來的半徑的定義，我們可得：

$$\text{多出來的半徑} = r_{\text{實測}} - \sqrt{\frac{A}{4\pi}} = \frac{G}{3c^2} \cdot M \tag{42.3}$$

式子中的 G 是重力常數（即牛頓定律中的常數），c 是光速，而 $M = 4\pi\rho r^3/3$ 是該球內的質量。這就是愛因斯坦的空間平均曲率定律。

假設我們拿地球當例子，先不理會地球各處密度不同的事實，我們就可以省略掉所有積分的手續。在這樣的假設情況下，假定我們非常仔細丈量了地球的表面積，然後挖一個地洞直達地心，實際測量到地球的半徑。從量得的地球表面積 A，我們利用表面積等於 $4\pi r^2$ 的假設，算出半徑的估計值。我們把估計半徑與實測到的半徑比較，發現實測半徑比估計半徑大，超過的量就是 (42.3) 式。常數 $G/3c^2$ 大約相當於每公克 2.5×10^{-29} 公分，也就是說，地球的每 1 公克質量，會使得實測半徑比估計半徑多出來 2.5×10^{-29} 公分。於是我們可以從地球的總質量，相當於 6×10^{27} 公克，算出了地球多出來的半徑大約等於 0.15 公分，這麼大個地球就只有這麼一丁點兒差異！* 用同樣的方法來計算太陽，你會發現它多出來的半徑大

*原注：這是近似，因為我們明明知道，地球內的密度並非如同我們所假設的和半徑無關。

約有500公尺那麼長。

這兒我們應該注意到，愛因斯坦的空間平均曲率定律告訴我們，一旦到了地球表面**以上**，**平均**曲率就會趨近於零。但並**不**等於說曲率的每個分量都等於零。理論上，事實上也正是如此，在地表上空的不同方向上，仍然具有相當程度的曲率。如果我們在空中任選一個平面，畫上一個圓，仍然可能發現該圓具有正或負的多出來的半徑。我們再把那個平面轉了一個方向，則它多出來的半徑大小會改變，而且正值可能變成了負值，或負值變成了正值。

原則上，在任何一個球形空間**內**，只要沒有包含質量，它的平均曲率得等於零。

除此之外，一個地點的曲率所包含的不同方向分量，跟它附近不同地點的平均曲率**變化**之間，還有一定的關係。所以如果我們知道每一個地點的平均曲率，就可以計算出每一個地點上各曲率分量的詳細情況。比方說，地球上空平均曲率隨著高度改變，所以該處空間是彎曲的。這個平均曲率的變化，也就是我們所感受到的重力現象。

讓我們再回頭看看平面上的蟲，假如該「平面」上有一些青春痘似的小疙瘩在上面，看不見東西的蟲每遇到一個疙瘩，就會下結論說，牠的世界裡又多出來一個局部曲率。我們在三維空間內也有類似的情形，空間中只要是有一堆物質的地方，就會有局部曲率出現，所以我們可以把物質想像成三維空間裡的青春痘。

如果我們在遍布小疙瘩的平面上，弄出許多大起伏來，使得整個平面形成了像球面似的大曲面。我們極希望能夠知道：太空中，除了有一些由於地球跟太陽等物質堆造成的「小」疙瘩之外，是否底子裡還另有一個淨平均曲率？

天文物理學家就一直在測量非常遙遠的星系，試探著想找出這個問題的答案來。譬如說，如果我們發現跟我們同處於一個超級大球面上的星系數目，與我們從球半徑估算出來的應有數目有差距的話，就可以算出這個超級大球多出來的半徑。從這樣的測量，我們希望知道，這整個宇宙平均起來是平坦的呢？還是圓的？前者猶如平面，是「開放的」(open)；而後者則好像是球面之於面，是「封閉的」(closed)。

你大概已經聽說過，科學家還在爲這件事辯論。因爲大家對天文測量的看法完全不統一，實際測出的數據也不夠精確，難以求得叫人信服的答案來。因此，非常不幸的事實是，對於我們這個宇宙大尺度上的整體曲率，目前仍是半點兒觀念都沒有。

42-4 時空幾何

接著我們必須來談談時間。狹義相對論告訴我們，空間的測量跟時間的測量互有關聯，而且是無論空間中發生什麼事，此事必然會牽連到時間。

我們之前討論過，測量者本身的速率，對時間的測量更有決定性的影響。譬如說，我們觀望一位先生乘坐太空船呼嘯而過，會看到他和他周遭的一切，比起我們這兒的步調都緩慢了一些。或者這麼打比方好了，這位先生原本是咱們中的一員，然後他坐上太空船，以高速出去轉了一圈回來，**根據我們的手錶**，這趟旅遊他離開了100秒整，但是他的手錶卻說只有95秒，其實不只是他的手錶，他身上所有的東西，包括他的心跳，全部都慢了下來。

現在，讓我們考慮一個有趣的問題，假定你就是坐太空船的那位先生，我們要求你得到訊號之後，才開動太空船出去旅遊，然後在下一個訊號發出前，剛好趕回到出發點，兩次訊號之間的間隔是

我們的時間 100 秒整。另外你還被要求在旅途上能待得**愈久愈好**，那是要以**你的**手錶爲憑。那麼你該採取怎樣的行動呢？你應該停在那兒完全不動！因爲只要你出發一動，回來的時候，你的手錶所記錄的時間就會比 100 秒短。

但是如果我們把上面這個問題稍微改動一下，假定我們要求你，在第一個訊號發出時從 *A* 點出發去旅遊，根據我們的時鐘 100 秒整之後，剛好到達另一 *B* 點。*A*、*B* 兩點對我們來說，都是固定點。同樣你被要求在旅途上待得愈久愈好，這是以你的手錶爲憑。那麼你該怎麼辦？你在 *A*、*B* 兩點之間應該走哪條路徑，採取怎樣的行程，才能在**你的**手錶上記錄下最長的時間呢？

這次的答案是你必須以等速率、沿著 *A*、*B* 兩點之間的直線移動，才能從**你的**觀點感覺在旅途上待得最長久！理由呢？任何有異於此的一切舉動，以及其他任何不必要的高速，都會使得你的時鐘慢下來。（這是由於因速度而發生的時間膨脹，是取決於速度的**平方**。一旦跑得過快而失去了時間，就是永遠失去了，不能在以後藉由跑得特別慢而彌補回來。）

我們此處提了這些，主要目的是要借用這項觀念，來定義時空中的「一條直線」。本來直線是純空間的玩意兒，在時空中可與之類比的東西，應該是指：朝向一固定方向的等速度**運動**。

而空間中最短距離的連線，在時空中的對應項目卻不是有最短時間的路徑，反而是有**最長**時間的路徑。之所以有這奇事，原因在於：相對論的時間那一項，正負號跟空間三軸分量相反。所謂「直線」運動，亦即「沿一直線等速度」運動，也就是帶著一隻錶，從一定點的一定時間出發，然後在另一定點及另一定時間到達，而所帶著的那隻錶記錄下最長時間的運動方式。這也就是時空中相當於直線的定義。

42-5 重力與等效原理

現在我們可以來談談重力定律。愛因斯坦在發表了狹義相對論之後，就致力於開創一套能夠跟相對論相容的重力理論。剛開始的一段時期內，他頗不順利，直到他終於搞清楚了一個非常重要的原理，才帶領他順利到達目的地，得到正確的定律。

那個原理所根據的觀念，就是當一件物體成爲自由落體時，其中所包含的一切似乎全都處於失重狀態。譬如說，一顆在繞地球軌道上運行的人造衛星，是在朝著地球自由降落，衛星中的太空人就會覺得完全失去了重量。

這個觀念，以更爲貼切的說法來表達的話，就叫做**愛因斯坦的等效原理**（Einstein's principle of equivalence）。它依據的是以下的事實：一切物體，不論其質量、材質有多麼大的不同，皆以完全相同的加速度自由降落。舉個例子，假使我們有一艘太空船正在進行慣性飛航，那麼它就是處於自由落體狀態。而太空船裡有位人士，那麼支配人跟船下落的定律是一樣的。如果那位人士把他自己擺在太空船裡，且一動也不動的待在那兒，**相對於太空船**而言，他都沒有下落的現象。這就是我們所說的，那位人士是處於「失重狀態」。

現在假設你坐在一艘正在加速的太空船裡面。這加速是指相對於什麼而言哪？我們就說，火箭引擎在運轉，對太空船產生了推力，所以太空船不是在慣性飛航、不是一個自由落體。同時我們還得想像，這艘太空船早已在空曠的太空之中，實際上完全沒有受到重力的影響。如果該太空船正在以「一個 g」的加速度往前衝的話，你就可以直立站在船艙的「地板」上，並且感覺到你平常的身體重量。如果這時候你手中有個球，只要你一鬆手，它就會「掉」

到地板上去。爲什麼會這樣呢？因爲這艘船正在「向上」做加速度運動，離了手的球，由於失掉了對它作用的力，遂停止繼續做加速度運動，因而相形落後。由太空船中的你看來，倒是好像球以「一個 g」的加速度下落。

現在讓我們把以上所說的情況，跟一艘停在地球發射台上的太空船內部看到的情形，做個比較，結果發現兩者**完全一樣**！你同樣是站在船艙地板上、同樣感覺到體重壓在腳板上；讓球脫手，則球同樣以一個 g 的加速度掉到地板上。事實上，你要如何才能確定你的太空船是停在地面上，還是正在太空中加速呢？依照愛因斯坦的等效原理，你若是只測量船裡面發生的一切現象，就根本無法做區分！

不過要是我們夠仔細的話，嚴格說來，上面的說法並非對太空船裡面各部分都成立。地球表面上的重力場並不是各處完全一樣的，也就是說，在不同的位置，球往下落的加速度並不全然一樣，大小跟方向都有細微的差異。不過如果我們把地面上的重力場想像成全然一致，那麼就跟等加速系統在各方面都相仿。而這就是愛因斯坦等效原理的依據。

42-6 重力場中的時鐘走速

現在我們要借用等效原理，來解釋重力場中發生的一件怪事。我們即將證明給各位看，有一件在太空船裡會發生的事情，而你很可能不敢相信它也會在重力場中發生。

如圖 42-16 所示，假設我們把一具時鐘擺在一艘太空船的頭部或前端，然後把另一具完全相同的時鐘，擺在船的尾端。讓我們分別給它們取名爲 *A* 鐘與 *B* 鐘。如果太空船正在加速前進，我們把兩

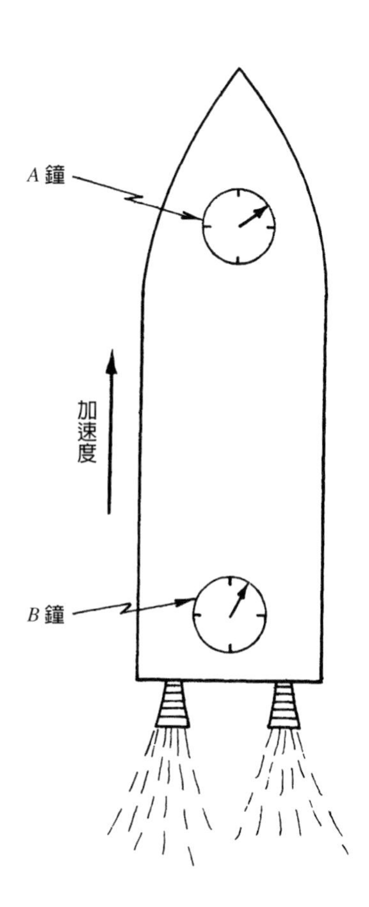

圖 42-16　載有兩具時鐘的太空船正在加速

具鐘做個比較，就會發現 *A* 鐘走得比 *B* 鐘快些！

想弄清楚其中原委，讓我們想像 *A* 鐘每秒放出一道閃光，而你坐在太空船的尾端，記錄閃光到達的時間，再跟身旁 *B* 鐘的滴答聲做比較。我們可以從圖 42-17 裡看到，假設太空船處於 *a* 位置時，*A* 鐘發出第一道閃光，而當閃光到達後面的 *B* 鐘時，船已到達 *b* 位置。待會兒當 *A* 鐘發出下一道閃光時，船的位置是 *c*，而當這第二

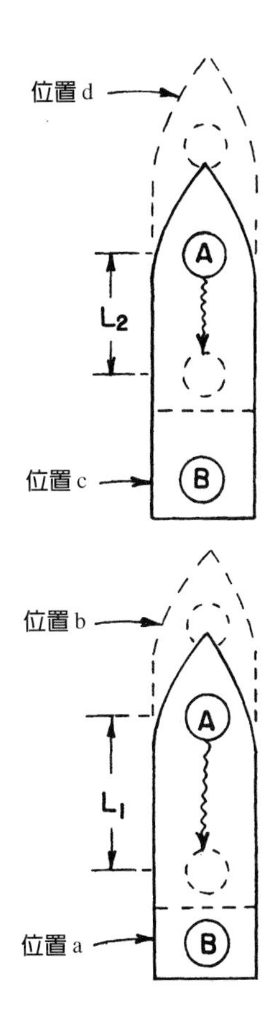

圖 42-17 正在加速的太空船中，前端時鐘看起來走得比尾端時鐘快些。

道閃光到達 *B* 鐘的時候，船已到達 *d* 位置。

第一道閃光到達 *B* 鐘之前，走了 L_1 距離，而第二道閃光則走了 L_2 距離， L_2 比 L_1 短些，因爲太空船正在加速，它在發出第二道閃光時的速度，比在發出第一道閃光時的速度要快些，所以如果這兩道閃光在從 *A* 鐘發出時，時間間隔正好是一秒的話，它們到達 *B* 鐘時，時間間隔就不到一秒了，因爲第二道閃光在路途上沒有用到那麼多時間。而且只要太空船繼續加速，這個效應就會一直持續下去。

所以當你坐在太空船尾端時，你的確會看見 A 鐘走得比 B 鐘快。如果你走到前面去，坐在 A 鐘旁邊，叫 B 鐘閃光，然後你根據閃光的到來時刻，與 A 鐘的滴答聲比較。由於一切都跟前面的推理情況相反，你會發現 B 鐘走得比 A 鐘**慢些**。這件事經過剖析之下，確實一切都合情合理，一點也不神祕！

那麼，讓我們想想一艘停放在地球重力場中的太空船。果然，**同樣的事也發生了**！如果你坐在地板上，手裡拿著一具時鐘，然後抬頭望著高處架子上的另一具時鐘，你就應該看到架子上的時鐘，走得比你手中的時鐘快些！

聽到這兒，你會說：「不對！兩個鐘的時間應該一樣。沒有加速度運動，沒道理兩時鐘走速會不同。」但是如果等效原理沒錯的話，兩個時鐘的走速必定不同！而且愛因斯坦堅稱等效原理**確實是**正確的，還勇敢並正確的走下去。他主張：位於重力場中不同位置的鐘，一定會看起來走得不一樣快。但如果有一個時鐘**看起來**總是跟其他時鐘不同步調，那麼就那個時鐘而言，**是**其他時鐘的走速不同。

你瞧，這個時鐘怪現象，跟我們前些時候在討論熱板上的蟲時提到的熱直尺現象，相當神似。在那個例子裡，我們想像不僅只是直尺一樣東西，其他一切包括蟲本身在內，都必須以同樣比例熱脹冷縮，所以蟲完全無從知道當牠在熱板上到處跑的時候，牠用來量距離的標準直尺的長度，事實上是在隨著溫度脹縮。在這個時鐘例子裡也一樣，所有我們擺到更高處的時鐘，還有心跳、新陳代謝等等，只要高度相若，變快的程度都一樣。

如果不是這樣的話，我們就能區分重力場與正在加速的參考座標系。各處時間居然快慢不一這個觀念，實在難以叫人衷心認同，但這可是愛因斯坦的觀念，更重要的是，這個觀念是正確的，不管你相信不相信。

利用等效原理，我們還能夠計算出來，在重力場中高度不一樣時，時鐘的快慢差異究竟會是多少。我們就是直接計算加速運動中的太空船裡面兩個時鐘的差異，正是重力場中的情形。這樣做的最簡單方式，是利用第I卷第34章裡都卜勒效應的結果。在那一章的(34.14)式是說，如果 v 是光源與接收器之間的**相對**速度，那麼**接收**頻率 ω 跟**發射**頻率 ω_0 之間有如下關係：

$$\omega = \omega_0 \frac{1 + v/c}{\sqrt{1 - v^2/c^2}} \tag{42.4}$$

現在如果我們考慮圖42-17的加速中的太空船，其中的光源與接收器在任何時刻的速度都相同，但是在閃光訊號從 A 鐘傳送到 B 鐘這段時間內，太空船的速度增加了，事實上多出來的速度等於 gt，g 就是加速度，而 t 就是光線從 A 行進到 B 所走過的距離 H 除以光速 c。所以當閃光訊號到達 B 點時，該船的速度已經增加了 gH/c。接收器的速度**比光源的速度**總是大些，其間差距一直等於 gH/c，所以這個差距就是都卜勒效應公式(42.4)式裡面，光源與接收器之間的相對速度 v。又我們考慮到加速度與太空船長度都不很大，那麼這個速度 v 跟 c 比起來相當小，我們可以省略掉 v^2/c^2 項，因此，

$$\omega = \omega_0 \left(1 + \frac{gH}{c^2}\right) \tag{42.5}$$

所以太空船裡的兩具時鐘之間，有如下的關係：

$$(\text{接收處看到的時鐘快慢}) = (\text{光源處的時鐘快慢})\left(1 + \frac{gH}{c^2}\right) \quad (42.6)$$

公式中的 H 就是光源比接收器**高**出來的距離。

根據等效原理，在地球重力場內，兩個時鐘的高度差若是等於 H，該兩具時鐘之間的快慢關係，也必須跟 (42.6) 式完全一樣，其中的 g 就是自由落體加速度。

這個觀念非常重要，重要到我們必須用其他的物理定律，從另一個角度來加以確認，以證明它的確就是如此。我們利用的物理定律是能量守恆律。我們知道一件物體在重力場中受到的力，跟該物體的質量 M 成正比，而 M 跟它的全部內能 E 之間的關係是 $M = E/c^2$。比方說，在核反應裡，一種原子核遷變成另一種原子核牽涉到能量的改變，釋放出來的**能量**跟原子**量**的前後質量消失，就與這個方程式所預測的結果完全一樣。

現在讓我們考量一個原子，它全部能量的最低能態是 E_0，而 E_1 是更高的能態。原子可經由發射光，而從高能態 E_1 降到低能態 E_0。所發射的光，頻率爲 ω，該頻率跟前後能態的關係是

$$\hbar\omega = E_1 - E_0 \quad (42.7)$$

現在假定我們有這樣一個在 E_1 態的原子，先是擱置在地板上，我們把它從地板上舉到高度 H。當然我們必須做些功，把它的質量 $m_1 = E_1/c^2$ 反抗重力舉高了距離 H。所做的功也就是

$$\frac{E_1}{c^2}\,gH \quad (42.8)$$

這時候我們讓這個原子釋放出來一個光子，因而降落到低能態 E_0，然後我們再把它的位置降低，放回到地板上。由於在它被放回

地板時，質量已變成了 E_0/c^2 ，所以我們拿回來的能量只有

$$\frac{E_0}{c^2}gH \tag{42.9}$$

也就是整個來回這一趟裡，我們對這個原子做了的淨功等於

$$\Delta U = \frac{E_1 - E_0}{c^2}gH \tag{42.10}$$

當這個原子發射光子時，它釋放的能量相當於 $E_1 - E_0$ 。現在讓我們假設：那個釋放出來的光子，方向是朝下射向地板，到地板之後被吸收。那麼在被吸收時有多少能量傳送到地板上呢？你一開始可能會認爲，傳送到地板的能量就是 $E_1 - E_0$ 。但是若要滿足能量守恆，這顯然不大對勁。請見以下的論證。

你仔細想想，我們開始的時候是有一個具有能量 E_1 的原子在地板上。而結束時，這個原子回到了地板上，不過能量已經降低到 E_0 ，另外加上從光子得到的能量 $E_{光子}$。而在來回過程中，我們還另外供應了一些能量，也就是 (42.10) 式中的 ΔU 。那麼如果能量確實是守恆的話，最後在地板上的能量和，必須等於原先開始的能量加上我們中途曾做過的淨功。以方程式表示就是

$$E_{光子} + E_0 = E_1 + \Delta U$$

或 (42.11)

$$E_{光子} = (E_1 - E_0) + \Delta U$$

這式子明白告訴了我們，那個光子來到地板上的時候，所攜帶的能量**不**只是它剛被釋放時的 $E_1 - E_0$ ，而必須**多出一些些能量**。如果我們把 (42.10) 式中的 ΔU ，代入 (42.11) 式，就能得到光子來到地板時所攜帶的能量，亦即

$$E_{\text{光子}} = (E_1 - E_0)\left(1 + \frac{gH}{c^2}\right) \tag{42.12}$$

但是我們知道，有著 $E_{\text{光子}}$ 能量的光子，其頻率 $\omega = E_{\text{光子}}/\hbar$。把**發射**光子的頻率稱爲 ω_0，則根據 (42.7) 式，$\omega_0 = (E_1 - E_0)/\hbar$，我們把這兩個高低處頻率代進 (42.12) 式，就又得到了 (42.5) 式。

這同樣的結果，還可以從第三個方式獲得：一個頻率爲 ω_0 的光子，所具有的能量等於 $E_0 = \hbar\omega_0$。因爲能量 E_0 會具有重力質量 E_0/c^2，所以光子也有由能量而來的質量 $\hbar\omega_0/c^2$（**不是**靜質量），而被地球「吸引」。在它下落了高度 H 後，而獲得能量的增加，增加部分等於 $(\hbar\omega_0/c^2)\,gH$。所以它掉下來之後的能量就是：

$$E = \hbar\omega_0\left(1 + \frac{gH}{c^2}\right)$$

但是它掉下來之後的頻率變成了 $E/\hbar$。把它代入上式，我們又再度得到 (42.5) 式。

從以上各個舉證看來，我們的結論是：唯有愛因斯坦所主張的重力場中時鐘走速快慢不一致的理論成立，其他所有的現代物理觀念，包括相對論、量子物理、能量守恆……等等，才能彼此貫通、互爲印證。

不過，這兒所談的頻率改變，通常小之又小。譬如在地球表面高度相差 20 公尺時，頻率的改變不過僅僅 10^{15} 分之 2。雖然差距如此細微，可是利用梅斯堡效應（Mössbauer effect）做的實驗*，證明愛因斯坦的這項理論百分之百正確！

*原注：請參考 R. V. Pound and G. *A*. Rebka, Jr., *Physical Review Letters* Vol. **4**, p. 337 (1960)。

42-7 時空的曲率

現在我們要把剛才談的內容，跟彎曲時空連貫起來。我們之前已經指出，時間的消逝率若是隨著地方不同而分別有快慢的現象，性質上就非常類似熱板上的二維彎曲空間。不過這不僅只是兩邊看來相似而已，它意味著，時空**確實是**彎曲的。

接下來讓我們嘗試畫一些時空的幾何圖形，起初聽起來可能會覺得奇怪，但是我們一般是把一軸代表距離（高度 H），另一軸代表時間 t，就像圖 42-18(a) 的樣子。

假設我們要在時空裡畫個矩形，我們任取一件待在 B 點、高度爲 H_1 的**靜止不動**物體，然後記錄它在 100 秒內的世界線（world line，即它在四維時空中的路徑）。我們會得到圖 (b) 的 BD 那條線，它跟 t 軸平行。

接下來我們另取一件也是靜止的物體，不過在 $t = 0$ 時，它的位置 A 比 B 點高出了 100 英尺，見圖 42-18(c)，然後我們同樣記錄它在 100 秒內的世界線。但這回我們是用 A 點上的時鐘計時，於是畫出來就成了圖 (d) 裡面的 A 到 C。

此處我們需要注意，由於重力場的存在，不同高度的時鐘走得不一樣快，以致於 C 與 D 兩點並不同時。

如果我們從 D 點畫一條線直上到 C'，C' 點與 D 點同時，但比 D 點高出 100 英尺，結果就會有如圖 42-18(e)。矩形最後差了一點點，不能合攏起來，而這就是爲什麼我們說時空彎曲了的意思。

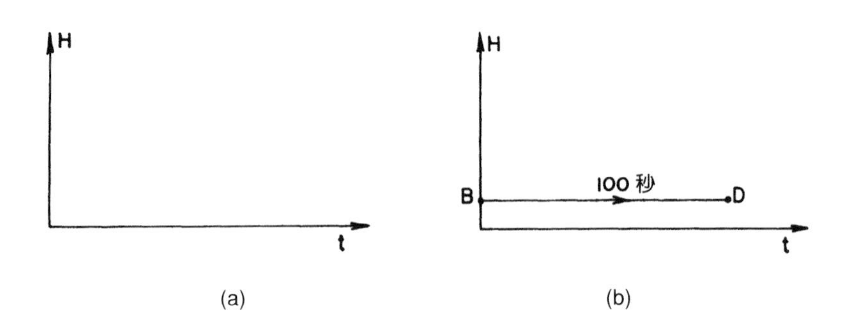

(a)　(b)

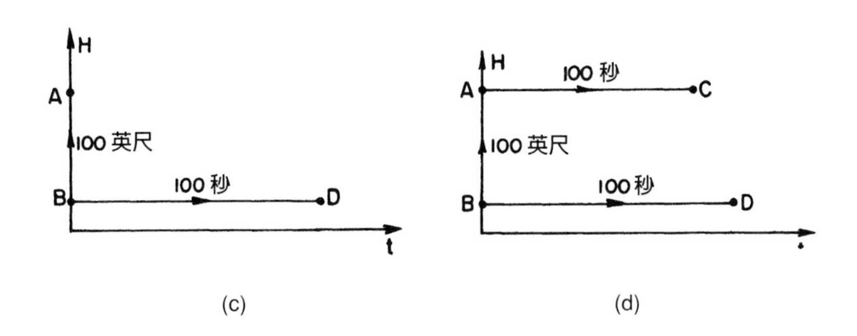

(c)　(d)

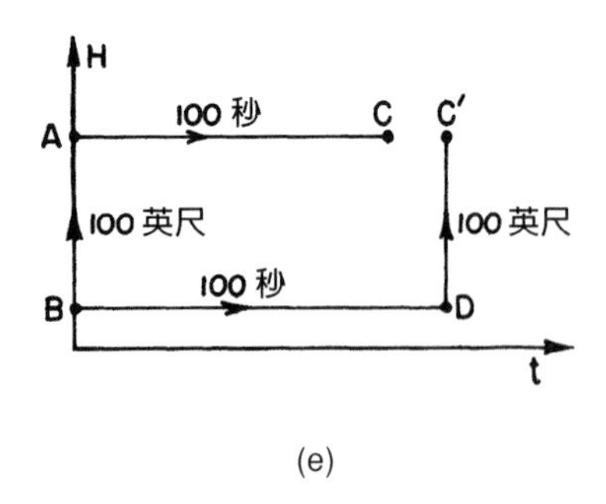

(e)

圖 42-18　在時空中試畫一矩形

42-8 彎曲時空中的運動

讓我們來考量一件有趣的小難題。問題的背景是這樣的：我們有一模一樣的 A 跟 B 兩具時鐘，就像圖 42-19 所表示的樣子，它們都給人擱在地球表面上。現在我們把時鐘 A 舉高到離地面的地方，讓它在那兒待上一陣子，然後再把它擱回到地面上來。在它回到地面的時候，時鐘 B 必須剛好到達第 100 秒。由於時鐘 A 在高處停留時走得比較快，此時它的讀數不會只是第 100 秒，而可能已經到達第 107 秒左右。

我們此處遇到一個問題，那就是：該如何移動時鐘 A ，才能使得它在回到地面的時候，讀數最大？注意特別要記住，時鐘 A 必須要在時鐘 B 到達 100 秒時準時回來。

你可能會脫口而出說道：「這還不簡單！只要把時鐘 A 儘量舉高，愈高愈好，那麼它就會走得愈快，回來的時候，當然讀數就會最大！」

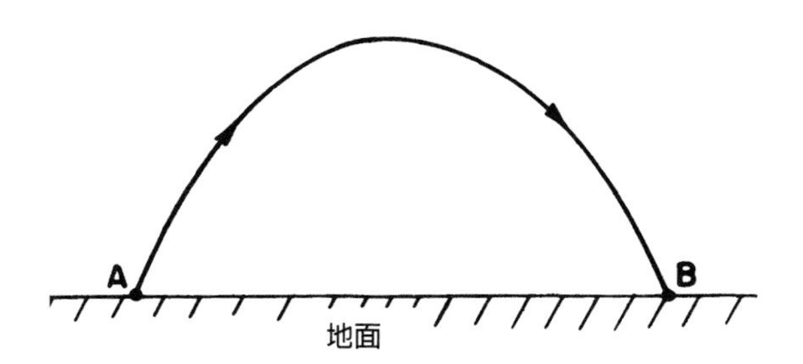

圖 42-19　在均勻的重力場中，彈道拋物線是限定時間內，得到最大原時讀數的正確路徑。

答錯了！你顯然忘記了一件事，那就是我們移動時鐘 A ，前後總共只限定爲 100 秒，包括舉起跟放下動作。如果我們把它舉得非常高之後再放回來，時鐘 A 勢必得移動得非常快才行。那麼你可還記得，狹義相對論告訴我們，運動中的時鐘必須乘上一個修正因子 $\sqrt{1-v^2/c^2}$ ，因而指針會**走得慢些**。這個相對論效應，可使得時鐘 A 走得比時鐘 B **慢**，剛好跟我們把時鐘 A 舉高的目的相反。

所以你瞧，我們面對的是個兩相抗衡的場面：如果我們壓根兒不挪動時鐘 A ，它就是走了 100 秒。如果我們慢慢把時鐘 A 舉到一個不太高的高度，然後又把它慢慢放下來，如此我們可以使得時鐘 A 讀到稍微大於 100 秒的數值。如果我們稍稍再把它舉得更高一點，讀數又可能會稍微增大一點點；但是如果把它舉得過高，就必須把它移動得快些，但這樣反而使得時鐘 A 走得慢了些，最後，時鐘 A 的讀數說不定反而比 100 秒還小。

所以我們需要擬出怎樣一套計畫來呢？也就是究竟應該把時鐘 A 舉到多高？上去、下來用的速率又是應該多快？又如何去調配這種種細節，才能在限定的 100 秒（時鐘 B）之內剛好趕回來，並且得到最大的時間讀數呢？

答案是：我們可以試著拿一個球往天上拋，然後任由它自己落下來，只要球待在空中恰好 100 秒，正是我們所要的答案。假定我們可以把時鐘 A 綁在球上，然後把球向上拋出，那麼時鐘 A 跟隨著球快速上升、上升速度減慢、停留、下降回到地面，這樣的運動正好可使時鐘 A 得到最大的時間增長讀數。

現在讓我們把上述「遊戲」內容稍稍更改一些：假設有 A 跟 B 兩點都在地球表面上，不過中間相隔一段距離。我們剛才所玩的拋球遊戲，可說是直上直下，現在則是要從 A 點丟出，到 B 點落地。問題同樣是：如何才能在限定的剛好 100 秒之內（依據地面上一具固定的時鐘），把另一只時鐘從 A 點移送到 B 點，達到時鐘記錄下最長時間的目的？

對於這個問題，你大概會答：「我們之前曾討論，最長的時間是沿著兩點之間的直線，以等速率做慣性飛航。如果我們不走直線，速率就得加快，時鐘就相對慢了下來。」但是等一會兒！那是我們還沒有把重力因素考慮進去時的說法。現在是否應該向高處去繞個彎之後再轉回來，以便我們有機會趁著身處高空時，讓我們的時鐘走快一些呢？

答案確乎如此。如果你解這個運動曲線的調整問題，好讓移動中時鐘的經過時間最長，最後得到的曲線解，是一條拋物線，就像圖 42-19 裡所畫的重力場中的自由彈道。

所以在重力場中的運動定律也可以這麼描述：**任何一件物體從一點移動到另一點所走的捷徑，總是跟伴隨物體一起運動的時鐘能夠給予最長時間的路徑一致**，當然這得有個但書，就是它的初始條件與終端條件相同。在移動中的時鐘所計量的時間，通常叫做該時鐘的「原時」（proper time）。自由落體的軌跡，可使得物體的原時爲最長。

讓我們看看這是怎麼得來的。我們可以從 (42.5) 式著手，那個方程式告訴我們，運動中時鐘的走速**增快**了：

$$\frac{\omega_0 gH}{c^2} \tag{42.13}$$

除此之外，我們還必須記得，時鐘的運動速率會造成相反的影響，也就是會讓時鐘的走速慢下來，這個效應寫成方程式就是

$$\omega = \omega_0\sqrt{1 - v^2/c^2}$$

雖說此原理適用於任何速率，不過我們例子裡的通常比 c 要小很多。我們可以把這個方程式改寫成

$$\omega = \omega_0(1 - v^2/2c^2)$$

也就是說，運動中的時鐘跟固定時鐘之間的差別等於

$$-\omega_0 \frac{v^2}{2c^2} \tag{42.14}$$

結合 (42.13) 與 (42.14) 兩項，我們得到

$$\Delta\omega = \frac{\omega_0}{c^2}\left(gH - \frac{v^2}{2}\right) \tag{42.15}$$

這就是兩具時鐘之間的移頻（frequency shift），表示如果固定時鐘 B 所記錄的時間是 dt ，時鐘 A 所記錄下來的時間則是

$$dt\left[1 + \left(\frac{gH}{c^2} - \frac{v^2}{2c^2}\right)\right] \tag{42.16}$$

而這時鐘 A 在整個運動過程裡所多記錄下來的時間，應該是把上式扣掉 dt 之後的餘項加以積分，亦即

$$\frac{1}{c^2}\int\left(gH - \frac{v^2}{2}\right)dt \tag{42.17}$$

這個積分值應當是最大值。

式子中的 gH 項，其實就是該物體的重力位能 ϕ 。接下來我們把整個方程式乘以一個常數因子 $-mc^2$ ，其中 m 就是該物體的質量。乘上任何一個固定正數，最大值應該仍然維持爲最大值，但若乘上一個負數，則會把最大值一變而爲最小值。換句話說，「時鐘

A 在整個運動過程裡，多記錄下來的時間為最長」的條件是

$$\int \left(\frac{mv^2}{2} - m\phi\right) dt = \text{最小值} \qquad (42.18)$$

結果我們發現上式的被積函數，正是該物體的動能與位能之差！如果你有興趣，可以翻到第 II 卷第 19 章，就可以看到我們對「最小作用量原理」（least action principle）的討論，並且證明了：對於處在任何位勢中的物體，牛頓定律正好可以寫成跟 (42.18) 式完全一樣的形式。

42-9 愛因斯坦的重力論

愛因斯坦的運動方程式主要是要求：在彎曲時空中，原時應為最大值。其實在我們日常的低速情況下，套用愛因斯坦公式的結果跟原來的牛頓定律算出來的結果，並沒有我們能測量出來的差別。但是當美國太空人古柏（Gordon Cooper）乘坐人造衛星繞地球運行時，他戴著的手錶所記錄的時間，是他以前從未有過的最長原時，也比當他所坐的人造衛星改走了其他任何路徑的原時長了些。★

所以重力定律還可以運用這個讓人印象深刻的時空幾何觀念來敘述。也就是在時空中，粒子經常遵循具有最長原時的路徑，這個

★原注：此處所謂的最長原時，嚴格說來，只是**局部**最大值。我們應該說，他的原時比**附近**任何路徑的還長。譬如說，人造衛星所走的是一條橢圓形繞地軌道，若是拿它跟砲彈所走的上升之後又落下之彈道或拋物線相比的話，就很難說它的原時比較長些。

量猶如空間中的「最短距離」。這就是重力場中的運動定律。如此敘述的好處是，這個定律不受任何座標變換的影響，或是任何其他定義場合的方式所左右。

現在讓我們把以上所討論過的做個總結，我們告訴你下述兩個愛因斯坦重力定律：

(1) 當有物質在場時，時空幾何是如何受到影響、隨之改變呢？具體的說法是：曲率可用多出來的半徑來表達，而多出來的半徑大小與球內質量多寡成正比，(42.3) 式。

(2) 如果只有重力的影響，物體如何運動呢？具體說法是：在相同的初始條件及終端條件下，物體的運動路徑總是原時爲最大的那一條路徑。

這兩個定律可對應於我們所熟悉的兩種古典力學定律。以往我們都依據牛頓的平方反比重力定律以及牛頓運動定律，來描述重力場中的運動。現在重力定律 (1) 跟重力定律 (2) 完全取代了它們。這兩個新定律還跟我們在電動力學裡看到的自然現象互相對應。在電動力學定律裡面，有一套馬克士威方程，決定了由電荷所產生的電磁場。它告訴我們帶電物質的存在，對「空間」這項性質會產生什麼樣的影響，其間的關係就跟重力定律 (1) 之於重力場完全一樣。此外，我們另有一條定律描述粒子在電磁場內移動的情形：$d(mv)/dt = q(\mathbf{E} + v \times \mathbf{B})$。而此方程式與重力定律 (2) 之於重力場，關係又是相同。

雖然我們經常見到，有人以遠較複雜的數學形式，企圖表達愛因斯坦的重力論。不過我們應該還要加上一點，那就是：正如時間尺標會隨著重力場中地點不同而變更，長度尺標也不例外。用來測量長度的直尺，到了不同地點，本身就會有不一樣的長度。

由於時空中的時間與空間如此緊密的混合在一起，以致於不可能在時間上有了變化的時候，長度能夠置身事外。就拿一個最簡單的例子來說，當你乘坐太空船飛過地球，從**你的**觀點裡看到的「**時間**」，有一部分是**我們**從地球望去認爲的空間，因而兩邊各自認爲的空間，也必然有所不同。也就是說，物質的存在所造成的扭曲現象，實際上包含了整個**時空**，那遠比我們前面討論的時鐘快慢，更複雜一些。

事實雖然如此，(42.3) 式所規範的，卻已經完全足以決定與重力相關的所有定律。只要我們瞭解，這個方程式所訂立的空間曲率定則，不僅適用於一個人的觀點，而是同時適用於每一個人的觀點。某人在快速駛過一塊物質時，他看到的該塊物質的質量，跟該塊物質的靜質量不同，因爲該塊物質對他說來在動、有速度，具有相對的動能，所以他還得把這份動能換算成質量，加進該塊物質的總質量內。

理論上，對每一個人來說，無論他的移動速度是多少，當他隨意畫一個圓球時，都會發現這個球多出來的半徑等於 $G/3c^2$ 乘上該球所包含的全部質量（更好的說法是，等於 $G/3c^4$ 乘上該球內全部能量）。這就是說，前面所說的重力定律 (1) 在任何運動系統中都成立。這個偉大的重力定律，稱爲**愛因斯坦場方程式**（Einstein's field equation）。

另一個偉大的重力定律就是定律 (2)，它規定一切東西運動時的路徑，都必須遵照原時爲最大值的條件，這個定律稱爲**愛因斯坦運動方程式**（Einstein's equation of motion）。

要把這兩條定律進一步完全寫成代數形式，以便與牛頓定律直接做比較，或是據以去找出跟電動力學的數學關係來，仍然是困難重重。所以這兩個主要以文字敘述的重力定律，就是目前我們對重力物理學最接近完美的表述形式了。

雖然當我們考量一般情況時，它們跟牛頓力學計算出來的結果往往相當符合，但並非次次皆然。有三個著名的古典牛頓力學失效的事例，都是由愛因斯坦率先推算出來，再由別人加以證實的：水星的軌道不是一個固定的橢圓形；星光在經過太陽附近時會發生偏折，偏折的程度是原先想的兩倍之多；以及重力場中的時鐘走速隨地點不同而有差異。舉凡依照愛因斯坦理論預期的結果，若跟牛頓力學觀念有明顯差異的話，大自然都選擇跟隨愛因斯坦的理論走。

最後讓我們把這堂課所說的一切，做個結論。

第一，時間的快慢與距離的大小，會取決於你做測量時的地點與時刻。這就等於說，時空是彎曲的。從測量一個球的表面積 A ，我們可以估算出該球的半徑 $\sqrt{A/4\pi}$ ，然而實際測量出來的球半徑，會比這個估計半徑稍大，兩者之差與此球內所含的總質量成正比（比例常數即是 $G/3c^2$）。這項條件準確決定了時空曲率的大小，而且不管由誰看來、如何運動，這曲率都一樣。

第二，在如此的彎曲時空裡，粒子循著時空「直線」（具有最大原時的軌跡）運動。

這就是由愛因斯坦所表述的兩個重力定律的內容。

中英、英中對照索引

說明：

1. 索引中頁碼前方的 (1)、(2)、(3)、(4)、(5)，代表詞條分別屬於第 II 卷的第 1 冊《靜電與高斯定律》、第 2 冊《介電質、磁與感應定律》、第 3 冊《馬克士威方程》、第 4 冊《電磁場能量動量、折射與反射》、第 5 冊《磁性、彈性與流體》。
2. 頁碼後若有 f，表示詞條出現於自該頁碼開始之後的幾頁中。

X 射線繞射　x-ray diffraction　(4)-94

二畫

二維電場　two-dimensional field　(1)-222 f

力　force

　勞侖茲力　Lorentz　(2)-92, (2)-178

　電力 或 靜電力　electrical　(1)-40 f, (2)-92

　磁力　magnetic　(1)-44, (2)-92

力學能　mechanical energy　(2)-151 f

三畫

三角晶格　trigonal lattice　(4)-108 f

三斜晶格　triclinic lattice　(4)-108 f

三維波　three dimensional waves　(3)-84 f

凡德格拉夫起電機　van de Graaff generator　(1)-179, (1)-259

千卡（單位）　kilocalorie (unit)　(1)-254

大氣中的電位梯度　potential gradient of the atmosphere　(2)-274 f

四畫

中子　neutrons

　中子擴散　diffusion of　(2)-75 f

中子擴散方程　neutron diffusion equation　(2)-77

互感　mutual inductance　(2)-223 f, (3)-170 f

介電常數　dielectric constant　(2)-14 f

介電質　dielectric　(2)-13 f, (2)-33 f

內反射　internal reflection　(4)-232 f

內積　dot product　(1)-75, (3)-246

六角晶格　hexagonal lattice　(4)-109

分子偶極　molecular dipole　(2)-34 f

分子晶體　molecular crystal　(4)-97

切變波　shear wave　(5)-158

切變模數　shear modulus　(5)-150 f

厄斯特（單位）　Oersted (unit)　(5)-79

反射　reflection

內反射 internal (4)-232 f
光的反射 of light (4)-206 f
反射波 reflected waves (4)-221 f
反磁性 diamagnetism (5)-14 f
反鐵磁材料 antiferromagnetic material (5)-132
巴克豪森效應 Barkhausen effect (5)-127
方向性磁矩 oriented magnetic moment (5)-46
比熱 specific heat (5)-113 f
水滴破碎說 breaking-drop theory (1)-293 f
牛頓 Newton, I. (1)-150
牛頓定律 Newton's laws (1)-230, (5)-258, (5)-295

五畫

主動電路元件 active circuit element (3)-139
加速器導向場 accelerator guide field (4)-78
卡門渦旋列 Kámán vortex street (5)-247
古典電子半徑 classical electron radius (4)-43
司乃耳定律 Snell's law (4)-206
四方晶格 tetragonal lattice (4)-110
四極透鏡 quadrupole lens (1)-225, (4)-85 f
四極電位 quadrupole potential (1)-199
四維向量 four-vectors (3)-240 f
外積 cross product (1)-83, (4)-161 f
布拉格 Bragg, L. (4)-117
布拉格—奈伊晶體模型 Bragg-Nye crystal model (4)-117 f
平行板電容器 parallel-plate capacitor (1)-207 f, (1)-248 f
平面波 plane waves (3)-100 f
平面晶格 plane lattice (4)-104
必歐—沙伐定律 Biot-Savart law (2)-142 f
正交晶格 orthorhombic lattice (4)-110
永電體 electret (2)-52
白努利定理 Bernoulli's theorem (5)-213 f
石榴石 garnet (5)-135
立方晶格 cubic lattice (4)-110

六畫

交流發電機 alternating-current generator (2)-218 f
交流電路 alternating-current circuits (3)-127 f
交換力 exchange force (5)-108
亥姆霍茲 Helmholtz, H. (5)-226
伏特計 voltmeter (1)-183
先導閃電 step leader (1)-298 f
光 light (3)-100 f
光速 speed of (3)-28 f
全內反射 total internal reflection (4)-232 f
共振波模態 resonant mode (3)-201
共振腔 resonant cavity (3)-190 f
共振電路 resonant circuit (3)-203 f
共價鍵 covalent bond (4)-96 f
同步加速器 synchrotron (2)-215
同軸線 coaxial line (3)-209
向量位勢 vector potential (2)-122 f, (2)-145 f
向量場 vector field (1)-48 f, (1)-65 f
向量場的通量 flux of (1)-100 f
向量算符 vector operator (1)-80 f
向量積分 vector integrtals (1)-95 f
多出來的半徑 excess radius (5)-268
守恆 conservation
能量守恆 of energy (4)-12 f, (5)-286 f

電荷守恆 of charge (2)-93 f
安培 Ampere, A. (2)-99
安培定律 Ampere's law (2)-102
安培計 ammeter (2)-183
安培電流 Amperian current (5)-69
尖晶石 spinel (5)-133, (5)-134
曲率 curvature
三維空間的曲率 in three-dimension space (5)-272 f
內在曲率 intrinsic (5)-271 f
平均曲率 mean (5)-274
正曲率 positive (5)-270
負曲率 negative (5)-270
曳力係數 drag coefficient (5)-245
次鐵磁物 ferrite (5)-135
自旋軌道 spin orbit (1)-258 f
自感 self-inductance (2)-191, (2)-228 f
行進場 travelling field (3)-20 f

七畫

克氏尋同符號 Kronecker delta (4)-156
克希何夫定律 Kirchhoff's laws (3)-144 f
克勞修斯—莫梭提方程式 Clausius-Mossotti equation (2)-50 f, (4)-190
冷次定律 Lenz's rule (2)-191, (5)-15
吸收係數 absorption coefficient (4)-193
扭棒 torsion bar (5)-153 f
折射率 refractive index (4)-177 f
狄拉克 Dirac, P. (1)-67, (4)-52
貝他加速器 betatron (2)-214
貝色函數 Bessel function (3)-189
貝爾 Bell, A. G. (2)-188

八畫

京士 Jeans, J. (1)-80
刷形放電 brush discharge (1)-295 f
取向極化 orientation polarization (2)-40 f
受激態 excited state (1)-259
固態物理 solid-state physics (1)-256
坡印廷 Poynting, J. (4)-16
「奇異」粒子 "strange" particles (1)-259
奈伊 Nye, J. F. (4)-117
定律 laws
感應定律 of induction (2)-205 f
電磁學定律 of electromagnetism (1)-52 f
居里—外斯定律 Curie-Weiss law (2)-57
居里定律 Curie law (2)-43
居里溫度 Curie temperature (5)-99
帕松比 Poisson's ratio (5)-143
拉比 Rabi, I. I. (5)-46
拉比分子束法 Rabi molecular-beam method (5)-46 f
拉美彈性常數 Lamé elastic constants (5)-181
拉莫頻率 Larmor frequency (5)-26
拉莫定理 Larmor's theorem (5)-26 f
拉普拉斯方程式 Laplace equation (1)-183, (1)-220
拉普拉斯算符 Laplacian operator (1)-90
拉塞福 Rutherford, E. (1)-160
拉塞福—波耳原子模型 Rutherford-Bohr atomic model (1)-160
法拉（單位） Farad (unit) (1)-211
法拉第 Faraday, M. (2)-14
法拉第感應定律 Faraday's law of induction (2)-208
波 wave (3)-20-1 f
三維波 three-dimensional (3)-84 f
切變波 shear (5)-38-8
反射波 reflected (4)-221 f
平面波 plane (3)-100 f
球面波 spherical (3)-92 f, (3)-103 f

透射波 transmitted (4)-221 f
電磁波 electromagnetic (3)-100 f
「波以士」照相機 "Boys" camera (1)-296 f
波耳 Bohr, N. (1)-160
波耳磁元 Bohr magneton (5)-36
波姆 Bohm, D. (1)-234, (2)-171
波動方程 wave equation (3)-30 f
波導 waveguides (3)-207 f
空腔共振器 cavity resonator (3)-177 f
虎克定律 Hooke's law (5)-140 f
表面張力 surface tension (2)-71
阻抗 impedance (3)-130 f
阿哈若諾夫 Aharonov, Y. (2)-171
非現世性 unworldliness (3)-260
非極性分子 nonpolar molecule (2)-34

九畫

係數 coefficient
吸收係數 absorption (4)-193
耦合係數 of coupling (2)-233
黏滯係數 of viscosity (5)-234
哈密頓第一主函數 Hamilton's first principal function (3)-53
威爾生 Wilson, C. T. R. (1)-294
流 或 流動 flow
流體流動 fluid (2)-80 f
無旋流 irrotational (5)-211
黏滯流動 viscous (5)-238 f
流線 streamlines (5)-216
流體流動 fluid flow (2)-80 f
流體動力學 hydrodynamics (5)-206 f
流體靜力學 hydrostatics (5)-202 f
玻恩 Born, M. (4)-51 f
相對性 relativity
電場的相對性 of electric field (2)-107 f
磁場的相對性 of magnetic field (2)-107 f
相對磁導率 relative permeability (4)-86
英費爾德 Infeld, L. (4)-51 f
軌道運動 orbital motion (5)-17 f
重力 gravitation 或 gravity (5)-258, (5)-280 f
重力理論 theory of gravitation (5)-295 f
面 surface
高斯面 gaussian (2)-15
等位面 equipotential (1)-151 f
等溫面 isothermal (1)-70
革拉赫 Gerlach, H. (5)-44 f
韋伯 Weber, W. E. (2)-184 f
韋伯（單位） Weber (unit) (2)-92

十畫

原子 atom
拉塞福—波耳原子模型 Rutherford-Bohr model (1)-160
湯姆森原子模型 Thomson model (1)-160
穩性 stability (1)-160 f
原子軌道 atomic orbits (1)-57
原子核 g 因子 nuclear g-factor (5)-20
原子極化係數 atomic polarizability (4)-181
原子電流 atomic currents (2)-102 f
庫侖定律 Coulomb's law (1)-129 f, (1)-170 f
庫埃特流 Couette flow (5)-251 f
時空 space-time (3)-289
核磁共振 nuclear magnetic resonance (5)-60 f
泰勒展開式 Taylor expansion (1)-198
海斯 Hess, V. (1)-277
純量場 scalar field (1)-68 f
純量積 scalar product (3)-245 f
能通量 energy flux (4)-14
能量 energy (3)-155 f

力學能 mechanical (2)-151 f
能量守恆 conservation of (4)-12 f
電容器的能量 of a condenser (1)-247 f
電能 electrical (2)-151 f
磁能 magnetic (2)-230 f
靜電能量 electrostatic (1)-243 f
靜電場的能量 in electrostatic field (1)-264 f
能量密度 energy density (4)-14
閃電 lightning (1)-296 f
馬士登 Marsden, E. (1)-160
馬克士威方程 Maxwell's equations (1)-67, (1)-84, (1)-126 f, (1)-182, (3)-11 f, (4)-182 f, (5)-296
自由空間 free space (3)-69 f
電流與電荷 currents and charges (3)-99 f
馬赫數 Mach number (5)-244
高斯 Gauss, K. (2)-184 f
高斯定律 Gauss' law (1)-148 f, (1)-155 f
高斯定理 Gauss' theorem (1)-108
高斯面 Gaussian surface (2)-15
高電壓崩潰 high voltage breakdown (1)-211 f
高磁化合金 supermalloy (5)-86
高導磁合金 permalloy (5)-131

十一畫

「乾」水 "dry" water (5)-201 f
偶極 dipole (3)-109 f
偶極矩 dipole moment (1)-187
偶極電位 dipole potential (1)-191 f
動量譜 momentum spectrum (4)-71
動量譜儀 momentum spectrometer (4)-70 f
基態 ground state (1)-259
帶電板 sheet of charge (1)-164 f
帶電球 sphere of charge (1)-167 f
帶電導體 charged conductor (1)-247 f
張量 tensor (3)-281, (4)-145 f
張量場 tensor field (4)-169 f
旋度算符 curl operator (1)-84, (1)-96
梅斯堡效應 Mössbauer effect (5)-288
梯度算符 gradient operator (1)-74, (1)-96
球面波 spherical waves (3)-92 f, (3)-103 f
被動電路元件 passive circuit element (3)-139
透射波 transmitted waves (4)-221 f
通量 flux (1)-49
向量場的通量 of a vector field (1)-100 f
電通量 electric (1)-141 f
通量定則 flux rule (2)-206 f
速度位勢 velocity potential (2)-81
都卜勒效應 Doppler effect (5)-285
麥克庫勞 McCullough (1)-61

十二畫

傅立葉定理 Fourier theorem (1)-239
勞侖次規範 Lorenz gauge (3)-33
勞侖茲力 Lorentz force (2)-92, (2)-178
勞侖茲公式 Lorentz formula (3)-124 f
勞侖茲條件 Lorentz condition (3)-257
勞侖茲變換 Lorentz transformation (3)-240
勞頓 Lawton, W. E. (1)-172
博普 Bopp, F. A. (4)-53
單位向量 unit vector (1)-72 f
單斜晶格 monoclinic lattice (4)-109
場 fields
二維電場 two dimensional (1)-222 f
向量場 vector (1)-48 f, (1)-65 f

空腔的電場 in a cavity (1)-177 f
純量場 scalar (1)-68 f
帶電導體的電場 of a charged conductor (1)-199
電場 electric (1)-44, (1)-46, (1)-181 f, (1)-219 f
磁化磁場 magnetizing (5)-82
磁場 magnetic (1)-44, (1)-46, (2)-92 f, (2)-121 f
導體的電場 of a conductor (1)-174 f
靜電場 electrostatic (1)-156 f, (1)-220 f
場方程式 field equation (5)-297
場的勞侖茲變換 Lorentz transformation of fields (3)-263 f
場指數 field index (4)-81
場能量 field energy (4)-11 f
點電荷的場能量 of a point charge (4)-38 f
場動量 field momentum (4)-30 f
運動電荷的場動量 of a moving charge (4)-40 f
場強度 field strength (1)-47 f
場線 field lines (1)-151 f
場離子顯微鏡 field-ion microscope (1)-216 f
富蘭克林 Franklin, B. (1)-172
惠勒 Wheeler, J. A. (4)-53
散度 divergence (3)-252 f
散度算符 divergence operator (1)-83, (1)-96
斯托克斯定理 Stokes' theorem (1)-119 f
斯特恩 Stern, O. (5)-44 f
斯特恩—革拉赫實驗 Stern-Gerlach experiment (5)-44 f
普利斯特理 Priestley, J. (1)-172
普林普頓 Plimpton, S. J. (1)-172
晶格 crystal lattice 或 lattice (4)-99 f
三角晶格 trigonal (4)-108 f
三斜晶格 triclinic (4)-108 f
六角晶格 hexagonal (4)-109
四方晶格 tetragonal (4)-110
正交晶格 orthorhombic (4)-110
立方晶格 cubic (4)-110
單斜晶格 monoclinic (4)-109
晶體 crystal (4)-91 f
幾何結構 geometry of (4)-92 f
最小作用量原理 principle of least action (3)-35 f
游離層 ionosphere (1)-230, (1)-279
渦旋度 vorticity (5)-211
渦旋線 vortex lines (5)-226 f
渦電流 eddy current (2)-193 f
測不準原理 uncertainty principle (1)-162
湯川秀樹 Yukawa, H. (4)-63
湯川勢 Yukawa potential (4)-64
湯姆森 Thomson, J. J. (1)-160
湯姆森原子模型 Thomson atomic model (1)-160
無旋度 zero curl (1)-120 f, (1)-128
無旋流 irrotational flow (5)-211
無散度 zero divergence (1)-120 f, (1)-128
焦熱電 pyroelectricity (2)-52
琥珀 amber (1)-63
發射率 emissivity (1)-215
發電機 generator (2)-182 f, (3)-139 f
凡德格拉夫起電機 van de Graaff (1)-179, (1)-259
交流發電機 alternating-current (2)-218 f
等位面 equipotential surfaces (1)-151 f
等效原理 principle of equivalence (5)-280 f
等效電路 equivalent circuits (3)-153 f
等溫面 isothermal surfaces (1)-70

等溫線 isotherm (1)-70
絕熱去磁 adiabatic demagnetization (5)-58 f
絕緣體 insulator (1)-43, (2)-14
費曼 Feynman, R. (4)-53
進動 precession
原子磁體的進動 of atomic magnets (5)-20 f
進動角度 angle of (5)-21
量子化的磁性能態 quantized magnetic states (5)-40 f
閔考斯基空間 Minkowski space (4)-172
順磁性 paramagnetism (5)-13 f, (5)-19 f
馮諾伊曼 von Neuman, J. (2)-81, (5)-208

十三畫

傳播因數 propagation factor (3)-163 f
傳輸線 transmission line (3)-208 f
微分 differential calculus (1)-65 f
微積分 calculus
微分 differential (1)-65 f
積分 integral (1)-95 f
變分學 of variations (3)-41
愛因斯坦 Einstein, A. (5)-258, (5)-275, (5)-278, (5)-295 f
感應定律 laws of induction (2)-205 f
感應電流 induced currents (2)-181 f
楊氏模數 Young's modulus (5)-142
極化 polarization (4)-178 f
極化向量 polarization vector (2)-17 f
極化電荷 polarization charges (2)-19 f
極性分子 polar molecule (2)-34, (2)-40 f
滑移錯位 slip dislocation (4)-114
照度 illumination (2)-85 f
瑞立波 Rayleigh waves (5)-158
解理面 cleavage plane (4)-94
運動方程式 equation of motion (5)-297
運動電荷的場動量 field momentum of moving charge (4)-40 f
達朗白算符 D'Alembertian (3)-255
雷雨 thunderstorms (1)-283 f
雷澤福 Retherford, R. (1)-173
雷諾數 Reynold's number (5)-241 f
電力 electrical forces (1)-40 f, (2)-92
電子極化 electronic polarization (2)-35 f
電子顯微鏡 electron microscope (4)-76 f
電池 battery (3)-143
電位 electric potential (1)-133 f
電抗 reactance (3)-156
電阻器 resistor (3)-136 f
電流 current 或 electric current (2)-93 f
大氣中的電流 in the atmosphere (1)-281 f
安培電流 Amperian (5)-69
原子電流 atomic (2)-102 f
渦電流 eddy (2)-193 f
感應電流 induced (2)-181
電流密度 current density 或 electric current density (1)-84, (2)-93
電容 capacitance 或 capacity (1)-209
互容 mutual (3)-172
電容器的電容 of a condenser (1)-247
電容器 capacitor 或 condenser (3)-134 f, (3)-182 f
平行板電容器 parallel-plate (1)-207 f, (1)-248 f
電能 electrical energy (2)-151 f
電偶極 electric dipole (1)-184 f
電動力學 electrodynamics (1)-53 f

相對論記法 relativistic notation (3)-239 f
電動勢 electromotive force (2)-187
電動機 electric motors (2)-182 f
電荷 charge
帶電板 sheet of (1)-164 f
帶電球 sphere of (1)-167 f
電荷守恆 conservation of (2)-93 f
電荷的運動 motion of (4)-67 f
線電荷 line of (1)-162 f
電荷分離 charge separation (1)-290 f
電荷密度 ρ(單位體積內的電荷量) electric charge density (1)-84, (1)-131
電荷密度 σ(單位面積上的電荷量) charge density (1)-165
電荷運動 motion of charge (4)-67 f
電通量 electric flux (1)-49
電場 electric field (1)-44, (1)-46, (1)-181 f, (1)-219 f
電場的相對性 relativity of (2)-107 f
電感 inductance (2)-189 f, (2)-230 f, (3)-131 f
互感 mutual (2)-223 f, (3)-170 f
自感 self- (2)-191, (2)-228 f
電極化率 electric susceptibility (2)-22
電路 circuits
交流電路 alternating-current (3)-129 f
等效電路 equivalent (3)-153 f
電路元件 circuit elements (3)-178 f
主動電路元件 active (3)-139
被動電路元件 passive (3)-139
電磁波 electromagnetic waves (3)-100 f
電磁質量 electromagnetic mass (4)-37 f
電磁學 electromagnetism (1)-39 f
電磁學定律 electromagnetism laws of (1)-52 f
電磁鐵 electromagnet (5)-88 f
電漿振盪 plasma oscillations (1)-229 f
電漿頻率 plasma frequency (1)-233, (4)-202 f

十四畫

截止頻率 cutoff frequency (3)-163
磁力 magnetic force (1)-44, (2)-92
作用在電流上的磁力 on a current (2)-97 f
磁化率 magnetic susceptibility (5)-54
磁化電流 magnetization currents (5)-66 f
磁化磁場 magnetizing fields (5)-82
磁石 lodestone (1)-63
磁共振 magnetic resonance (5)-39 f
磁性 magnetism (5)-13 f
磁致伸縮 magnetostriction (5)-119
磁矩 magnetic moments (5)-17 f
磁能 magnetic energy (2)-230 f
磁偶極 magnetic dipole (2)-137 f
磁偶極矩 magnetic dipole moment (2)-139
磁域 domain (5)-117
磁透鏡 magnetic lens (4)-75 f
磁場 magnetic field (1)-44, (1)-46, (2)-92 f, (2)-121 f
磁場的相對性 relativity of (2)-107 f
穩定電流的磁場 of steady currents (2)-99 f
磁壁能 wall energy (5)-117
磁導率 permeability (5)-86
算符 operator
向量 vector (1)-80 f
拉普拉斯 Laplacian (1)-90
旋度 curl (1)-84, (1)-96
梯度 gradient (1)-74, (1)-96
散度 divergence (1)-83, (1)-96
蓋革 Geiger, H. (1)-160

十五畫

彈性力 elastica (5)-38-12
彈性材料 elastic materials (5)-171 f
彈性常數 elastic constants (5)-181, (5)-193 f
彈性張量 elasticity tensor (5)-178 f
彈性學 elasticity (5)-139 f
德拜長度 Debye length (1)-237
歐拉 Euler force (5)-167
潘恩斯 Pines, D. (1)-234
熱力學 thermodynamics (5)-113 f
熱流 heat flow (1)-85 f, (2)-63 f
熱傳導 heat conduction (1)-108 f
熱導係數 *或* 熱導率 thermal conductivity (1)-85, (2)-65
熱擴散方程式 heat diffusion equation (1)-112 f
線電荷 line of charge (1)-162 f
線積分 line integral (1)-97
耦合係數 coefficient of coupling (4)-233
膠態粒子 colloidal particles (1)-234 f
質子自旋 proton spin (1)-257 f
複變數 complex variable (1)-222 f
鋁鎳鈷 V Alnico V (5)-129
黎納－維謝電勢 Liénard-Wiechert potentials (3)-124

十六畫

導電係數 conductivity (4)-197
導熱性 thermal conductivity (1)-2-8, (2)-12-2
導體 conductor (1)-43
整流器 rectifier (3)-166
積分學 integral calculus (1)-95 f
遲滯曲線 hysteresis curve (5)-116 f
遲滯迴線 hysteresis loop (5)-84
錯位 dislocation (4)-113 f, (4)-115 f
靜電力 electrical forces *見* 電力
靜電方程組 electrostatic equations (2)-25 f
靜電位方程式 equations of electrostatic potential (1)-182 f
靜電能量 electrostatic energy (1)-243 f
　一個點電荷 of a point charge (1)-270 f
　原子核 in nuclei (1)-257 f
　幾個電荷 of charges (1)-244 f
　離子晶體 of ionic crystal (1)-252 f
靜電透鏡 electrostatic lens (4)-73 f
靜電場 electrostatic field (1)-156 f, (1)-220 f
　網柵的靜電場 of a grid (1)-239 f
　靜電場能量 energy in (1)-264 f
靜電學 electrostatics (1)-125 f, (1)-156
靜磁學 magnetostatics (1)-126 f, (2)-91 f

十七畫

壓電現象 piezoelectricity (2)-52
應力 stress (5)-142
應力張量 stress tensor (5)-163 f
應變 strain (5)-142
應變張量 strain tensor (4)-170, (5)-172 f
檢流計 galvanometer (1)-58, (1)-59, (2)-184 f
「濕」水 “wet” water (5)-231 f
環流量 circulation (1)-49 f, (1)-113 f
薛丁格方程式 Schrödinger equation (2)-171
螺旋錯位 screw dislocation (4)-115
螺線管 solenoid (2)-104 f
趨膚深度 skin depth (4)-220
黏滯性 viscosity (5)-232 f
　黏滯係數 coefficient (5)-234
黏滯流動 viscous flow (5)-238 f

點電荷 point charge
點電荷的場能量 field energy of (4)-38 f
點電荷的靜電能量 electrostatic energy of (1)-270 f

十八～二十畫

濾波器 filter (3)-163 f
離子極化率 ionic polarizability (2)-53
離子鍵 ionic bond (4)-96
穩定流動 steady flow (5)-216 f
邊界值問題 boundary-value problems (1)-221
邊界層 boundary layer (5)-249
鏡像電荷 image charge (1)-201
龐卡赫 Poincaré, H. (4)-45
龐卡赫應力 Poincaré stress (4)-45
懸臂樑 cantilever beam (5)-163

二十一畫及以上

蘭姆 Lamb, W. (1)-173
蘭德 g 因子 Landé g-factor (5)-20
鐵電性 ferroelectricity (2)-54 f
鐵磁材料 magnetic materials (5)-105 f
鐵磁性 ferromagnetism (5)-14 f, (5)-65 f, (5)-106 f
鐵磁絕緣體 ferromagnetic insulators (5)-135
彎曲時空 curved space (5)-257 f
疊加原理 principle of superposition (1)-45, (1)-129 f, (2)-118 f
變壓器 transformer (2)-189 f
體彈性模數 bulk modulus (5)-146
體應力 volume stress (5)-146
體應變 volume strain (5)-146

A

absorption coefficient 吸收係數 (4)-193
accelerator guide field 加速器導向場 (4)-78
active circuit element 主動電路元件 (3)-139
adiabatic demagnetization 絕熱去磁 (5)-58 f
Aharonov, Y. 阿哈若諾夫 (2)-171
Alnico V 鋁鎳鈷 V (5)-129
alternating-current circuits 交流電路 (3)-127 f
alternating-current generator 交流發電機 (2)-218 f
amber 琥珀 (1)-63
ammeter 安培計 (2)-183
Ampere, A. 安培 (2)-99
Ampere′s law 安培定律 (2)-102
Amperian current 安培電流 (5)-69
angle of precession 進動角度 (5)-21
antiferromagnetic material 反鐵磁材料 (5)-132
atom 原子
  Rutherford-Bohr model 原子 拉塞福—波耳原子模型 (1)-160
  stability 穩性 (1)-160 f
  Thomson model 湯姆森原子模型 (1)-160
atomic currents 原子電流 (2)-102 f
atomic orbits 原子軌道 (1)-57
atomic polarizability 原子極化係數 (4)-181
Barkhausen effect 巴克豪森效應 (5)-127
battery 電池 (3)-143

B

Bell, A. G. 貝爾 (2)-188
Bernoulli′s theorem 白努利定理 (5)-213 f
Bessel function 貝色函數 (3)-189
betatron 貝他加速器 (2)-214
Biot-Savart law 必歐—沙伐定律 (2)-142 f
Bohm, D. 波姆 (1)-234, (2)-171
Bohr magneton 波耳磁元 (5)-36
Bohr, N. 波耳 (1)-160
Bopp, F. A. 博普 (4)-53
Born, M. 玻恩 (4)-51 f
boundary layer 邊界層 (5)-249
boundary-value problems 邊界值問題 (1)-221
"Boys" camera 「波以士」照相機 (1)-296 f
Bragg, L. 布拉格 (4)-117
Bragg-Nye crystal model 布拉格—奈伊晶體模型 (4)-117 f
breaking-drop theory 水滴破碎說 (1)-293 f
brush discharge 刷形放電 (1)-295 f
bulk modulus 體彈性模數 (5)-146

C

calculus 微積分
  differential 微分 (1)-65 f
  integral 積分 (1)-95 f
  of variations 變分學 (3)-41
cantilever beam 懸臂樑 (5)-163
capacitance 電容 (1)-209
  mutual 互容 (3)-172
  of a condenser 電容器的電容 (1)-247
capacitor 電容器 (3)-134 f, (3)-182 f
  parallel-plate 平行板電容器 (1)-207 f, (1)-248 f
capacity 電容 見 capacitance
cavity resonator 空腔共振器 (3)-175 f

charge　電荷
　conservation of　電荷守恆　(2)-93 f
　line of　線電荷　(1)-162 f
　motion of　電荷的運動　(4)-67 f
　sheet of　帶電板　(1)-164 f
　sphere of　帶電球　(1)-167 f
charge density　電荷密度 σ（單位元面積上的電荷量）　(1)-165
charge separation　電荷分離　(1)-290 f
charged conductor　帶電導體　(1)-247 f
circuit elements　電路元件　(3)-178 f
　active　主動電路元件　(3)-139
　passive　被動電路元件　(3)-139
circuits　電路
　alternating-current　交流電路　(3)-129 f
　equivalent　等效電路　(3)-153 f
circulation　環流量　(1)-49 f, (1)-113 f
classical electron radius　古典電子半徑　(4)-43
Clausius-Mossotti equation　克勞修斯－莫梭提方程式　(2)-50 f, (4)-190
cleavage plane　解理面　(4)-94
coaxial line　同軸線　(3)-209
coefficient　係數
　absorption　吸收係數　(4)-193
　of coupling　耦合係數　(2)-233
　of viscosity　黏滯係數　(5)-234
colloidal particles　膠態粒子　(1)-234 f
complex variable　複變數　(1)-222 f
condenser　電容器　見 capacitor
conductivity　導電係數　(4)-197
conductor　導體　(1)-43
conservation　守恆
　of charge　電荷守恆　(2)-93 f
　of energy　能量守恆　(4)-12 f, (5)-286 f
Couette flow　庫埃特流　(5)-251 f
Coulomb's law　庫侖定律　(1)-129 f, (1)-170 f
covalent bond　共價鍵　(4)-96 f
cross product　外積　(1)-83, (4)-161 f
crystal　晶體　(4)-91 f
　geometry of　幾何結構　(4)-92 f
crystal lattice　晶格　見 lattice
cubic lattice　立方晶格　(4)-110
Curie law　居里定律　(2)-43
Curie temperature　居里溫度　(5)-99
Curie-Weiss law　居里－外斯定律　(2)-57
curl operator　旋度算符　(1)-84, (1)-96
current　電流　(2)-93 f
　Amperian　安培電流　(5)-69
　atomic　原子電流　(2)-102 f
　eddy　渦電流　(2)-193 f
　in the atmosphere　大氣中的電流　(1)-281 f
　induced　感應電流　(2)-181
current density　電流密度　(1)-84, (2)-93
curvature　曲率
　in three-dimension space　三維空間的曲率　(5)-272 f
　intrinsic　內在曲率　(5)-271 f
　mean　平均曲率　(5)-274
　negative　負曲率　(5)-270
　positive　正曲率　(5)-270
curved space　彎曲時空　(5)-257 f
cutoff frequency　截止頻率　(3)-163

D

D'Alembertian　達朗白算符　(3)-255
Debye length　德拜長度　(1)-237
diamagnetism　反磁性　(5)-14 f
dielectric　介電質　(2)-13 f, (2)-33 f
dielectric constant　介電常數　(2)-14 f
differential calculus　微分　(1)-65 f
diffusion of neutron　中子擴散　(2)-75 f
dipole　偶極　(3)-109 f
　electric　電偶極　(1)-184 f

magnetic　磁偶極　(2)-137 f
dipole moment　偶極矩　(1)-187
dipole potential　偶極電位　(1)-191 f
Dirac, P.　狄拉克　(1)-67, (4)-52
dislocation　錯位　(4)-113 f, (4)-115 f
divergence　散度　(3)-252 f
divergence operator　散度算符　(1)-83, (1)-96
domain　磁域　(5)-117
Doppler effect　都卜勒效應　(5)-285
dot product　內積　(1)-75, (3)-246
drag coefficient　曳力係數　(5)-245
"dry" water　「乾」水　(5)-201 f

E

eddy current　渦電流　(2)-193 f
Einstein, A.　愛因斯坦　(5)-258, (5)-275, (5)-278, (5)-295 f
elastic constants　彈性常數　(5)-181, (5)-193 f
elastic materials　彈性材料　(5)-171 f
elastica　彈性力　(5)-38-12
elasticity　彈性學　(5)-139 f
elasticity tensor　彈性張量　(5)-178 f
electret　永電體　(2)-52
electric charge density　電荷密度 ρ（單位體積內的電荷量）　(1)-84, (1)-131
electric current　電流　見 current
electric current density　電流密度　見 current density
electric dipole　電偶極　(1)-184 f
electric field　電場　(1)-44, (1)-46, (1)-181 f, (1)-219 f
relativity of　電場的相對性　(2)-107 f
electric flux　電通量　(1)-49
electric motors　電動機　(2)-182 f
electric potential　電位　(1)-133 f
electric susceptibility　電極化率　(2)-22
electrical energy　電能　(2)-151 f
electrical forces　電力 或 靜電力　(1)-40 f, (2)-92
electrodynamics　電動力學　(1)-53 f
relativistic notation　相對論記法　(3)-239 f
electromagnet　電磁鐵　(5)-88 f
electromagnetic mass　電磁質量　(4)-37 f
electromagnetic waves　電磁波　(3)-100 f
electromagnetism　電磁學　(1)-39 f
electromagnetism　laws of　電磁學定律　(1)-52 f
electromotive force　電動勢　(2)-187
electron microscope　電子顯微鏡　(4)-76 f
electronic polarization　電子極化　(2)-35 f
electrostatic energy　靜電能量　(1)-243 f
in nuclei　原子核　(1)-257 f
of a point charge　一個點電荷　(1)-270 f
of charges　幾個電荷　(1)-244 f
of ionic crystal　離子晶體　(1)-252 f
electrostatic equations　靜電方程組　(2)-25 f
electrostatic field　靜電場　(1)-156 f, (1)-220 f
energy in　靜電場能量　(1)-264 f
of a grid　網柵的靜電場　(1)-239 f
electrostatic lens　靜電透鏡　(4)-73 f
electrostatics　靜電學　(1)-125 f, (1)-156
emissivity　發射率　(1)-215
energy　能量　(3)-155 f
conservation of　能量守恆　(4)-12 f
electrical　電能　(2)-151 f
electrostatic　靜電能量　(1)-243 f
in electrostatic field　靜電場的能量　(1)-264 f

magnetic 磁能 (2)-230 f
mechanical 力學能 (2)-151 f
of a condenser 電容器的能量 (1)-247 f
energy density 能量密度 (4)-14
energy flux 能通量 (4)-14
equation of motion 運動方程式 (5)-297
equations of electrostatic potential 靜電位方程式 (1)-182 f
equipotential surfaces 等位面 (1)-151 f
equivalent circuits 等效電路 (3)-153 f
Euler force 歐拉 (5)-167
excess radius 多出來的半徑 (5)-268
exchange force 交換力 (5)-108
excited state 受激態 (1)-259

F

Farad (unit) 法拉（單位） (1)-211
Faraday, M. 法拉第 (2)-14
Faraday's law of induction 法拉第感應定律 (2)-208
ferrite 次鐵磁物 (5)-135
ferroelectricity 鐵電性 (2)-54 f
ferromagnetic insulators 鐵磁絕緣體 (5)-135
ferromagnetism 鐵磁性 (5)-14 f, (5)-65 f, (5)-106 f
Feynman, R. 費曼 (4)-53
field energy 場能量 (4)-11 f
of a point charge 點電荷的場能量 (4)-38 f
field equation 場方程式 (5)-297
field index 場指數 (4)-81
field lines 場線 (1)-151 f
field momentum 場動量 (4)-30 f
of a moving charge 運動電荷的場動量 (4)-40 f
field strength 場強度 (1)-47 f
field-ion microscope 場離子顯微鏡 (1)-216 f
fields 場
electric 電場 (1)-44, (1)-46, (1)-181 f, (1)-219 f
electrostatic 靜電場 (1)-156 f, (1)-220 f
in a cavity 空腔的電場 (1)-177 f
magnetic 磁場 (1)-44, (1)-46, (2)-92 f, (2)-121 f
magnetizing 磁化磁場 (5)-82
of a charged conductor 帶電導體的電場 (1)-199
of a conductor 導體的電場 (1)-174 f
scalar 純量場 (1)-68 f
two dimensional 二維電場 (1)-222 f
vector 向量場 (1)-48 f, (1)-65 f
filter 濾波器 (3)-163 f
flow 流 或 流動
fluid 流體流動 (2)-80 f
irrotational 無旋流 (5)-211
viscous 黏滯流動 (5)-238 f
fluid flow 流體流動 (2)-80 f
flux 通量 (1)-49
electric 電通量 (1)-141 f
of a vector field 向量場的通量 (1)-100 f
flux rule 通量定則 (2)-206 f
force 力
electrical 電力 或 靜電力 (1)-40 f, (2)-92
Lorentz 勞侖茲力 (2)-92, (2)-178
magnetic 磁力 (1)-44, (2)-92
Fourier theorem 傅立葉定理 (1)-239
four-vectors 四維向量 (3)-240 f
Franklin, B. 富蘭克林 (1)-172

G

galvanometer 檢流計 (1)-58, (1)-59, (2)-184 f
garnet 石榴石 (5)-135
Gauss, K. 高斯 (2)-184 f
Gauss' law 高斯定律 (1)-148 f, (1)-155 f
Gauss' theorem 高斯定理 (1)-108
Gaussian surface 高斯面 (2)-15
Geiger, H. 蓋革 (1)-160
generator 發電機 (2)-182 f, (3)-139 f
  alternating-current 交流發電機 (2)-218 f
  van de Graaff 凡德格拉夫起電機 (1)-179, (1)-259
Gerlach, H. 革拉赫 (5)-44 f
gradient operator 梯度算符 (1)-74, (1)-96
gravitation 重力 (5)-258, (5)-280 f
gravity 重力 見 gravitation
ground state 基態 (1)-259

H

Hamilton's first principal function 哈密頓第一主函數 (3)-53
heat conduction 熱傳導 (1)-108 f
heat diffusion equation 熱擴散方程式 (1)-112 f
heat flow 熱流 (1)-85 f, (2)-63 f
Helmholtz, H. 亥姆霍茲 (5)-226
Hess, V. 海斯 (1)-277
hexagonal lattice 六角晶格 (4)-109
high voltage breakdown 高電壓崩潰 (1)-211 f
Hooke's law 虎克定律 (5)-140 f
hydrodynamics 流體動力學 (5)-206 f
hydrostatics 流體靜力學 (5)-202 f
hysteresis curve 遲滯曲線 (5)-116 f
hysteresis loop 遲滯迴線 (5)-84

I

illumination 照度 (2)-85 f
image charge 鏡像電荷 (1)-201
impedance 阻抗 (3)-130 f
induced currents 感應電流 (2)-181 f
inductance 電感 (2)-189 f, (2)-230 f, (3)-131 f
  mutual 互感 (2)-223 f, (3)-170 f
  self- 自感 (2)-191, (2)-228 f
Infeld, L. 英費爾德 (4)-51 f
insulator 絕緣體 (1)-43, (2)-14
integral calculus 積分學 (1)-95 f
internal reflection 內反射 (4)-232 f
ionic bond 離子鍵 (4)-96
ionic polarizability 離子極化率 (2)-53
ionosphere 游離層 (1)-230, (1)-279
irrotational flow 無旋流 (5)-211
isotherm 等溫線 (1)-70
isothermal surfaces 等溫面 (1)-70

J

Jeans, J. 京士 (1)-80

K

Kámán vortex street 卡門渦旋列 (5)-247
kilocalorie (unit) 千卡（單位） (1)-254
Kirchhoff's laws 克希何夫定律 (3)-144 f
Kronecker delta 克氏尋同符號 (4)-156

L

Lamb, W. 蘭姆 (1)-173
Lamé elastic constants 拉美彈性常數 (5)-181
Landé g-factor 蘭德 g 因子 (5)-20
Laplace equation 拉普拉斯方程式 (1)-183, (1)-220
Laplacian operator 拉普拉斯算符 (1)-90
Larmor frequency 拉莫頻率 (5)-26
Larmor's theorem 拉莫定理 (5)-26 f

lattice　晶格　(4)-99 f
cubic　立方晶格　(4)-110
hexagonal　六角晶格　(4)-109
monoclinic　單斜晶格　(4)-109
orthorhombic　正交晶格　(4)-110
tetragonal　四方晶格　(4)-110
triclinic　三斜晶格　(4)-108 f
trigonal　三角晶格　(4)-108 f
laws　定律
of electromagnetism　電磁學定律　(1)-52 f
of induction　感應定律　(2)-205 f
Lawton, W. E.　勞頓　(1)-172
Lenz's rule　冷次定律　(2)-191, (5)-15
Lienard-Wiechert potentials　黎納—維謝電勢　(3)-124
light　光　(3)-100 f
speed of　光速　(3)-28 f
lightning　閃電　(1)-296 f
line integral　線積分　(1)-97
line of charge　線電荷　(1)-162 f
lodestone　磁石　(1)-63
Lorentz condition　勞侖茲條件　(3)-257
Lorentz force　勞侖茲力　(2)-92, (2)-178
Lorentz formula　勞侖茲公式　(3)-124 f
Lorentz transformation　勞侖茲變換　(3)-240
of fields　場的勞侖茲變換　(3)-263 f
Lorenz gauge　勞侖次規範　(3)-33

M

Mach number　馬赫數　(5)-244
magnetic dipole　磁偶極　(2)-137 f
magnetic dipole moment　磁偶極矩　(2)-139
magnetic energy　磁能　(2)-230 f
magnetic field　磁場　(1)-44, (1)-46, (2)-92 f, (2)-121 f
of steady currents　穩定電流的磁場　(2)-99 f
relativity of　磁場的相對性　(2)-107 f
magnetic force　磁力　(1)-44, (2)-92
on a current　作用在電流上的磁力　(2)-97 f
magnetic lens　磁透鏡　(4)-75 f
magnetic materials　鐵磁材料　(5)-105 f
magnetic moments　磁矩　(5)-17 f
magnetic resonance　磁共振　(5)-39 f
magnetic susceptibility　磁化率　(5)-54
magnetism　磁性　(5)-13 f
magnetization currents　磁化電流　(5)-66 f
magnetizing fields　磁化磁場　(5)-82
magnetostatics　靜磁學　(1)-126 f, (2)-91 f
magnetostriction　磁致伸縮　(5)-119
Marsden, E.　馬士登　(1)-160
Maxwell's equations　馬克士威方程　(1)-67, (1)-84, (1)-126 f, (1)-182, (3)-11 f, (4)-182 f, (5)-296
currents and charges　電流與電荷　(3)-99 f
free space　自由空間　(3)-69 f
McCullough　麥克庫勞　(1)-61
mechanical energy　力學能　(2)-151 f
Minkowski space　閔考斯基空間　(4)-172
molecular crystal　分子晶體　(4)-97
molecular dipole　分子偶極　(2)-34 f
momentum spectrometer　動量譜儀　(4)-70 f
momentum spectrum　動量譜　(4)-71
monoclinic lattice　單斜晶格　(4)-109
Mossbauer effect　梅斯堡效應　(5)-288
motion of charge　電荷運動　(4)-67 f
mutual inductance　互感　(2)-223 f, (3)-170 f

N

neutron diffusion equation　中子擴散方程　(2)-77

Newton, I. 牛頓 (1)-150
Newton's laws 牛頓定律 (1)-230, (5)-258, (5)-295
nonpolar molecule 非極性分子 (2)-34
nuclear *g*-factor 原子核 *g* 因子 (5)-20
nuclear magnetic resonance 核磁共振 (5)-60 f
Nye, J. F. 奈伊 (4)-117

O

Oersted (unit) 厄斯特（單位） (5)-79
operator 算符
  curl 旋度 (1)-84, (1)-96
  divergence 散度 (1)-83, (1)-96
  gradient 梯度 (1)-74, (1)-96
  Laplacian 拉普拉斯 (1)-90
  vector 向量 (1)-80 f
orbital motion 軌道運動 (5)-17 f
orientation polarization 取向極化 (2)-40 f
oriented magnetic moment 方向性磁矩 (5)-46
orthorhombic lattic 正交晶格 (4)-110

P

parallel-plate capacitor 平行板電容器 (1)-207 f, (1)-248 f
paramagnetism 順磁性 (5)-13 f, (5)-19 f
passive circuit element 被動電路元件 (3)-139
permalloy 高導磁合金 (5)-131
permeability 磁導率 (5)-86
piezoelectricity 壓電現象 (2)-52
Pines, D. 潘恩斯 (1)-234
plane lattice 平面晶格 (4)-104
plane waves 平面波 (3)-100 f
plasma frequency 電漿頻率 (1)-233, (4)-202 f
plasma oscillations 電漿振盪 (1)-229 f
Plimpton, S. J. 普林普頓 (1)-172
Poincaré stress 龐卡赫應力 (4)-45
Poincaré, H. 龐卡赫 (4)-45
point charge 點電荷
  electrostatic energy of 點電荷的靜電能量 (1)-270 f
  field energy of 點電荷的場能量 (4)-38 f
Poisson's ratio 帕松比 (5)-143
polar molecule 極性分子 (2)-34, (2)-40 f
polarization 極化 (4)-178 f
polarization charges 極化電荷 (2)-19 f
polarization vector 極化向量 (2)-17 f
potential gradient of the atmosphere 大氣中的電位梯度 (2)-274 f
Poynting, J. 坡印廷 (4)-16
precession 進動
  angle of 進動角度 (5)-21
  of atomic magnets 原子磁體的進動 (5)-20 f
Priestley, J. 普利斯特理 (1)-172
principle of equivalence 等效原理 (5)-280 f
principle of least action 最小作用量原理 (3)-35 f
principle of superposition 疊加原理 (1)-45, (1)-129 f, (2)-118 f
propagation factor 傳播因數 (3)-163 f
proton spin 質子自旋 (1)-257 f
pyroelectricity 焦熱電 (2)-52

Q

quadrupole lens 四極透鏡 (1)-225, (4)-85 f
quadrupole potential 四極電位 (1)-199
quantized magnetic states 量子化的磁性能態 (5)-40 f

R

Rabi, I. I.　拉比　(5)-46

Rabi molecular-beam method　拉比分子束法　(5)-46 f

radius excess　多出來的半徑　(5)-268

Rayleigh waves　瑞立波　(5)-158

reactance　電抗　(3)-156

rectifier　整流器　(3)-166

reflected waves　反射波　(4)-221 f

reflection　反射

- internal　內反射　(4)-232 f
- of light　光的反射　(4)-206 f

refractive index　折射率　(4)-177 f

relative permeability　相對磁導率　(4)-86

relativity　相對性

- of electric field　電場的相對性　(2)-107 f
- of magnetic field　磁場的相對性　(2)-107 f

resistor　電阻器　(3)-136 f

resonant cavity　共振腔　(3)-190 f

resonant circuit　共振電路　(3)-203 f

resonant mode　共振波模態　(3)-201

Retherford, R.　雷澤福　(1)-173

Reynold's number　雷諾數　(5)-241 f

Rutherford, E.　拉塞福　(1)-160

Rutherford-Bohr atomic model　拉塞福一波耳原子模型　(1)-160

S

scalar field　純量場　(1)-68 f

scalar product　純量積　(3)-245 f

Schrödinger equation　薛丁格方程式　(2)-171

screw dislocation　螺旋錯位　(4)-115

self-inductance　自感　(2)-191, (2)-228 f

shear modulus　切變模數　(5)-150 f

shear wave　切變波　(5)-158

sheet of charge　帶電板　(1)-164 f

skin depth　趨膚深度　(4)-220

slip dislocation　滑移錯位　(4)-114

Snell's law　司乃耳定律　(4)-206

solenoid　螺線管　(2)-104 f

solid-state physics　固態物理　(1)-256

space-time　時空　(3)-289

specific heat　比熱　(5)-113 f

speed of light　光速　(3)-28 f

sphere of charge　帶電球　(1)-167 f

spherical waves　球面波　(3)-92 f, (3)-103 f

spin orbit　自旋軌道　(1)-258 f

spinel　尖晶石　(5)-133, (5)-134

steady flow　穩定流動　(5)-216 f

step leader　先導閃電　(1)-298 f

Stern, O.　斯特恩　(5)-44 f

Stern-Gerlach experiment　斯特恩一革拉赫實驗　(5)-44 f

Stokes' theorem　斯托克斯定理　(1)-119 f

strain　應變　(5)-142

strain tensor　應變張量　(4)-170, (5)-172 f

"strange" particles　「奇異」粒子　(1)-259

streamlines　流線　(5)-216

stress　應力　(5)-142

stress tensor　應力張量　(5)-163 f

supermalloy　高磁化合金　(5)-86

surface　面

- equipotential　等位面　(1)-151 f
- gaussian　高斯面　(2)-15
- isothermal　等溫面　(1)-70

surface tension　表面張力　(2)-71

synchrotron　同步加速器　(2)-215

T

Taylor expansion　泰勒展開式　(1)-198

tensor　張量　(3)-281, (4)-145 f

tensor field　張量場　(4)-169 f

tetragonal lattice　四方晶格　(4)-110

theory of gravitation　重力理論　(5)-295 f

thermal conductivity 熱導係數 或 熱導率 (1)-85, (2)-65
thermal conductivity 導熱性 (1)-2-8, (2)-12-2
thermodynamics 熱力學 (5)-113 f
Thomson, J. J. 湯姆森 (1)-160
Thomson atomic model 湯姆森原子模型 (1)-160
three dimensional waves 三維波 (3)-84 f
thunderstorms 雷雨 (1)-283 f
torsion bar 扭棒 (5)-153 f
total internal reflection 全內反射 (4)-232 f
transformer 變壓器 (2)-189 f
transmission line 傳輸線 (3)-208 f
transmitted waves 透射波 (4)-221 f
travelling field 行進場 (3)-20 f
triclinic lattice 三斜晶格 (4)-108 f
trigonal lattice 三角晶格 (4)-108 f
two-dimensional field 二維電場 (1)-222 f

U

uncertainty principle 測不準原理 (1)-162
unit vector 單位向量 (1)-72 f
unworldliness 非現世性 (3)-260

V

van de Graaff generator 凡德格拉夫起電機 (1)-179, (1)-259
vector field 向量場 (1)-48 f, (1)-65 f
  flux of 向量場的通量 (1)-100 f
vector integrtals 向量積分 (1)-95 f
vector operator 向量算符 (1)-80 f
vector potential 向量位勢 (2)-122 f, (2)-145 f
velocity potential 速度位勢 (2)-81
viscosity 黏滯性 (5)-232 f
  coefficient 黏滯係數 (5)-234
viscous flow 黏滯流動 (5)-238 f
voltmeter 伏特計 (1)-183
volume strain 體應變 (5)-146
volume stress 體應力 (5)-146
von Neuman, J. 馮諾伊曼 (2)-81, (5)-208
vortex lines 渦旋線 (5)-226 f
vorticity 渦旋度 (5)-211

W

wall energy 磁壁能 (5)-117
wave 波 (3)-20-1 f
  electromagnetic 電磁波 (3)-100 f
  plane 平面波 (3)-100 f
  reflected 反射波 (4)-221 f
  shear 切變波 (5)-38-8
  spherical 球面波 (3)-92 f, (3)-103 f
  three-dimensional 三維波 (3)-84 f
  transmitted 透射波 (4)-221 f
wave equation 波動方程 (3)-30 f
waveguides 波導 (3)-207 f
Weber, W. E. 韋伯 (2)-184 f
Weber (unit) 韋伯（單位） (2)-92
"wet" water 「濕」水 (5)-231 f
Wheeler, J. A. 惠勒 (4)-53
Wilson, C. T. R. 威爾生 (1)-294

X

x-ray diffraction X射線繞射 (4)-94

Y

Young's modulus 楊氏模數 (5)-142
Yukawa potential 湯川勢 (4)-64
Yukawa, H. 湯川秀樹 (4)-63

Z

zero curl 無旋度 (1)-120 f, (1)-128
zero divergence 無散度 (1)-120 f, (1)-128

國家圖書館出版品預行編目資料

費曼物理學講義. II, 電磁與物質. 5：磁性、彈性與流體 / 費曼(Richard P. Feynman), 雷頓(Robert B. Leighton), 山德士(Matthew Sands)著；吳玉書, 師明睿譯. -- 第二版. -- 臺北市：遠見天下文化, 2018.04
面；　公分. --（知識的世界；1226）
譯自：The Feynman lectures on physics, the new millennium ed., volume II
ISBN 978-986-479-435-5（平裝）

1.物理學 2.電磁學

330　　　　107005796

知識的世界 1226

費曼物理學講義 II ——電磁與物質

(5) 磁性、彈性與流體

原　　著/費曼、雷頓、山德士
譯　　者/吳玉書、師明睿
審 訂 者/高涌泉
顧 問 群/林和、牟中原、李國偉、周成功

總編輯/吳佩穎
編輯顧問/林榮崧
責任編輯/徐仕美、林文珠　　特約校對/楊樹基
美術編輯暨封面設計/江儀玲

出 版 者/遠見天下文化出版股份有限公司
創 辦 人/高希均、王力行
遠見・天下文化・事業群　董事長/高希均
事業群發行人/CEO/王力行
天下文化社長/林天來
天下文化總經理/林芳燕
國際事務開發部兼版權中心總監/潘欣
法律顧問/理律法律事務所陳長文律師　　著作權顧問/魏啓翔律師
社　　址/台北市 104 松江路 93 巷 1 號 2 樓
讀者服務專線/(02) 2662-0012　　傳真/(02) 2662-0007;2662-0009
電子信箱/cwpc@cwgv.com.tw
直接郵撥帳號/1326703-6 號 遠見天下文化出版股份有限公司

電腦排版/極翔企業有限公司
製 版 廠/東豪印刷事業有限公司
印 刷 廠/中原造像股份有限公司
裝 訂 廠/中原造像股份有限公司
登 記 證/局版台業字第 2517 號
總 經 銷/大和書報圖書股份有限公司　電話/(02) 8990-2588
出版日期/2022 年 6 月 30 日第二版第 5 次印行

定　　價/**450** 元
原著書名/**THE FEYNMAN LECTURES ON PHYSICS: The New Millennium Edition, Volume II**
by Richard P. Feynman, Robert B. Leighton and Matthew Sands

ISBN: 978-986-479-435-5 (英文版 ISBN: 978-0-465-02494-0)

書號: BBW1226

天下文化官網　bookzone.cwgv.com.tw